普通高等教育机电类"十三五"课改规划教材

工程训练基础

主　编　付　平　李镇江　吴俊飞

副主编　张　猛　赵海霞　杨化林

参　编　王为波　朱开兴　曹同坤

U0378907

西安电子科技大学出版社

内 容 简 介

本书是根据教育部机械基础教学指导委员会关于工程训练课程的教学改革精神，并结合编者多年的金工实习教学实践经验而编写的。

本书在内容上涵盖了现代机械制造工艺过程的主要知识和工程训练的基本要求，正确处理了传统工艺与现代新科技的关系。本书共 8 章，内容包括金属的结构与结晶、铸造、锻压、焊接、机械加工基础知识、零件表面的常规加工方法、特种加工和数控机床加工。对于目前仍在广泛应用的传统工艺精选保留，对于过时的内容予以淘汰，增加了技术上较为成熟的、应用范围较广或发展前景看好的"三新"(即新材料、新技术、新工艺)内容，增加了特种加工、数控加工的比重。各章后均有复习思考题。本书取材新颖，内容联系实际，结构紧凑，文字简练，直观形象，图文并茂，基本概念清晰，重点突出。

本书主要作为全国各类普通高等工科院校和高、中等职业技术院校的工程训练课程理论教学用书，也可作为高职、高专相关专业师生及企业技术培训和相关从业技术人员的参考书。

图书在版编目（CIP）数据

工程训练基础/付平，李镇江，吴俊飞主编. —西安：西安电子科技大学出版社，2016.12(2019.7 重印)

普通高等教育机电类"十三五"课改规划教材

ISBN 978 - 7 - 5606 - 4319 - 9

Ⅰ. ① 工… Ⅱ. ① 付… ② 李… ③ 吴… Ⅲ. ① 机械制造工艺 Ⅳ. ① TH16

中国版本图书馆 CIP 数据核字（2016）第 299863 号

策　　划　毛红兵

责任编辑　杨　璠　毛红兵

出版发行　西安电子科技大学出版社(西安市太白南路 2 号)

电　　话　(029)88242885　88201467　　邮　　编　710071

网　　址　www.xduph.com　　　　电子邮箱　xdupfxb001@163.com

经　　销　新华书店

印　　刷　陕西天意印务有限责任公司

版　　次　2016 年 12 月第 1 版　　2019 年 7 月第 2 次印刷

开　　本　787 毫米×1092 毫米　1/16　印张 16

字　　数　376 千字

印　　数　3001～5000 册

定　　价　36.00 元

ISBN 978 - 7 - 5606 - 4319 - 9/TH

XDUP　4611001-2

如有印装问题可调换

前　　言

多年来，随着高等教育的发展与科学技术的进步，为满足宽口径人才培养模式和日趋重要的实践能力培养的需求，各工科院校纷纷成立了工程实践训练中心，并开设了工程训练课程。工程训练基础课程逐步吸收不同学科大量的新材料、新工艺、新技术知识，已从传统的金工实习逐步发展为面向跨学科，体现实践能力、综合素质和创新能力培养的现代工程训练，使之逐渐具备了基础性、实践性、趣味性和跨学科的知识结构。因此，它不仅是必修的工艺性技术基础课和工程实践课，是对工科大学生进行综合工程素质教育和现代制造技术教育的重要阵地，而且对提高本科生的全面素质，培养高质量、高层次、复合型的工程技术人才也起到了其他课程不可替代的作用。

本书是面向 21 世纪、建立在原金属工艺学基础上的宽口径、涉及不同学科的工程实训基础教材。本书力图把传统与先进制造工艺基础联系在一起，在内容上包括了金属的结构与结晶、铸造、锻压、焊接、机械加工基础知识、零件表面的常规加工方法、特种加工和数控加工等方面的知识。本书对传统内容进行了精选，尽量避免与工程实训教材内容重复，同时较大幅度地补充了新内容，具有一定的灵活性。在保证教学基本要求的前提下，各院校在使用时，可结合自己学校的情况灵活确定教学内容。

本书由付平、李镇江、吴俊飞担任主编，第 1 章由李镇江、张猛编写，第 2 章由朱开兴编写，第 3 章由王为波编写，第 4 章由赵海霞编写，第 5 章由付平编写，第 6 章由吴俊飞编写，第 7 章由曹同坤编写，第 8 章由杨化林编写。全书由付平、李镇江、张猛统稿。

本书可作为高等工科院校近机类、非机类专业在实训实践基础上的理论教学用书。本书的编写是加强实践教学、提高工程实践教学质量的初步尝试。由于编者水平所限，书中难免有不妥之处，诚请广大读者提出宝贵意见。

编者
2016 年 4 月

目　　录

第1章 金属的结构与结晶

1.1 金属的晶体结构

材料的性能随着其化学组分的不同而出现明显的变化，对于拥有同种组分的材料，人们也可以通过改变其内部结构和组织状态，获得各项理想性能。根据原子(离子、分子)聚集状态划分，固态物质可以分为晶体和非晶体两大类。金属在固态下通常都是晶体，要了解金属的内部结构，首先要了解晶体的结构。

1.1.1 晶体的结构

1. 晶体与非晶体

组成原子(离子、分子)在空间上按一定规律呈现周期性重复排列的固态物质称为晶体。石英、云母、食盐、金刚石、固态金属及其合金就是常见的晶体。组成原子(离子、分子)在空间上不具有规则周期性排列(或短程有序而长程无序)的固体称为非晶体。例如普通玻璃、松香、石蜡等。

由于具有不同的内部原子(离子、分子)排列，导致了晶体和非晶体表现出较大的性能差异。晶体具有固定的熔点，在性能上表现出各向异性；非晶体没有固定的熔点，但可以在一个温度范围内熔化，在性能上表现为各向同性。

晶体与非晶体在一定条件下可以实现转化。有些金属液体在极快冷却条件下可以凝固成非晶态金属，而普通玻璃在高温下长时间保温可以形成晶态玻璃。

2. 晶格、晶胞和晶格常数

为了方便地研究排列规律性，一般把理想晶体中的原子(离子、分子)抽象成几何质点，这类质点称为阵点。将这些阵点按照一定的规律进行重复排列所形成的三维空间阵列称为空间点阵(见图 1-1(a))。用假想的直线将阵点连接起来而形成的空间格架，称为晶格(见图 1-1(b))。为了简化分析过程，根据晶格中原子排列的周期性特点，选取一个能够完全反映晶格特征的代表性的最小几何单元来表达晶体的结构特征，如图 1-1(c)所示。组成晶格的基本重复单元称为晶胞，通常采用 a、b、c 来表示晶胞的棱边长度(称为晶格常数)，用 α、β、γ 来表示晶胞棱边间的相互夹角，这 6 个参数共同决定了晶胞的大小和形状。

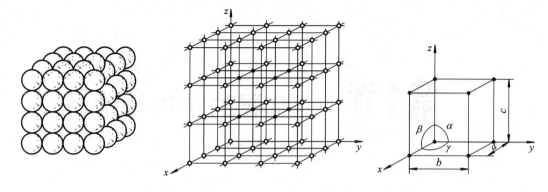

(a) 晶体中金属原子的排列　　　　(b) 金属的晶格　　　　(b) 晶胞及晶格常数的表示方法

图 1-1　立方晶体球体几何模型、晶格和晶胞示意图

3. 典型的金属晶体结构

90%以上的金属晶体具有比较简单的晶体结构，其中最常见的是：体心立方晶格、面心立方晶格和密排六方晶格。

1) 体心立方晶格

体心立方晶格的晶胞(见图 1-2)为一个立方体，其三个棱边长度 $a = b = c$，三个晶轴之间夹角 $\alpha = \beta = \gamma = 90°$。

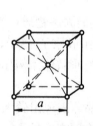 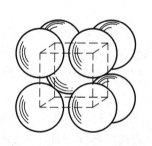 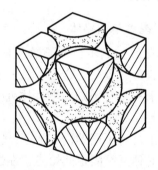

图 1-2　体心立方晶胞模型

在立方体的体心与每个顶角位置处都有一个原子，由于晶胞处于三维点阵结构中，顶角处的原子被其周围的 8 个晶胞共用，则属于体心立方晶胞的原子数目为 $8 \times \dfrac{1}{8} + 1 = 2$。沿体对角线方向上的 3 个原子相切，设晶胞的晶格常数为 a，则体对角线的长度等于 4 个原子半径相连为 $\sqrt{3}\,a$，所以体心立方晶胞中的原子半径 $r = \dfrac{\sqrt{3}}{4}a$。晶胞中某一个原子最接近且距离相等的原子数目称为配位数。在体心立方晶格中，以体心原子为中心，与其最近邻且距离相等的原子处于顶角处，所以体心立方晶格的配位数为 8。原子排列的紧密程度可用致密度来表示，致密度指原子所占体积与晶胞总体积之比，即

$$K = \frac{nV_1}{V}$$

式中：K 为致密度；n 为一个晶胞实际包含的原子数；V_1 为一个原子的体积；V 为晶胞的体积。体心立方晶格的致密度为

$$K = \frac{nV_1}{V} = \frac{2 \times \frac{4}{3}\pi r^3}{a^3} = \frac{2 \times \frac{4}{3}\pi\left(\frac{\sqrt{3}}{4}a\right)^3}{a^3} \approx 0.68$$

常见的体心立方晶格金属有 α-Fe、Cr、V、W 等。

2) 面心立方晶格

面心立方晶格的晶胞(见图 1-3)也是一个立方体，其三个棱边长度 $a = b = c$，三个晶轴之间夹角 $\alpha = \beta = \gamma = 90°$。在立方体的六个面心与每个顶角位置处都有一个原子，一个面心立方晶胞的原子数目为 $\frac{1}{8} \times 8 + \frac{1}{2} \times 6 = 4$。沿面对角线的 3 个原子相切，若晶胞的晶格常数为 a，则面对角线的长度等于 4 个原子半径相连为 $\sqrt{2}a$，所以面心立方晶胞中的原子半径 $r = \frac{\sqrt{2}}{4}a$。在面心立方晶格中，以某一个面心原子为中心，与其最近邻且距离相等的原子处于该原子四周的顶角处和上下晶胞的四个面心处，所以面心立方晶格的配位数为 12。面心立方晶格的致密度为

$$K = \frac{nV_1}{V} = \frac{4 \times \frac{4}{3}\pi r^3}{a^3} = \frac{4 \times \frac{4}{3}\pi\left(\frac{\sqrt{2}}{4}a\right)^3}{a^3} \approx 0.74$$

具有面心立方晶格的金属有 γ-Fe、Cu、Au、Pb 等。

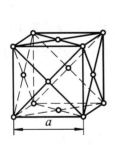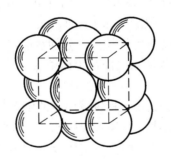

图 1-3　面心立方晶胞模型

3) 密排六方晶格

密排六方晶格的晶胞(见图 1-4)可以看做是由上下两个正六边形和中间的六棱柱组合而成的。在正六边形的顶角和面心上各有一个原子，在中间棱柱的中间面处有间隔 120° 的 3 个原子，则一个密排六方晶胞的原子数目为 $\frac{1}{6} \times 12 + \frac{1}{2} \times 2 + 3 = 6$。晶格常数用柱体高度 c 和六边形的边长 a 两个晶格常数来表示，c 与 a 之比称为轴比，典型的密排六方晶格中

$\dfrac{c}{a}=\sqrt{\dfrac{8}{3}}=1.633$。在密排六方晶格中，以底面中心的原子为中心，与其最近邻且距离相等的原子处于该原子面的顶角处和上下柱中心面处，故配位数为12。密排六方晶格的致密度为

$$K=\frac{nV_1}{V}=\frac{6\times\dfrac{4}{3}\pi r^3}{\dfrac{3\sqrt{3}}{2}a^2\sqrt{\dfrac{8}{3}}a}=\frac{6\times\dfrac{4}{3}\pi\left(\dfrac{a}{2}\right)^3}{3\sqrt{2}a^3}\approx0.74$$

具有密排六方晶格的金属有 Mg、Zn、Be、Cd 等。

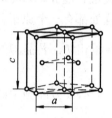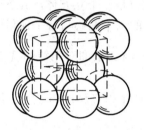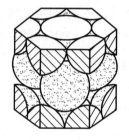

图 1-4 密排六方晶胞模型

1.1.2 晶面和晶向及其标定

晶体中通过一系列原子中心的平面称为晶面。原子之间的连接直线所指的方向称为晶向。由于金属的许多性能与其暴露出的特定晶面和晶向有关，所以正确理解和掌握晶面与晶向的特点显得非常重要。在晶体学中，采用晶面指数(米勒指数)的方式表达晶面，这种数字符号称为晶面指数(hkl)或晶向指数[uvw]。

1. 晶面指数的标定步骤(以立方晶格为例)

(1) 以晶胞的某一顶点作为空间坐标系的原点 O,建立以互相垂直的三个棱边为坐标轴 X、Y、Z 的坐标系，并保证坐标原点位于待标定晶面之外。

(2) 以原点附近的晶胞棱边长度为单位长度，分别量取待定晶面在三个坐标轴上的截距，与坐标轴平行的截距为∞，如果所求晶面与坐标轴相交在负方向上，则在相应的指数上方加上负号。

(3) 分别求出各截距的倒数，第(2)步坐标轴截距∞的倒数为0。

(4) 将三个倒数化成互质的整数比，并列入圆括号内，即得到晶面指数(hkl)。

在晶体点阵中，由于存在着三维方向上的规则排列，往往存在着原子排列方式一样但彼此之间不平行的系列晶面(称为晶面族)，用大括号加 hkl 的方式来表示。例如在{100}晶面族中，与(100)晶面排列一样且不平行的晶面还有(010)、(001)、($\bar{1}$00)、(0$\bar{1}$0)、(00$\bar{1}$)。

2. 晶向指数的标定步骤(以立方晶格为例)

(1) 按照标定晶面的方式建立坐标系，把坐标原点放在待标定晶向的任一原子中心处(见图 1-5)。

(2) 以三个方向上的晶格常数为度量单位，找出待标定晶向上的另一原子中心的坐标值，若为负值，则在相应指数上方加一个负号。

(3) 把坐标值化为互质的整数比，并列在方括号中，即为该晶向的晶向指数[uvw]。

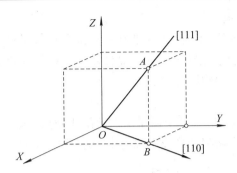

图 1-5 立方晶格中一些晶向的晶向指数

与晶面族类似,在立方晶系中也存在着众多的晶向族,用<*uvw*>来表示。<100>晶向族的各晶向指数为[100]、[010]、[001]、($\overline{1}$00)、(0$\overline{1}$0)、(00$\overline{1}$)。

1.1.3 晶体的各向异性

由于不同晶面和晶向上原子排列的疏密程度和相互之间的结合力存在差异性,从而在不同的晶面和晶向上表现出不同的性能,这种现象叫做晶体的各向异性。例如具有体心立方晶体结构的晶体,在[111]方向上的弹性模量为 290 MPa,而在 [100] 方向上的弹性模量为 135 MPa。常见的实际金属材料为多晶体,通常见不到理想晶体结构所具有的各向异性特征。

1.1.4 实际金属的晶体结构

1. 单晶体与多晶体

前面所讲的晶体是具有规则的排列顺序且没有任何缺陷的理想晶体,如果一整块金属仅包括一个晶粒,则称做单晶体,在其内部,所有晶胞均有相同的取向,表现出各向异性。在工业生产中,实际的金属晶体都是由许多晶粒组成的,每个小晶体的晶格是一样的,而各小晶体之间彼此方位不同,这种晶体叫做多晶体。晶粒与晶粒之间的界面称为晶界。由于晶界是两个相邻晶粒不同晶格方位的过渡区,所以在晶界上原子排列总是不规则的(见图 1-6)。

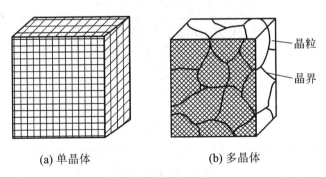

(a) 单晶体   (b) 多晶体

图 1-6 单晶体与多晶体

目前在半导体元件、磁性材料、高温合金材料等方面,单晶体材料已得到开发和应用。单晶体金属材料是今后金属材料的发展方向之一。

2. 实际金属晶体的缺陷

实际晶体受许多因素的影响，晶体内部某些局部区域原子排列的规则性受到干扰而破坏，金属晶体结构中存在的不完整区域称为晶体缺陷或晶格缺陷。按照几何类型，晶体缺陷主要有点缺陷、线缺陷、面缺陷三类。

1) 点缺陷

在三维空间上尺寸范围不超过几个原子层的缺陷叫做点缺陷，主要包括空位、间隙原子和置换原子等(见图1-7)。点缺陷的形成主要是由于原子在各自平衡位置上做不停的热运动。

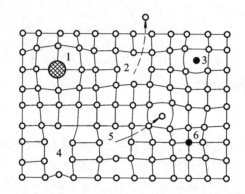

1—大的置换原子；
2—肖脱基空位；
3—异类间隙原子；
4—复合空位；
5—弗兰克空位；
6—小的置换原子

图1-7　晶体中的各种点缺陷

在实际晶体中的某些晶格结点位置处没有原子填充则形成了空位。空位是一种平衡含量极小的热平衡缺陷，随着晶体温度升高，空位的密度增大。处于晶格间隙中的原子称为间隙原子。晶格点阵中的异类原子占据了原来原子的结点位置，则称为置换原子。当异类原子半径较小时(如硼、碳、氢、氮、氧等)，金属中形成的点缺陷主要是间隙原子；如果杂质异类原子半径较大时，容易形成置换固溶体(见图1-8)。

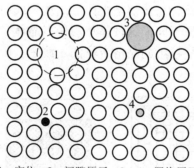

1—空位；2—间隙原子；3、4—置换原子

图1-8　点缺陷示意图

由于空位和间隙原子的存在，在其附近的原有平衡被破坏，使其周围的原子离开了原来的平衡位置，造成晶格畸变。晶格畸变使材料的强度、硬度和电阻率增加以及其他的力学、物理、化学性能改变；此外，点缺陷的存在将会加速金属中原子的扩散过程，因而与扩散有关的相变、化学热处理、高温下的塑性变形和断裂等，都与空位和间隙原子的存在和运动有着密切的关系。

2) 线缺陷

在三维空间中某两个维度上的尺度很小、另一个维度上尺寸很大的缺陷叫做线缺陷。位错便是线缺陷的最典型代表，它指的是晶体中某处有一列或若干列原子发生有规律的错排现象。它可看做是晶体中一部分晶格阵点相对于另一部分晶格阵点产生局部滑移而造成的，滑移部分与未滑移部分的交界线即为位错线。位错对于金属的强度、断裂和塑性变形等起着决定性的作用。最简单最基本的位错类型有刃型位错、螺型位错和混合型位错。

刃型位错模型相当于用一把锋利的钢刀将晶体上半部分切开，沿刃口硬插入一个额外半原子面一样，将刃口处的原子列称为刃型位错线(见图 1-9)。刃型位错有正负之分，当半原子面位于晶体的上半部分时，此处的位错线称为正刃型位错，以符号"⊥"表示。反之，当额外半原子面位于晶体的下半部分时，则称为负刃型位错，以符号"⊤"表示，但正刃型位错和负刃型位错并无本质上的区别。

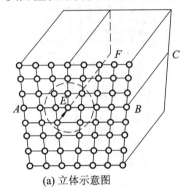

(a) 立体示意图

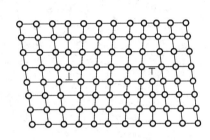

(b) 垂直于位错线的原子平面

图 1-9　刃型位错示意图

螺型位错模型相当于钢刀切入晶体后，被切的上下两部分沿刃口相对错动了一个原子间距，上下两层相邻原子发生了错排和不对齐的现象(见图 1-10)。沿刃口的错排原子被扭曲成了螺旋形，即为螺型位错线。螺旋位错有左、右之分，原子沿右螺纹旋转方向前进的位错叫做右螺型位错，沿左螺纹旋转方向前进的位错叫做左螺型位错。

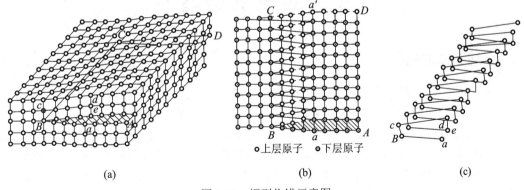

(a)　　　　　　　(b)　　　　　　　(c)

　○上层原子　●下层原子

图 1-10　螺型位错示意图

位错可以在晶体中运动，刃型位错既可以沿着滑移面移动(滑移)，也可以在垂直于滑移面的方向上移动(攀移)；而对于螺型位错来讲，它只可以作滑移运动而不能作攀移运动。无论是刃型位错还是螺型位错，沿位错线周围原子排列都偏离了平衡位置，产生晶格畸变。

3) 面缺陷

面缺陷是指三维空间中在一维方向上尺寸很小、另外两维方向上尺寸很大的缺陷，包括晶界、亚晶界等。实际的金属是由大量外形不规则的小晶粒组成的，晶粒与晶粒之间的接触面叫做晶界。当相邻晶粒的位向差小于10°时，称为小角度晶界；位向差大于10°时，称为大角度晶界。晶界上原子的排列呈不规则排列，实际上是不同位向晶粒之间原子排列无规则的过渡层。在多晶体金属中，每个晶粒内的原子排列并不是十分整齐的，其中会出现位向差极小(通常小于10°)的亚结构，亚结构之间的界面称做亚晶界。亚晶界是晶粒内部的一种面缺陷，是小区域的原子排列无规则的过渡层(见图 1-11)。在晶粒大小一定时，亚晶界越细，金属屈服强度越高。

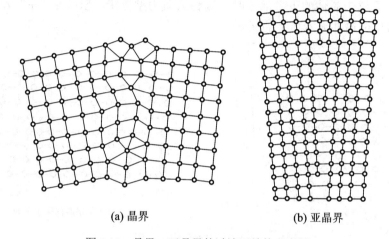

(a) 晶界　　　　　　　　　　　(b) 亚晶界

图 1-11　晶界、亚晶界的过渡区结构示意图

晶体缺陷处及其周围均有明显的晶格畸变产生，引起晶格能量的升高，使金属的物理、化学和力学性能发生显著的变化。

1.2　金属的结晶

1.2.1　纯金属的结晶

金属物质从液态转变为固态形成的晶态物质称为结晶。纯金属在固态下呈现明显的晶体形态，所以纯金属由液态向固态转变属于典型的结晶过程。

通常利用热分析法研究金属的结晶过程。图 1-12 所示为热分析装置示意图。将欲测定的金属首先放入坩埚内加热熔化成液态，随后以缓慢的速度进行冷却，每隔一定时间，测定一次温度，并把测得的数据绘制在温度-时间(T-t)坐标中，即可得到金属的结晶冷却曲线由图 1-13 可以看出：在金属结晶过程中，随着时间的延长，液态金属的温度不断地下降。当降到某温度时，随着时间的延长，液态金属的温度暂时停止下降，在曲线上出现一个"平台"。越过"平台"阶段后，金属温度才开始又随时间的延长而下降。"平台"的出现，是由于金属在结晶过程中，结晶潜热的释放补偿了冷却时体系向外界散失的热量。因此"平

"台"所对应的温度,即是金属的结晶温度;"平台"延续的时间,即为结晶时所需要的时间。冷却速度越慢,测得的实际结晶温度越接近平衡结晶温度,即理论结晶温度。

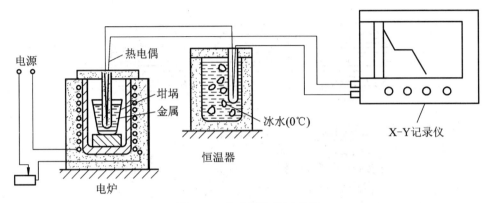

图 1-12　热分析装置示意图

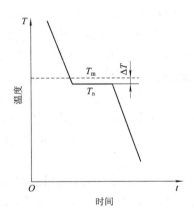

图 1-13　纯金属结晶时冷却曲线示意图

在结晶过程中,金属的实际结晶温度 T_n 一定低于理论结晶温度 T_m。这种实际结晶温度低于理论结晶温度的现象,称为金属的过冷,实际结晶温度与理论结晶温度的差,称为过冷度,用 ΔT 表示,$\Delta T = T_m - T_n$。

过冷度 ΔT 的大小,主要受金属的种类、纯度和冷却速度的影响。金属不同,过冷度的大小也不同。金属的纯度越高,冷却速度越快,则过冷度越大,即实际结晶温度越低;反之,纯度越低,冷却速度越慢,则过冷度越小,即实际结晶温度越高。综上所述,过冷是结晶的必要条件,液态金属必须具有一定的过冷度才能够开始结晶。

1.2.2　纯金属的结晶过程

金属的结晶过程是一个原子重新排列的过程,从结晶核心(晶核)的形成开始,到液态金属的消失为止。这个过程是一个由小到大、由局部到整体的发展过程。金属结晶的微观过程主要分为形核与晶核的长大两个阶段。

在液态金属中,存在着大量不稳定的短程有序原子集团,当液态金属过冷到一定温度时,会形成一些小晶核;随着时间的延长,形成的晶核按各自方向吸附周围原子向液体中自由长大，同时，在液体中又会形成新的晶核并长大；当相邻晶体彼此接触形成晶界时，晶粒便停止长大，当体系中的液态完全转变成固态时，金属的结晶过程完毕(见图1-14)。

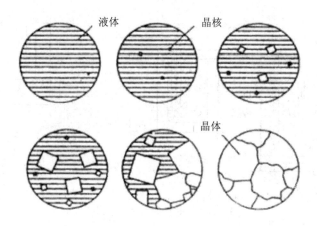

图1-14 纯金属结晶微观过程示意图

晶核的形成可以通过自发形核与异质形核两个途径完成。在结晶过程中，由金属液体内部短程有序的原子团形成晶核的方式称为自发形核。过冷度越大，能稳定存在的短程有序的原子集团的尺寸越小，生成的自发形核就越多。

如果结晶过程中依靠液体中存在的固体杂质或容器壁形核，则称为异质形核。只有当杂质的晶体结构和晶格参数与结晶的金属或合金相似或相当时，它才可能成为异质形核的核心。在实际金属和合金的结晶中，这两种形核方式通常同时存在，但是异质形核一般更容易发生。

当晶核形成之后，液相中的原子或原子团通过扩散不断依附于晶核表面，使固液界面向液相中移动，晶核逐渐增大。在结晶过程中，只有原子从过冷的液体金属中过渡到晶体上时才能发生晶核的长大。

随着过冷度的增大，液体与固体金属的自由能差值增大，结晶速度提高。在较大的过冷度下，形成晶核的数量和晶核长大的速度都增大，但此时体系的实际温度较低，原子的扩散和迁移运动将会受到限制，易形成非晶型状态。

1.2.3 晶粒大小的控制

实验表明：在常温下的细晶粒金属比粗晶粒金属有更高的强度、硬度、塑性和韧性。因为细晶粒受到外力发生塑性变形时，其塑性变形可分散在更多的晶粒内进行，塑性变形较均匀，应力集中较小；此外，晶粒越细，晶界面积越大，晶界越曲折，越不利于裂纹的扩展。因此，工业上常通过细化晶粒的方法来提高材料的强度，这种方法称为细晶强化，细晶强化的主要手段有以下三种。

1. 增大过冷度

随着过冷度的增大，形核率和长大速度增大，但形核率的增长速率大于长大速度的增长速率，增大过冷度的主要办法是提高液体金属的冷却速度，因此提高过冷度可以增加单位体积内晶粒的数目，使晶粒细化。过冷度与形核率和长大速度的关系如图1-15所示。

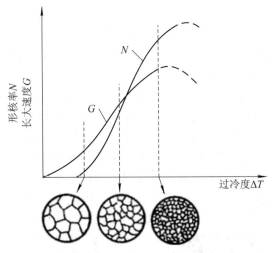

图 1-15　过冷度与形核率和长大速度的关系

2. 变质处理

变质处理是在液体金属中加入形核剂，增加液体的非自发形核数量，以细化晶粒和改善组织，达到提高材料性能的目的。形核剂的作用有两方面：一是能直接增加非自发形核的数量，这一类形核剂称为孕育剂，相应处理称为孕育处理，如在铁水中加入硅铁、硅钙合金；另一种是加入变质剂，它们能强烈地阻碍晶核的长大或改善组织形态，也能起到细化晶粒的作用，如冶金过程中用钛、锆、铝等元素作为脱氧剂的同时，在铸造铝硅合金时，加入钠盐，使钠附着在硅的表面，也可以使合金的晶粒细化。

3. 振动与搅拌

在金属结晶过程中，对液态体系实施振动或搅拌操作也可以达到细化晶粒的作用。其主要作用有如下两个方面：一方面，振动和搅拌能向液体中输入额外能量，加速体系的短程有效几率，有利于促进形核；另一方面施加的物理运动能打碎正在生长的晶粒，这些破碎的晶粒进入液体金属中又可以形成新的晶核，增加晶核数量，从而达到细化晶粒的目的。

1.3　二元合金相图

1.3.1　合金的相结构

1. 固溶体

所谓合金，是由两种或两种以上的金属与金属或非金属经一定的方法所合成的具有金属特性的物质。例如，铁和碳组成的钢、铸铁，铜和锌组成的黄铜等。组元是组成合金的最基本的、独立的物质。组元通常是纯元素，也可以是稳定的化合物，由两个组元组成的合金称为二元合金，如 Fe-C、Pb-Sn、Cu-Ni 等二元合金系；三个组元组成的合金称为三元合金，如 Fe-C-Si、Fe-C-Cr、K_2O-Al_2O_3-SiO_2 等三元合金系。合金中具有同一化学成分且结构均匀、具有明显的界面、与其他部分互相分开的结构组成称为相，合金中相和相之间有明显的界面。

按合金组元原子之间相互作用的不同，液态合金在其凝固时，可能出现三种基本情况：单相的固溶体、单相的金属化合物、由两相(固溶体与固溶体、固溶体与金属化合物、金属化合物与金属化合物)组成的机械混合物。

同溶液一样，金属在固态下也具有溶解某些元素的能力，从而形成成分和性质均匀的固态合金。以合金中某一组元为溶剂，其他组元为溶质，所形成的与溶剂元素有相同晶体结构的固态合金相称为固溶体。固溶体的晶格结构与其中某一组元的晶格结构相同，该组元称为溶剂，溶入溶剂的元素称为溶质。根据固溶体的不同特点，可以将其分为不同类型。根据溶质元素在溶剂晶格中所占的位置，可以将固溶体分为置换固溶体和间隙固溶体。置换固溶体是指溶质原子占据溶剂晶格结点位置形成的固溶体；间隙固溶体是指溶质原子占据溶剂晶格结点间隙位置所形成的固溶体(见图 1-16)。

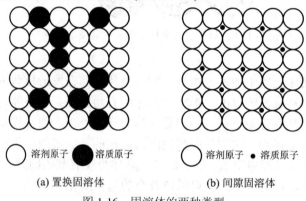

◯ 溶剂原子　● 溶质原子　　　　　　◯ 溶剂原子　· 溶质原子

(a) 置换固溶体　　　　　　　　　　(b) 间隙固溶体

图 1-16　固溶体的两种类型

1) 置换固溶体

置换固溶体中的溶质原子替代部分晶格位置上的溶剂原子，占据某些结点位置。置换固溶体中，溶质在溶剂中的溶解度取决于溶质和溶剂原子半径的差别以及在元素周期表中相互位置的距离。根据溶解度的不同，固溶体可以分为有限固溶体和无限固溶体。溶质原子与溶剂原子半径相差越小，两元素在元素周期表中的位置越靠近，越容易形成置换固溶体。溶质和溶剂元素半径相差不大时，若晶格类型也相同，则元素间往往能以任何比例相互溶解而形成无限固溶体。

此外，影响置换固溶体固溶度的因素还包括溶质与溶剂两元素的电负性和电子浓度。两元素间的电负性相差越小，溶质原子固溶度越大，越易形成固溶体。相反，两元素间电负性相差越大，化学亲合力越强，越容易生成稳定的金属间化合物。

2) 间隙固溶体

形成固溶体时，一些原子半径较小的非金属元素(如 H、O、N、C 和 B 等)往往处于溶剂晶格(过渡性金属元素)的间隙位置，形成间隙固溶体。一般情况下，溶质的固溶度受到限制，间隙固溶体都是有限固溶体。间隙固溶体的固溶度与溶剂的间隙半径、间隙形状等有关。

不管是置换固溶体还是间隙固溶体，随着溶质原子的溶入，溶剂晶格都会发生畸变。晶格畸变增大了位错运动的阻力，使金属的滑移变形变得更加困难，从而提高了合金的强度和硬度。这种由于溶质原子的固溶而引起的强化现象称为固溶强化。溶质原子与溶剂原子的尺寸差别越大，晶格畸变也越大，强化效果便越好。

2. 金属化合物

当组成合金的各组元之间的化学性质差别较大，原子直径也不相同时，组元会按一定的比例形成金属化合物。根据化合物结构的特点，金属化合物可分为如下三类：

1) 正常价化合物

正常价化合物是由化学电负性相差较大的金属元素与 IVA、VA 和 VIA 族元素形成的化合物。它们的特征是严格遵守化合价规律，因而这类化合物对其两个组元几乎没有溶解度，其成分可用化学式来表示。两组元电负性差越大，形成的化合物越稳定，越趋向于离子键结合；电负性相差越小，化合物越不稳定，越趋向于金属键或共价键结合。正常价化合物通常具有较高的硬度和脆性，在基体中弥散分布时，起弥散强化合金的作用。

2) 电子化合物

由过渡金属元素(Cu、Fe、Ni、Ag 等)或 IB 族元素与 IIIA、IVA、IIB 族金属元素形成的化合物称为电子化合物，可以用化学式来表示，但不遵循正常的化合价规律，成分可以在一定的范围内变化。这类化合物是电子浓度起主导作用形成的中间相，主要电子化合物中原子之间多为金属键结合，是所有化合物中金属性最强的。它的熔点和硬度都很高，脆性很大，但塑性很低，与其他金属化合物一样，不适于作为合金的基体相。

3) 间隙化合物

由过渡金属元素(Fe、Cu、Mn、Mo、W、V 等)和原子直径很小的类金属元素(C、N、H、B)形成的化合物叫做间隙化合物，主要包括一些金属碳化物、氮化物和硼化物等。间隙相通常具有极高的熔点和硬度，是合金工具钢和硬质合金的主要强化相。间隙化合物的熔点及硬度均比间隙相低，是钢中常见的强化相。

1.3.2　相图的基本知识

与纯金属的结晶过程不同，合金的结晶遵循结晶的基本规律，合金成分中包含有两个以上的组元，不同温度范围内存有不同的相。用图解的方法表示不同合金系统在平衡状态下合金状态与合金成分和温度之间变化规律的图叫做相图。利用相图，可以方便地分析合金系统状态的变化及相的转变与材料中各组元的性质、质量分数、温度及压力等的变化规律。

1. 二元合金相图的建立方法

根据组成合金的组元数，可以将相图归为二元相图、三元相图和多元相图。由两种组元组成的物质的相图称为二元相图。

由于不同合金的成分、晶体结构、物理化学性能不同，当合金中有相转变时，必然伴随有物化性能的变化，测定发生这些变化的温度和成分，再经综合，即可建立整个相图。

以热分析法建立 Cu-Ni 合金相图为例，具体步骤如下：

(1) 配制不同成分的 Cu-Ni 合金。

例如：取几个点，100%Cu、25%Ni + 75%Cu、50%Ni + 50%Cu、75%Ni + 25%Cu、100%Ni。配制的合金越多，则得到的相图越精确。

(2) 绘制各个合金的冷却曲线，并找出各个临界温度值。

(3) 画出温度-成分坐标系，在各合金成分垂线上标出临界点温度。

(4) 将临界点温度中物理意义相同的点连起来，即得到 Cu-Ni 合金相图(见图 1-17)。

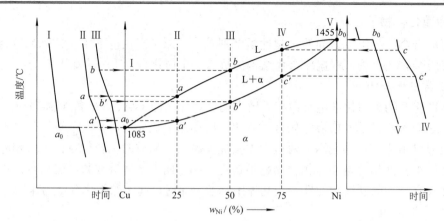

图 1-17 Cu-Ni 合金相图

相图上的点、线、区域都有一定的物理含义。图 1-17 中的 a、b 分别代表纯 Cu 和纯 Ni 的固液转变温度点，即熔点。a_0bb_0 线为液相线，该线以上合金全为液体，任何成分的合金从液态冷却时，碰到液相线就有固体开始结晶。$a_0b'b_0$ 为固相线，该线以下合金全为固体，合金加热到固相线时，即开始变为液体。固相线和液相线之间的区域是固相和液相并存的两相区。两相区的存在说明 Cu-Ni 合金的结晶是在一个温度范围内进行的，这一点不同于在恒温下结晶的纯金属。合金结晶温度区间的大小和温度的高低是随成分改变的。

2. 杠杆定律

在合金结晶的两相区域内，两相的成分和相对量都在不断变化，合金在整个结晶过程中所析出的固相成分将沿着固相线向温度降低方向变化，而液相成分将沿液相线变化。杠杆定律就是确定两平衡中各自的成分和相对量的重要工具。

以 Cu-Ni 二元合金系为例。

(1) 在 t 温度下，过 t 点作一水平线交液相线于 a 点，交固相线于 b 点，过 K 点作一成分垂线，交 ab 连线于 c 点。a 点、b 点在成分轴上的投影分别为 a'、b'点，K 成分合金在 t 温度时的平衡相是由成分为 $a'\%$ 的液相 L 和成分为 $b'\%$ 的固相 α 所组成的(见图 1-18(a))。

(2) K 成分合金在 t 温度下两平衡相相对量的确定：设合金总质量为 1，其中液相的重量为 Q_L，固相的重量为 Q_α，即

$$Q_L + Q_\alpha = 1 \tag{1-1}$$

还知液相中的含 Ni 量为 a'，固相中的含 Ni 量为 b'，合金的含 Ni 量为 K，则

$$Q_L \cdot a' + Q_\alpha \cdot b' = K \tag{1-2}$$

解式(1-1)和式(1-2)得

$$Q_\alpha = \frac{K - a'}{b' - a'} = \frac{a'K}{a'b'} \tag{1-3}$$

$$Q_L = \frac{b' - K}{b' - a'} = \frac{Kb'}{a'b'} \tag{1-4}$$

将式(1-3)和式(1-4)两式相除得

$$\frac{Q_\alpha}{Q_L} = \frac{a'K}{Kb'}$$

即 K 成分合金在 t 温度下，其固相 α 和液相 L 的相对量为图 1-18(a)中线段 $a'K$ 和 Kb' 的长度比。

固、液两相质量间的相对量关系同力学中的杠杆定律十分相似，因此称为杠杆定律(见图 1-18(b))。杠杆定律不仅适用于液、固两相区，也适用于其他类型的二元合金的两相区。但是，杠杆定律仅适用于两相区。

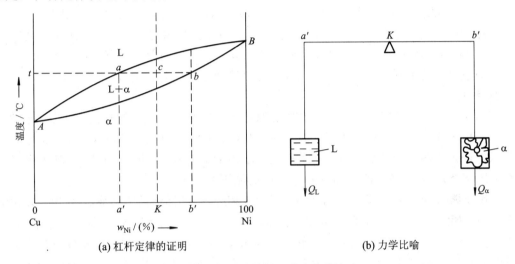

(a) 杠杆定律的证明   (b) 力学比喻

图 1-18 杠杆定律的证明和力学比喻

3. 二元相图的基本类型

1) 匀晶相图

二元合金中，两组元元素液态时能够以任意比例混合，固相时也能够无限互溶形成单相固溶体的一类相图，称为匀晶相图。代表性的匀晶相图合金系有：Cu-Ni、Au-Ag、W-Mo、Cu-Au 等。这类合金在结晶时都是从液相结晶出固溶体，固态下呈单相固溶体。几乎所有的二元相图都包含有匀晶转变部分，这里以 Cu-Ni 相图(见图 1-19)为例进行讲解。

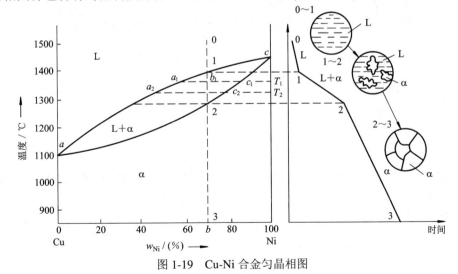

图 1-19 Cu-Ni 合金匀晶相图

从图 1-19 中可以看出，两条曲线将整个相图划分成三个区域，上面的一条曲线为液相线，下面的一条曲线为固相线，液相线以上为单相液相区 L，固相线以下为单相区 α，中间为固、液两相共存区 L + α。

以含 70%Ni + 30%Cu 的 Cu-Ni 合金为例分析匀晶相图中合金的结晶过程。

(1) 在 1 点温度以上，合金处于单一的液相区域。

(2) 当温度降到 1 点以下时，开始从液相中结晶出固溶体 α 相。

(3) 随着温度的继续下降，合金发生匀晶反应：L→α，从液相不断结晶出固溶体，固相含量逐渐增加，液相的含量逐渐减少。在一定温度下，两相的相对量可用杠杆定律求得。

(4) 当温度下降到 2 点时，液相刚好完全消失，此时体系中仅留有单一的 α 相，结晶完毕，与室温下的组织构成一样，其他成分合金的结晶过程与其类似。

2) 共晶相图

两组元在液态时能完全互溶，而在固态时组元能够形成有限固溶体，存在共晶转变反应的二元相图称为共晶相图。代表性的共晶相图合金系有：Pb-Sn、Mg-Si、Al-Cu 等。

以 Pb-Sn 相图为例，其中包含两种有限固溶体α相与β相。α相为 Sn 溶于 Pb 中所形成的有限固溶体，β相是 Pb 溶于 Sn 中所形成的有限固溶体。

如图 1-20 所示，A、B 两点分别为单一纯 Pb 和纯 Sn 的固液两相转变温度(熔点)，相图中有三个单相区，分别为液相 L、α 固溶体和 β 固溶体，在不同的单相区中间存在三个两相区，分别为 L + α、L + β、α + β。AE 为 L→α 转变的液相线，AM 为 L→α 转变的固相线；EB 为 L→β 转变的液相线，NB 为 L→β 转变的固相线。MF 为 Sn 在 Pb 中的固溶度曲线，NG 为 Pb 在 Sn 中的固溶度曲线。E 点为共晶点，成分为 E 的液相在 MEN 温度时发生 L→α + β 共晶转变，此时三相共存。

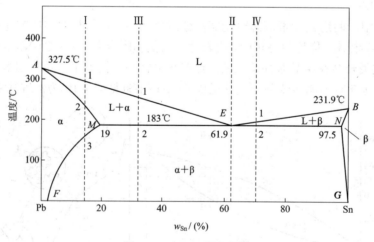

图 1-20　Pb-Sn 合金相图

与匀晶合金的结晶过程不同，共晶合金的结晶过程根据其成分的不同出现不同的形式。

(1) 以 Sn 含量为 15%、Pb 含量为 85% 的合金 I 为例，当合金温度缓慢冷却至 1 时，液相 L 中开始结晶出 α 相固相，在温度 1～2 之间时，随着温度的降低，α 相含量不断增多，L 相含量不断减少，两相成分分别沿着 AM 和 AE 变化；当合金冷却到 2 点时，液相已经完全转变成单相 α 固溶体，这一过程与匀晶相图的结晶相同。在 2～3 点之间冷却时，合金的成分不发生变化。当温度下降到 3 点以下时，Sn 在 Pb 中的溶解度下降，过剩的 Sn 便以 β

固溶体的形式析出，形成二次结晶，体系中的固体相转变为 α + β。从 3 点到室温之间，随着温度的降低，α 相和 β 相的成分分别沿着 MF 和 NG 变化。

(2) 以 Sn 含量为 61.9%、Pb 含量为 38.1%的合金 II 为例，当合金温度缓慢冷却至 E 时，发生共晶反应 $L_E \underset{t_E}{\rightleftharpoons} \alpha_M + \beta_N$，此时液相逐渐减少，α 相和 β 相含量逐渐增加，并且以 M、N 的比例作为杠杆定律的计算标准。当温度低于共晶反应温度点时，合金中 α 相和 β 相的含量不再发生变化，直到室温状态。

(3) 以 Sn 含量为 30%、Pb 含量为 70%的合金 III 为例，其 Sn 的含量处于 M 点和 E 点之间，分析亚共晶合金的平衡结晶过程。当合金冷却至 1 点时，液相中开始结晶出 α 相。在 1～2 点温度范围内，发生匀晶转变，液相 L 和 α 相的成分分别沿着 AM 和 AE 变化。当冷却至 2 点时，液相 L 和 α 相的成分分别达到 E 点和 M 点，直到液相全部形成共晶组织 α + β。在温度 2 点以下继续冷却时，α 相中将析出二次相 β_{II}。所以室温下亚共晶合金(合金 III)的组织为 $\alpha + \beta_{II} + (\alpha + \beta)$，但由于二次相组织与原有组织不易分辨，故室温组织为 α + β。

(4) 以 Sn 含量为 70%、Pb 含量为 30%的合金 IV 为例，其 Sn 的含量大于共晶点时为过共晶合金。当合金冷却到 1 点时，液相中开始结晶出 β 固溶体。随着温度的降低，液相的量逐渐减少，β 固溶体的含量不断增加，液相 L 和 β 相的成分分别沿着 EB 和 BN 变化。当冷却至共晶温度 2 点时，液相 L 和 β 相的成分分别达到 E 点和 N 点，直到液相全部形成共晶组织 α + β。之后继续降低温度，初晶 β 将析出 α_{II}。因此，合金 IV 的室温显微组织为 $\beta + \alpha_{II} + (\alpha + \beta)$。

3) 包晶相图

两种组元在液态状态下可以无限溶解，在固态状态下形成有限固溶体，具有包晶转变的二元合金相图称为包晶相图。具有包晶相图的合金系包括 Fe-Fe₃C、Pt-Ag、Cu-Zn、Cu-Sn 等。

下面以 Fe-Fe₃C 合金为例分析二元包晶相图(见图 1-21)及平衡结晶过程。

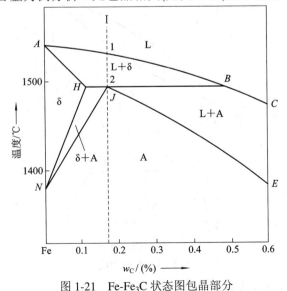

图 1-21 Fe-Fe₃C 状态图包晶部分

如图 1-21 所示，当合金从高温液态冷却至 1 点时，开始结晶，从液相中析出 δ 固溶体

（见图 1-22(a)），随着温度继续下降，δ 相的数量不断增加，液相数量则不断减少。δ 相成分沿 *AH* 线变化，液相成分沿 *AB* 线变化。合金冷却至 2 点(1495℃)时，发生包晶反应，剩下的液相和原先析出的 δ 相相互作用生成 A 相，新相 A 相是在原有的 δ 相表面形核并长大成为一层 δ 相的外层(见图 1-22(b))，此时三相共存，结晶过程在恒温下进行。由于三相的浓度各不相同，通过铁原子和碳原子的不断扩散，A 固溶体一方面不断消耗液相向液体中长大，同时也不断吞并 δ 固溶体向内生长直至把液体和 δ 固溶体全部消耗完毕，最后便形成单一的 A 固溶体(见图 1-22(c))，包晶转变即告完成。

在这种结晶过程中，A 晶体包围着 δ 晶体，靠不断消耗液相和 δ 相而进行结晶，故称为包晶反应。

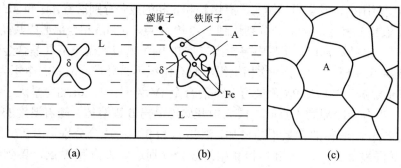

图 1-22　包晶转变示意图

4) 共析相图

在二元合金相图中往往还会遇到这样的反应，在高温时通过匀晶反应、包晶反应所形成的固溶体，在冷却至某一更低的温度处，又发生分解而形成两个新的固相。

发生这种反应的相图与共晶相图很相似，只是反应前的母相不是液相，而是固相。这种由一种固相同时分解成两种固相的反应，称为共析反应，其相图称为共析相图，如图 1-23 所示。

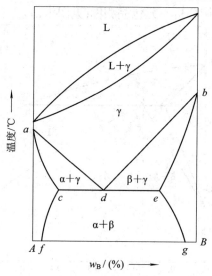

图 1-23　共析相图

共析反应与共晶反应相比具有不同的特点：

(1) 由于共析反应是固体下的反应，在分解过程中需要原子作大量的扩散。但在固态中，扩散过程比液态中困难得多，所以共析反应比共晶反应更易于过冷。

(2) 由于共析反应易于过冷，因而生核率较高，得到的两相机械混合物(共析体)要比共晶体更细。

(3) 共析反应往往因为母相与子相的比容不同而产生容积的变化，从而引起较大的内应力，这一现象在合金热处理时表现得更为明显。

$Fe-Fe_3C$ 相图中即存在共析反应，它是钢铁热处理赖以为据的重要反应。

1.4　铁碳合金相图

纯铁虽有较好的塑性，但其强度、硬度差，生产中很少直接用作结构材料，通常都使用铁碳的合金。钢铁是目前应用最为广泛的合金工程材料，构成钢的主要元素是铁和碳。了解与掌握铁碳合金相图，对于钢铁材料的选材、各种热处理加工工艺的制订等都具有重要的指导意义。

1.4.1　铁碳合金的相结构

1. 纯铁

铁的原子序数为 26，原子量为 55.85，密度为 7.87 g/m^3，熔点为 1538℃。我们平常所指的铁是工业纯铁，其中铁的含量为 99.8%～99.9%。其余为 C、Si、Mn、S、P 等杂质元素，纯铁的碳含量约占 0.0008%～0.0218%。

铁具有三种同素异构体α-Fe、γ-Fe 和 δ-Fe，其晶格结构与晶格常数也随温度的升高发生改变。纯铁在 912℃以下，具有体心立方晶格，称为α-Fe。770℃以下，纯铁具有磁性，该温度点称为铁的居里点。γ-Fe 的温度范围在 912～1394℃，具有面心立方晶格。在 1394～1538℃之间，纯铁具有体心立方晶格，为了区别于α-Fe 的状态，称为 δ-Fe。

2. 固溶体与化合物

固态下碳在铁中的存在形式有三种。

碳溶解于α-Fe 中所形成的间隙固溶体，称为铁素体，以符号 *F* 表示(见图 1-24)。在α-Fe 的体心立方晶格中，碳原子只能处于位错、空位、晶界等晶体缺陷处或个别八面体间隙中，其最大溶解度出现在 727℃温度下，为 0.0218%。由于碳在铁素体中的溶解度非常小，故其力学特性与纯铁类似。

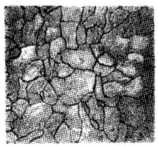

图 1-24　铁素体显微组织

碳在γ-Fe 中形成的间隙固溶体，称为奥氏体，以符号 *A* 表示(见图 1-25)。在 727℃时，γ-Fe 溶碳量为 0.77%，随着温度升高，其溶解度增加，在 1148℃时，其最大溶碳量为 2.11%。奥氏体是一种存在于高温状态下的组织，它有着良好的韧性和塑性，变形抗力小，易于锻造成形。奥氏体也是一个强度、硬度较低，而塑性、韧性较高的相。

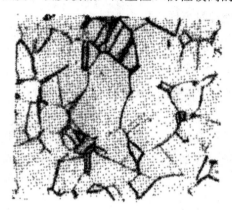

图 1-25　奥氏体显微组织

当碳在α-Fe 或γ-Fe 中的溶解度达到饱和时，过剩的碳原子就和铁原子化合，形成间隙化合物 Fe_3C，称为渗碳体(见图 1-26)。渗碳体中碳的含量为 6.69%。渗碳体是亚稳定的化合物，它的熔点很高，硬而耐磨，是铁碳合金的重要强化相。

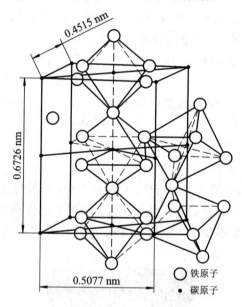

○ 铁原子
· 碳原子

图 1-26　渗碳体

1.4.2　Fe-Fe₃C 相图分析

1. 相图中的点、线、区及其意义

图 1-27 是 Fe-Fe₃C 相图，图中各特性点的温度、碳浓度及意义见表 1-1。

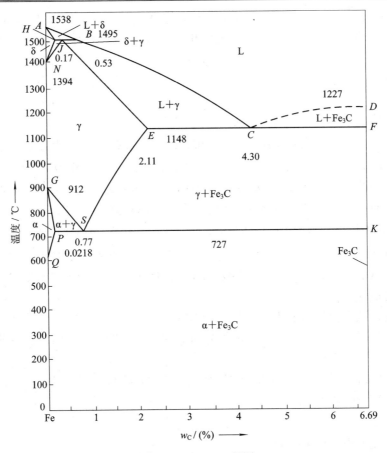

图 1-27　Fe-Fe₃C 相图

表 1-1　Fe-Fe₃C 相图中的特性点

符号	温度/℃	含碳量/(%)	说　　　明
A	1538	0	纯铁的熔点
B	1495	0.53	包晶转变时液相合金的成分
C	1148	4.30	共晶点
D	1227	6.69	渗碳体的熔点(计算值)
E	1148	2.11	C 在奥氏体中的最大溶解度
F	1148	6.69	渗碳体的成分
G	912	0	δ·Fe→α·Fe 同素异构转变点(A_3)
H	1495	0.09	C 在δ中的最大溶解度
J	1495	0.17	包晶点
K	727	6.69	渗碳体
N	1394	0	α·Fe→γ·Fe 同素异构转变点(A_3)
P	727	0.0218	C 在α中的最大溶解度
S	727	0.77	共析点(A_1)
Q	室温	0.0008	室温时 C 在α中的最大溶解度

Fe-Fe₃C 合金系中存在四个相，即液体(L)、铁素体(F)、奥氏体(A)与渗碳体(Fe₃C)。相图中的 ABCD 线为液相线，AHJECF 线为固相线。ABCD 以上为液相区(L)，AHNA 为高温铁素体区(δ)，NJESGN 范围内为奥氏体区(A 或 γ)，GPQG 为铁素体区(F 或 α)，DFK 指的是渗碳体(Fe₃C)。

相图中有 7 个两相区，它们分别是 L + δ、L + A、L + Fe₃C、δ + A、F + A、A + Fe₃C 及 F + Fe₃C，位于两相邻的单相区之间。

相图中存在 3 个重要的转变温度线，HJB、ECF、PSK。HJB 为包晶转变线，发生反应式为 $L_{0.53} + \delta_{0.09} \xrightarrow{1495°C} A_{0.17}$，反应产物是奥氏体，碳含量在 0.09%～0.53%的铁碳合金在结晶时都要发生包晶转变；ECF 为共晶转变线，发生反应式为 $L_{4.3} \xleftrightarrow{1148°C} A_{2.11} + Fe_3C$，反应得到的产物是奥氏体和渗碳体的混合物，称为(高温)莱氏体，用字母 Le 表示。碳量在 2.11%～6.69%的铁碳合金冷却至 1148℃时，将发生共晶转变；PSK 结晶时会发生共析转变，其反应式为 $A_{0.77} \xleftrightarrow{727°C} F_{0.0218} + Fe_3C$，反应产物是铁素体与渗碳体的混合物，称为珠光体，用字母 P 代表。凡含碳量在 0.0218%～6.69%的铁碳合金冷却至 727℃时，奥氏体将发生共析转变形成珠光体。

此外，在铁碳合金相图中还有三条重要的特性线：

① 碳在奥氏体中的固溶线 ES，也称为 A_cm 线。随温度变化，将从奥氏体中析出渗碳体，通常称为二次渗碳体(Fe₃C_II)。

② 碳在铁素体中的固溶线 PQ。铁碳合金由 727℃冷却至室温时，将从铁素体中析出含量极少的三次渗碳体(Fe₃C_III)。

③ GS 线称为 A₃线，代表奥氏体中开始析出铁素体。

2. 典型合金的结晶过程分析

铁碳合金相图上的各种合金，按其含碳量及组织的不同，常分为工业纯铁、钢和铸铁三大类。

(1) 工业纯铁的含碳量<0.0218%，显微组织主要为铁素体。

(2) 钢是含碳量在 0.0218%～2.11%之间的铁碳合金，根据含碳量及室温组织的不同，钢也可分为亚共析钢(含碳量<0.77%)、共析钢(含碳量为 0.77%)和过共析钢(含碳量>0.77%)三种。

(3) 白口铸铁的含碳量在 2.11%～6.69%之间，根据含碳量及室温组织的不同，可分为亚共晶白口铸铁(含碳量<4.3%)、共晶白口铸铁(含碳量为 4.3%)和过共晶白口铸铁(含碳量>4.3%)三种。

下面以几种典型合金为例，分析其结晶过程，所选取的合金成分及其结晶过程如图 1-28 所示。

(1) 工业纯铁。以图 1-28 相图上的合金(1)为例。液态合金在 1～2 温度区间按匀晶转变形成单相 δ 固溶体，在此过程中，液相减少，固相增加。在 2～3 之间为 δ 铁的存在区间，当温度冷却到 3 点时，开始出现 δ 向 A 的转变。这一转变在 4 点处结束，合金全部转变为单相奥氏体(A)。奥氏体冷却到 5 点时，开始形成铁素体(F)，冷却到 6 点时，合金成为单相的铁素体。铁素体冷却到 7 点时，碳在铁素体中的溶解量呈饱和状态，因而自 7 点继续降温时，将自铁素体中析出少量 Fe₃C_III，它一般沿铁素体晶界呈片状分布。

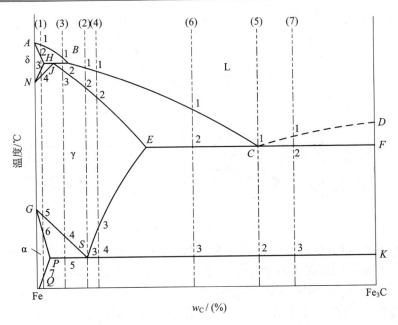

图 1-28　典型合金的化学成分及其结晶过程

(2) 共析钢。共析钢在相图上的位置见图 1-28 中的合金(2)。共析钢在温度 1～2 之间按匀晶转变形成奥氏体。奥氏体冷却至 727℃(3 点)时，将发生共析转变形成珠光体，即 A→P(F + Fe₃C)。珠光体中的渗碳体称为共析渗碳体。当温度由 727℃继续下降时，铁素体沿固溶线 PQ 改变成分，析出少量 Fe₃C$_{\text{Ⅲ}}$。Fe₃C$_{\text{Ⅲ}}$常与共析渗碳体连在一起，不易分辨，且数量极少，可忽略不计。共析钢结晶过程示意图如图 1-29 所示。

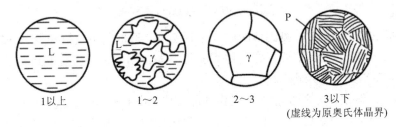

图 1-29　共析钢结晶过程示意图

(3) 亚共析钢。以含碳量为 0.45%的合金为例来进行分析，亚共析钢在相图上的位置见图 1-28 中的合金成分(3)。亚共析钢结晶过程示意图如图 1-30 所示。在 1 点以上合金为液体。温度降到 1 点以后，开始从液体中析出 δ 固溶体，1～2 点间为 L + δ。HJB 为包晶线，故在 2 点发生包晶转变，形成奥氏体(A)。包晶转变结束后，除奥氏体外还有过剩的液体。温度继续下降时，在 2～3 点之间从液体中继续结晶出奥氏体，奥氏体的浓度沿 JE 线变化。到 3 点后合金全部凝固成固相奥氏体。温度由 3 点降到 4 点时，是奥氏体的单相冷却过程，没有相和组织的变化。继续冷却至 4～5 点时，由奥氏体中结晶出铁素体。在此过程中，奥氏体成分沿 GS 变化，铁素体成分沿 GP 线变化。当温度降到 727℃时，奥氏体的成分达到 S 点(0.77%)，则发生共析转变，即 A→P(F + Fe₃C)，形成珠光体。此时原先析出的铁素体保持不变。所以共析转变后，合金的组织为铁素体和珠光体。当继续冷却时，铁素体的含

碳量沿 PQ 线下降，同时析出三次渗碳体。同样，三次渗碳体的量极少，一般可忽略不计。

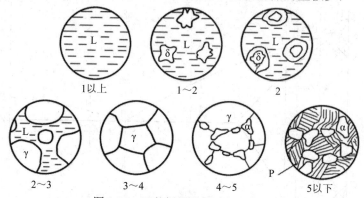

图 1-30　亚共析钢结晶过程示意图

(4) 过共析钢。以含碳量为 1.2% 的合金为例，该合金在相图上的位置见图 1-28 中的合金(4)，结晶过程示意图如图 1-31 所示。合金在 1~2 点之间按匀晶过程转变为单相奥氏体组织。在 2~3 点之间为单相奥氏体的冷却过程。自 3 点开始，由于奥氏体的溶碳能力降低，奥氏体晶界处析出 Fe_3C_{II}。温度在 3~4 之间，随着温度不断降低，析出的二次渗碳体量也逐渐增多。与此同时，奥氏体的含碳量也逐渐沿 ES 线降低。

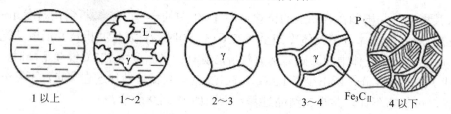

图 1-31　过共析钢结晶过程示意图

当冷却到 727℃(4 点)时，奥氏体的成分达到 S 点，于是发生共析转变 $A \rightarrow P(F + Fe_3C)$，形成珠光体。4 点以下直到室温，合金组织变化不大。因此常温下过共析钢的显微组织由珠光体和网状二次渗碳体所组成。

(5) 共晶白口铸铁。合金(5)在 1 点发生共晶反应，由 L 转变为(高温)莱氏体，其反应式为 $L_{4.3} \xrightarrow{727℃} A_{2.11} + Fe_3C$。在 1~2 之间，奥氏体中的碳含量逐渐降低，从奥氏体中不断析出二次渗碳体 Fe_3C_{II}。但是 Fe_3C_{II} 与共晶 Fe_3C 无界线相隔，在显微镜下无法分辨。至 2 点温度时 A 的碳含量将为 0.77%，发生共析反应转变为 P。高温莱氏体 Le 转变成低温莱氏体 Le′(P + Fe_3C)。此后的降温过程中，虽然铁素体也会析出 Fe_3C_{III}，但是数量很少，组织不再发生变化，所以室温平衡组织仍为 Le′，如图 1-32(a)所示。

亚共晶白口铸铁(6)冷却到 1 点温度时，液相中开始析出 A，称为先共晶奥氏体。在 1~2 温度区间内，液相成分沿 BC 线变化，A 成分沿 JE 线变化。至 2 点温度时，体系中剩余的液相将发生等同于(5)中的共晶反应，形成高温莱氏体(Le)。当温度冷却到 2 点以下，先共晶和共晶的 A 中都将析出二次渗碳体 Fe_3C_{II}。冷却到 3 点温度时，先共晶奥氏体和共晶奥氏体都会发生共析转变，形成珠光体 P。因此，室温下该合金的平衡组织是由珠光体 P、低温莱氏体 Le′和二次渗碳体 Fe_3C_{II} 组成，如图 1-32(b)所示。

合金(7)为过共晶白口铸铁。当温度冷却到 1 点时，合金液相中开始析出粗大的渗碳体

Fe_3C。在 1～2 温度区间内，随着温度的降低，液相的成分沿 CD 线变化，其含量不断减少，渗碳体的含量不断增加。当冷却到 2 点时，剩余的液相将发生共晶转变，形成高温莱氏体。在 2～3 的温度区间内，共晶转变得到的奥氏体相 A 同样要析出二次渗碳体 Fe_3C_{II}。进一步冷却到 3 点时，剩余的共晶奥氏体将发生共析转变，形成珠光体 P。图 1-32(c)即为过共晶白口铸铁的显微组织。

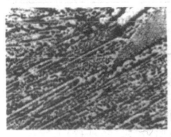
(a) 共晶白口铸铁

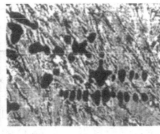
(b) 亚共晶白口铸铁

(c) 过共晶白口铸铁

图 1-32 白口铸铁的显微组织图(400×)

1.4.3 含碳量对 Fe-C 合金组织及性能的影响

1. 含碳量对平衡组织的影响

根据以上分析结果，不同含碳量的铁碳合金在平衡凝固时可以得到不同的室温组织。不同含碳量铁碳合金的显微组织如图 1-33 所示。根据杠杆定律，可以求得缓冷后铁碳合金的相组成物及组织组成物与含碳量间的定量关系，计算的结果如图 1-34 所示。

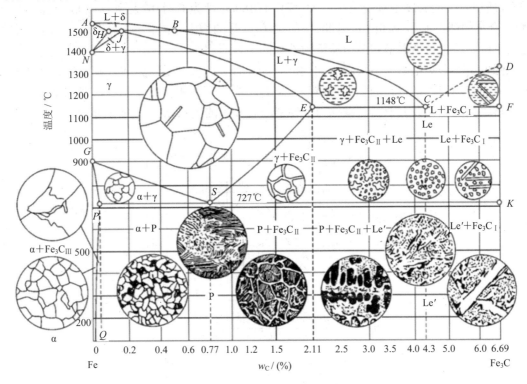

图 1-33 铁碳合金的显微组织

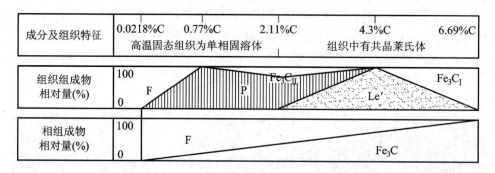

图 1-34 铁碳合金的成分、组织、性能的对应关系图

根据铁碳相图，铁碳合金的室温组织均由 F 和 Fe₃C 组成，两相的相对重量由杠杆定律确定。随着碳含量增加，F 的相对量逐渐降低，而 Fe₃C 的相对量呈线性增加。

从图 1-34 中可以清楚地看出，随着含碳量变化，合金室温组织变化的规律。当含碳量增高时，组织中不仅渗碳体的数量增加，而且渗碳体的存在形式也在变化，由分布在铁素体的基体内(如珠光体)，变为分布在奥氏体的晶界上(Fe₃Cₙ)。最后当形成莱氏体时，渗碳体已作为基体出现。不同含碳量的铁碳合金具有不同组织，因而也具有不同的性能。

2. 含碳量对力学性能的影响

在铁碳合金中，渗碳体是硬脆的强化相，而铁素体则是柔软的韧性相。硬度主要决定于组织中组成相的硬度及相对量，组织形态的影响相对较小。随碳含量的增加，由于 Fe₃C 增多，所以合金的硬度呈直线关系增大，可由 HB80(全部为 F 时)增大到 HB800(全部为 Fe₃C 时)。合金的塑性变形全部由 F 提供，所以随碳含量的增大，F 量不断减少时，合金的塑性连续下降。这也是高碳钢和白口铸铁脆性高的主要原因。

强度是一个对组织形态很敏感的性能。如果合金的基体是铁素体，则随渗碳体数量增多、分布越均匀，则材料的强度便越高。但是，当渗碳体相分布在晶界，特别是作为基体时，材料强度将会大大下降。碳钢力学性能与含碳量的关系如图 1-35 所示。

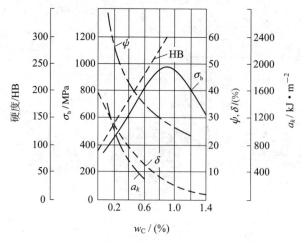

图 1-35 碳钢力学性能与含碳量的关系图

工业纯铁含碳量很低，可认为是由单相铁素体构成的，故其塑性和韧性很好，强度和硬度很低。

亚共析钢组织是由铁素体和珠光体组成的。随着含碳量的增加，组织小的珠光体量也相应增加，钢的强度和硬度直线上升，而塑性指标相应降低。

共析钢的缓冷组织由片层状的珠光体构成。由于渗碳体是一个强化相，这种片层状的分布使珠光体具有较高的硬度与强度，但塑性指标较低。

过共析钢缓冷后的组织由珠光体与二次渗碳体所组成。随含碳量的增加，脆性的二次渗碳体数量也相应增加，到约 0.9% C 时 Fe_3C_{II} 沿晶界形成完整的网，强度迅速降低，且脆性增加。所以，工业用钢中的含碳量一般介于 1.3%～1.4%。白口铸铁由于组织中存在较多的渗碳体，在性能上显得特别脆而硬，难以切削加工，主要用作耐磨材料。

1.5　热处理工艺

1.5.1　热处理的概述

由于生产过程中为了保证大的过冷度和形核条件，钢铁材料往往采用较大的冷却速度，这样就容易在材料内部产生一些内应力和组织缺陷，无法完全满足人们对工程材料的使用要求。为了满足选材的力学性能需要，一般采用两种方法，一种是研制新的力学性能更加优异的材料；二是对现有的金属材料进行一定的热处理。

所谓热处理，是将金属材料在固体状态下，经过特定温度下的加热、保温和冷却过程，使其原有组织发生变化，获得预期力学性能的操作工艺。普通热处理工序可分为退火、正火、淬火和回火。人们习惯上把退火与正火称为预先热处理，把淬火与回火称为最终热处理。对于一些受力不大、性能要求不高的机器零件，也可以进行最终热处理。预备热处理是零件加工过程中的一道中间工序，目的是改善锻、铸毛坯件的组织，消除内应力，为后续的机械加工或最终热处理作准备。最终热处理是零件加工的最后一道工序，目的是使经过成形加工后得到最终形状和尺寸的零件达到所需使用性能的要求。

钢在热处理时，首先要将工件加热到奥氏体区域，使组织先转变成奥氏体状态，这一过程也称为奥氏体化。根据 $Fe-Fe_3C$ 相图，共析钢加热到 A_1 线以上，亚共析钢和过共析钢加热到 A_3 和 A_{cm} 线以上时才能完全转变为奥氏体。在实际的热处理过程中，钢发生奥氏体转变的实际温度比相图中的 A_1、A_3 和 A_{cm} 点高，分别用 A_{c1}、A_{c3} 和 A_{ccm} 表示，而在冷却时奥氏体分解的实际温度要比 A_1、A_3 和 A_{cm} 点低，分别用 A_{r1}、A_{r3} 和 A_{rcm} 表示。

1.5.2　奥氏体的形成过程

碳钢在室温下的组织基本上是由铁素体和渗碳体两个相构成的。铁素体、渗碳体与奥氏体相比，不仅晶格类型不同，而且含碳量的差别也大。因此，铁素体、渗碳体转变为均匀的奥氏体必须进行晶格改组和铁原子、碳原子的扩散。这也是一个结晶过程，也应当遵循形核和核长大的基本规律。

下面以共析钢为例说明奥氏体的形成过程。

共析钢由珠光体到奥氏体的转变包括以下四个阶段：奥氏体形核、奥氏体长大、残余渗碳体的溶解和奥氏体均匀化，如图1-36所示。

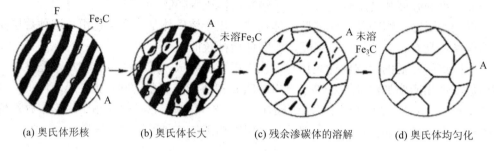

(a) 奥氏体形核　　　(b) 奥氏体长大　　　(c) 残余渗碳体的溶解　　　(d) 奥氏体均匀化

图1-36 珠光体向奥氏体转变过程示意图

1. 奥氏体形核

当共析钢被加热到 A_1 线以上温度时，就会发生珠光体向奥氏体的转变。奥氏体晶核首先在铁素体和渗碳体的相界面上形成。这是因为在相界面上碳浓度分布不均匀，原子排列不规则，易于产生浓度和结构起伏区，为奥氏体形核创造了有利条件。同样，珠光体的边界也可以成为奥氏体的形成部位。而在快速加热时，由于过热度大，奥氏体临界晶核半径小，相变所需的浓度起伏小，也可以在铁素体亚晶边界上形成奥氏体晶核。

2. 奥氏体长大

奥氏体晶核形成后，出现了奥氏体与铁素体和奥氏体与渗碳体的相平衡，但与渗碳体接触的奥氏体的碳浓度高于铁素体接触的奥氏体的碳浓度，因此在奥氏体内部发生了碳原子的扩散，使奥氏体同渗碳体和铁素体两边相界面上的碳的平衡浓度遭到破坏。为了维持浓度的平衡关系，渗碳体必须不断溶解而铁素体也必须不断转变为奥氏体。这样，奥氏体晶核就分别向两边长大。

3. 残余渗碳体的溶解

在奥氏体形成过程中，铁素体转变为奥氏体的速度高于渗碳体的溶解速度，当铁素体完全转变成奥氏体后，仍有部分渗碳体尚未溶解，随着保温时间的延长，残余渗碳体不断溶入奥氏体中，直至完全消失。

4. 奥氏体均匀化

当残余渗碳体全部溶解时，奥氏体中的碳浓度仍是不均匀的。在原来渗碳体的区域碳浓度较高，继续延长保温时间或继续升温，使碳原子继续扩散，奥氏体碳浓度逐渐趋于均匀化。最后得到均匀的单相奥氏体。至此，奥氏体形成过程全部完成。

亚共析钢和过共析钢的奥氏体形成过程与共析钢基本相同，当加热温度超过 A_{c1} 时，只能使原始组织中的珠光体转变为奥氏体，仍保留一部分先共析铁素体或先共析渗碳体。只有当加热温度超过 A_{c3} 或 A_{ccm}，并保温足够的时间时，才能获得均匀的单相奥氏体。

1.5.3 退火与正火

退火是将钢加热到适当的温度，保温一定时间，然后缓慢冷却，以获得接近平衡状态组织的热处理工艺。

亚共析钢加热到 A_{c3} 以上(30～50℃)，过共析钢加热到 A_{ccm} 以上(30～50℃)，在此温度下保温一定时间，随后空冷到室温，该过程称为正火。

退火和正火的主要目的大致可归纳为以下几点：① 调整钢件硬度以便进行切削加工；② 消除残余应力，以防钢件出现变形与开裂；③ 细化晶粒，改善组织以提高钢的力学性能；④ 为最终热处理(淬火和回火)作好组织上的准备。

根据工艺特点和目的不同，钢的退火工艺种类很多，可分为第一类退火和第二类退火。第一类退火主要有均匀化退火、再结晶退火、高温回火和消除残余应力退火。第二类退火又分为完全退火、等温退火和不完全退火。图 1-37(a)所示为各种退火和正火的加热温度范围。图 1-37(b)所示为碳钢各种退火和正火工艺曲线。

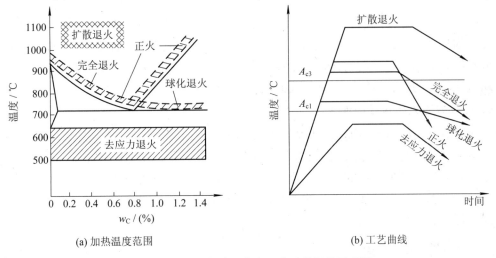

(a) 加热温度范围　　　　　　　　(b) 工艺曲线

图 1-37　碳钢各种退火和正火工艺规范示意图

1. 完全退火

亚共析钢加热到 A_{c3} 温度以上(30～50℃)，在这一温度下保温一定时间，随炉冷到室温，以获得接近平衡组织的工艺称为完全退火。完全退火的目的是为了细化晶粒、均匀组织、消除内应力和加工缺陷、降低硬度、改善切削加工性能和冷塑性变形性能，或作为某些零件的预备热处理。完全退火保温时间与钢材的化学成分、工件的形状和尺寸、加热设备类型、装炉量以及装炉方式等因素有关。

2. 不完全退火

不完全退火是将钢加热至 A_{c1}～A_{c3} 或 A_{c1}～A_{ccm} 之间，保温后缓慢冷却，以获得接近平衡组织的热处理工艺。由于加热到两相区温度，组织没有完全奥氏体化，仅使珠光体发生相变重结晶转变为奥氏体，因此，基本上不改变先共析铁素体或渗碳体的形态及分布。不完全退火主要应用于大批量生产原始组织中铁素体均匀、细小的亚共析钢的锻件。不完全退火的目的是降低硬度，改善切削加工性能，消除内应力。不完全退火的优点是加热温度比完全退火低，消耗热能少，降低工艺成本，提高生产率。

3. 球化退火

把钢加热到略高于 A_{c1} 点的温度，使钢进行重结晶，得到球形的珠光体，该工艺过程称为球化退火。球化退火主要应用于共析钢、过共析钢和合金工具钢。其目的是使渗碳体球化、降低硬度、改善切削加工性能，以及获得均匀的组织，为以后的淬火作准备。球化退火前，钢的原始组织中，如果有严重的网状渗碳体存在时，应该事先进行正火，消除网状渗碳体，然后再进行球化退火。

4. 等温退火

将钢件加热到 A_{c3} 以上(30～50℃)，保温一定时间后，较快地冷却到稍低于 A_{r1} 的某一温度完成等温转变处理，随后空冷的工艺称为等温退火。等温退火与完全退火相比，不仅极大地缩短了退火时间，而且由于工件内外是在同一温度下进行的组织转变，所以组织与性能较为均匀。

5. 均匀化退火

将钢加热到略低于固相线温度(一般在钢的熔点以下(100～200℃))，长时间保温后随炉缓慢冷却的热处理工艺称为均匀化退火。这一过程可以完成高温下原子的扩散，使钢的化学成分和组织更加均匀。均匀化退火温度高、时间长，因此能耗高，易使晶粒粗大，主要用于质量要求高的合金钢铸锭、铸件或锻坯。

6. 去应力退火与再结晶退火

去应力退火又称为低温退火，是将钢加热到 A_{c1} 以下(400～500℃)，保温一段时间，然后缓慢冷却到室温的工艺方法。去应力退火的主要目的是为了消除零件加工中的残余应力，不发生组织转变。将加工后的工件加热至再结晶温度以上，保温一定时间后冷却，使工件发生再结晶，以达到消除加工硬化的工艺称为再结晶退火。再结晶退火经常用于冷变形工序之间，是为了消除冷作硬化。

1.5.4　淬火及回火工艺

1. 淬火

淬火是将钢件加热到 A_{c3} 或 A_{c1} 以上某一温度，保持一定时间后以适当速度冷却，获得马氏体和(或)贝氏体组织的热处理工艺。

淬火的目的是为了提高钢的力学性能。如用于制作切削刀具的 T10 钢，退火态的硬度小于 20HRC，适合于切削加工，如果将 T10 钢淬火获得马氏体后配以低温回火，硬度可提高到约为 60～64HRC，同时具有很高的耐用性，可以切削金属材料(包括退火态的 T10 钢)；再如 45 钢经淬火获得马氏体后高温回火，其力学性能与正火态相比：σ_s 由 320 MPa 提高到 450 MPa，δ 由 18% 提高到 23%，α_k 由 70 J/cm^2 提高到 100 J/cm^2，具有良好的强度与塑性和韧性的配合。可见淬火是一种强化钢件、更好地发挥钢材性能潜力的重要手段。

1) 钢的淬火工艺

(1) 淬火加热温度的选择。淬火加热的目的是为了获得细小而均匀的奥氏体，使淬火后得到细小而均匀的马氏体或贝氏体。

碳钢的淬火加热温度可根据 Fe-Fe$_3$C 相图来选择，如图 1-38 所示。

亚共析钢的淬火加热温度为 A_{c1} + (30～50℃)，这时加热后的组织为细的奥氏体，淬火后可以得到细小而均匀的马氏体。但对于某些亚共析合金钢，在略低于 A_{c3} 的温度下进行亚温淬火，可利用少量细小残存分散的铁素体来提高钢的韧性。

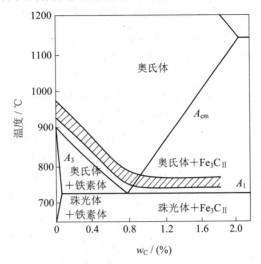

图 1-38 碳钢的淬火加热温度

共析钢、过共析钢的淬火加热温度为 A_{c1} + (30~50℃)，如 T10 的淬火加热温度为 760~780℃，这时的组织为奥氏体(共析钢)或奥氏体 + 渗碳体(过共析钢)，淬火后得到均匀细小的马氏体 + 残余奥氏体或马氏体 + 颗粒状渗碳体 + 残余奥氏体的混合组织。

(2) 淬火介质。工件进行淬火冷却时所使用的介质称为淬火介质。目前常用的淬火介质有水及水基、油及油基等。

2) 常用的淬火方法

由于淬火介质不能完全满足淬火质量要求，所以在热处理工艺上还应在淬火方法上加以解决。目前使用的淬火方法较多，本书仅介绍其中常用的四种。

(1) 单介质淬火。单介质淬火是将加热到奥氏体状态的工件放入一种淬火介质中连续冷却到室温的淬火方法(见图 1-39 中的曲线 1)，如碳钢件的水冷淬火、合金钢件的油冷淬火等。

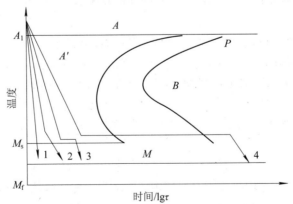

1—单介质淬火；2—双介质淬火；3—分级淬火；4—等温淬火

图 1-39 常用淬火冷却方法

单介质淬火的优点是操作简单，易于实现机械化和自动化；缺点是工件表面与芯部温差大，易造成淬火内应力。在连续冷却到室温的过程中水淬由于冷却快，易产生变形和裂纹；油淬由于冷却速度小，易产生硬度不足或硬度不均匀的现象。因此单介质淬火只适用于形状简单、无尖锐棱角及截面无突然变化的零件。

(2) 双介质淬火。双介质淬火是将钢件奥氏体化后，先浸入一种冷却能力强的介质中，在钢件还未到达该淬火介质温度前即取出，再马上浸入另一种冷却能力弱的介质中冷却的淬火工艺(见图1-39中的曲线2)，如先水冷，后油冷或空冷。

双介质淬火的优点是马氏体相变在缓冷的介质中进行，可以使工件淬火时的内应力大为降低，从而减小变形、开裂的倾向；缺点是工件表面与芯部温差仍较大，工艺不好掌握，操作困难，所以适用于形状复杂程度中等的高碳钢小零件和尺寸较大的合金钢零件。

(3) 马氏体分级淬火。马氏体分级淬火是将钢材奥氏体化后，随之浸入温度稍高或稍低于钢的上马氏体点的液态介质(如硝盐浴或碱浴)中，保温适当时间，使钢件内外层都达到介质温度后取出空冷，以获得马氏体组织的淬火工艺(见图1-39中的曲线3)。

马氏体分级淬火的优点是可降低工件内外温度差，降低马氏体转变时的冷却速度，从而减小淬火应力，防止变形、开裂；缺点是因为硝盐浴或碱浴的冷却能力较弱，使其适用性受到限制。这种淬火方法适用于尺寸较小(ϕ为10～12 mm的碳钢或ϕ为20～30 mm的合金钢)、要求变形小、尺寸精度高的工件，如刀具、模具、量具等。

(4) 贝氏体等温淬火。贝氏体等温淬火是将钢件加热至奥氏体化后，随之快冷到贝氏体转变温度区间(260～400℃)等温保持，使奥氏体转变为下贝氏体的淬火工艺(见图1-39中的曲线4)。

贝氏体等温淬火的优点是淬火应力与变形极小，而且下贝氏体与回火马氏体相比在含碳量相近、硬度相当时，具有较高的塑性和韧性。贝氏体等温淬火适用于各种高、中碳钢和低合金钢制作的、要求变形小且韧性高的小型复杂零件，如各种冷热模具、成形刀具、弹簧、螺栓等。

2. 回火

回火是把淬火钢加热到A_1以下的某一温度保温后进行冷却的热处理工艺。回火是紧接着淬火后进行的，除等温淬火外，其他淬火零件都必须及时回火。

淬火钢回火的目的是：

(1) 降低脆性，减少或消除内应力，防止工件变形或开裂。

(2) 获得工件所要求的力学性能。淬火钢件硬度高、脆性大，为满足各种工件不同的性能要求，可以通过适当回火来调整硬度，获得所需的塑性和韧性。

(3) 稳定工件尺寸。淬火马氏体和残余奥氏体都是不稳定组织，会自发发生转变而引起工件尺寸和形状的变化。通过回火可以使组织趋于稳定，以保证工件在使用过程中不再发生变形。

(4) 改善某些合金钢的切削性能。某些高淬透性的合金钢，空冷便可淬成马氏体，软化退火也相当困难，因此常采用高温回火，使碳化物适当聚集，降低硬度，以利于切削加工。

1) 淬火钢在回火时的转变

不稳定的淬火组织有自发向稳定组织转变的倾向。淬火钢的回火可以促使这种转变较快的进行。在回火过程中，随着组织的变化，钢的性能也发生相应的变化。

(1) 回火时的组织转变。随回火温度的升高，淬火钢的组织大致发生下述四个阶段的变化，如图 1-40 所示。

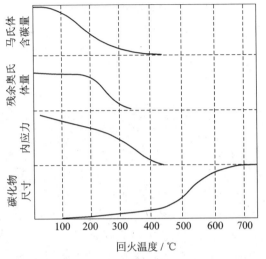

图 1-40 淬火钢的组织在回火时的变化

① 马氏体分解。回火温度 <100℃ (本节的回火转变温度范围是对碳钢而言，合金钢会有不同程度的提高)时，钢的组织基本无变化。马氏体分解主要发生在 100~200℃，此时马氏体中的过饱和碳以 ε 碳化物(Fe_xC)的形式析出，使马氏体的过饱和度降低。析出的碳化物以极细片状分布在马氏体基体上，这种组织称为回火马氏体，用符号"M回"表示，如图 1-41 所示。在显微镜下观察，回火马氏体呈黑色，残余奥氏体呈白色。

马氏体分解一直进行到 350℃，此时，α 相中的含碳量接近平衡成分，但仍保留马氏体的形态。马氏体的含碳量越高，析出的碳化物也越多，对于碳的质量分数 <0.2% 的低碳马氏体在这一阶段不析出碳化物，只发生碳原子在位错附近的偏聚。

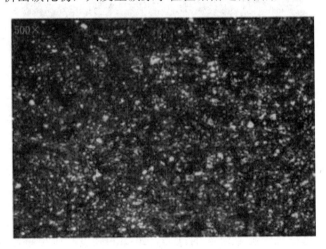

图 1-41 回火马氏体组织

② 残余奥氏体的分解。残余奥氏体的分解主要发生在 200~300℃。由于马氏体的分解，正方度下降，减轻了对残余奥氏体的压应力，因而残余奥氏体分解为 ε 碳化物和过饱

和α相，其组织与下贝氏体或同温度下马氏体回火产物一样。

③ ε碳化物转变为 Fe_3C。回火温度在 300～400℃时，亚稳定的 ε 碳化物转变成稳定的渗碳体(Fe_3C)，同时，马氏体中的过饱和碳也以渗碳体的形式继续析出。到 350℃左右，马氏体中的含碳量已基本上降到铁素体的平衡成分，同时内应力大量消除。此时回火马氏体转变为在保持马氏体形态的铁素体基体上分布着细粒状渗碳体的组织，称为回火托氏体，用符号"T回"表示，如图 1-42 所示。

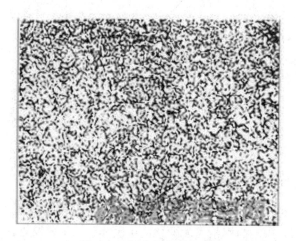

图 1-42　回火托氏体组织

④ 渗碳体的聚集长大及 α 相的再结晶。这一阶段的变化主要发生在 400℃以上，铁素体开始发生再结晶，由针片状转变为多边形。这种由颗粒状渗碳体与多边形铁素体组成的组织称为回火索氏体，用符号"S回"表示，如图 1-43 所示。

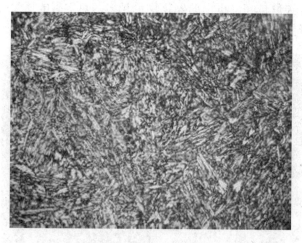

图 1-43　回火索氏体组织

(2) 淬火钢在回火过程中随着温度的升高，组织的硬度和强度逐渐降低，与此同时，塑性和韧性上升。图 1-44 所示为钢的硬度与回火温度的变化关系。

从图 1-44 中可知，在 200℃以下，分散在马氏体中的大量 ε 碳化物会产生弥散强化作用，高碳钢的硬度并不会出现明显降低，甚至出现略微提高。

由于有较多的残余奥氏体转变为马氏体，在 200～300℃之间，高碳钢的硬度会进一步提高；而低碳钢与中碳钢的硬度会缓慢降低，这是由于残余奥氏体量很少的缘故。

300℃以上时，一方面由于渗碳体的粗化，另一方面由于马氏体转变为铁素体，钢的硬度呈现出直线下降。

当硬度相同时，由于淬火钢回火后的组织和过冷奥氏体转变得到的组织中渗碳体的形态不同，使得前者的屈服强度、塑性和韧性更好。

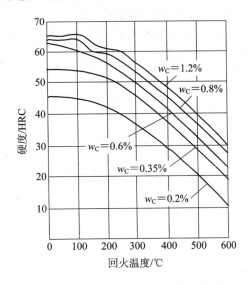

图 1-44　钢的硬度随回火温度的变化

2) 回火的种类

根据钢的回火温度不同，回火可以分为以下三种：

(1) 低温回火的处理温度为 150～250℃，回火后的组织为回火马氏体，低温回火处理能够降低组织的淬火内应力和脆性，同时保持高硬度和高耐磨性的优点。其主要用于各种切削刀具、量具、滚动轴承等的热处理。

(2) 中温回火的处理温度为 350～500℃，回火后的组织为回火托氏体，该组织具有较高的屈服强度和弹性极限，并具有一定的韧性，主要用于各种弹簧和热作模具的处理。

(3) 高温回火的处理温度为 500～650℃，回火后的组织为回火索氏体，该组织既具有较高的强度，同时又具有良好的塑性和韧性。人们把淬火后进行高温回火的热处理过程称做调质处理，它可以广泛用于处理各种重要的结构零件和要求较高的精密零件、量具等。

此外，某些高合金钢淬火后会进行高温回火处理，如高速钢在 560℃进行回火处理，是为了促使残余奥氏体转变为马氏体回火，获得回火马氏体和碳化物组织。这与结构钢的调质在本质上是不同的。

※※※　复习思考题　※※※

1.1　为什么过共析钢淬火加热温度不能过低也不能过高？

1.2　为什么 W18Cr4V 钢淬火加热的奥氏体化温度非常高？其回火工艺是什么？

1.3　热轧空冷状态的 20 钢，再重新加热到略高于 A_{c1} 的温度，然后炉冷，试问所得到的组织和处理前的组织有何不同？

1.4　碳钢在回火时的组织转变过程及相应性能有何变化？

1.5　两个碳质量分数为 1.2% 的碳钢薄试样分别加热到 780℃ 和 900℃，保温时间相同，奥氏体化后以大于临界淬火冷却速度 V_k 的速度冷却到室温，分析哪个温度下淬火后的马氏体晶粒较粗大？哪个温度加热淬火后残余奥氏体较多？

1.6　45 钢锻造的大型齿轮进行正火的主要目的及正火后的组织是什么？

第2章 铸 造

将熔融的液态金属合金材料注入到预先制备好的,具有与零件形状、尺寸相适应的铸型型腔中,使之冷却、凝固而获得毛坯零件的制造过程,称为铸造,所铸出的产品称为铸件。

铸造是历史最为悠久的金属成形方法,直到今天仍然是机械零件、毛坯生产的主要方法。这种成形方法在机器设备制造中所占比例很大,例如内燃机中的关键零件,如缸体、缸盖、活塞、曲轴等,都是铸件。铸造之所以获得如此广泛的应用,是由于它具有如下优越性:

(1) 选材范围广。几乎凡是能够熔化成液态的合金材料均可以用于铸造,如铸钢、铸铁、各种铝合金、铜合金、钛合金、镁合金等。对于脆性较大的合金材料(例如铸铁),铸造是唯一可行的成形工艺。

(2) 适应范围广。铸造可制成形状复杂、特别是具有复杂内腔的毛坯,如箱体、气缸体等。同时,铸件的大小几乎不限,从几克到数百吨;铸件的壁厚可由 1 mm 到 1 m;铸造的批量不限,适合单件、小批量、大批量生产。

(3) 成本低廉。铸造可直接利用成本低廉的废机件和切屑,设备费用较低。同时,铸件加工余量小,节省金属,减少切削加工量,从而降低制造成本。

(4) 有较高的尺寸精度。相比于锻件、焊接件,铸件的精度更高。

根据形成铸型材料的不同,可分为砂型铸造和金属型铸造;根据金属液填充铸型方法的不同可以分为重力铸造、压力铸造、离心铸造等,它们在不同条件下各有其优势。在这些方法中,砂型铸造应用最为广泛,用这种方法生产的铸件占总产量的80%以上。

2.1 铸造工艺基础

铸造合金除了应具有符合要求的力学性能和必要的物理、化学性能外,还要具有良好的铸造性能。铸造生产过程复杂,影响铸件质量的因素颇多,非常容易形成各种铸造缺陷。缺陷的产生不仅与液态合金的充型能力、流动性有关,还与凝固过程中铸件的收缩、应力、应变有关。

2.1.1 液态合金的充型能力

液态合金填充铸型的过程,简称充型。

液态合金充满铸型型腔,获得形状完整、轮廓清晰铸件的能力,称为液态合金的充型能力(mold filling capacity)。液态合金充型能力的好坏直接影响到铸件成品的质量。若充型能力差,在型腔被填满之前,形成的晶粒将充型的通道堵塞,金属液被迫停止流动,铸件将产生浇不足或冷隔等缺陷。

充型能力主要受金属液本身的流动性、铸型性质、浇注条件及铸件结构等因素的影响。

1. 合金的流动性

液态合金本身的流动能力，称为合金的流动性，是合金主要铸造性能之一，与合金的成分、温度、杂质含量及其物理性质有关。合金的流动性对于凝固过程中排出的气体、杂质以及凝固后的补缩、防裂非常重要。合金的流动性越好，非金属夹杂物和气体易于上浮与排除，有利于净化合金，便于浇铸出轮廓清晰、薄而复杂的铸件。此外，合金的流动性还与可铸出的最小壁厚有关。

检验液态合金的流动性，通常以"螺旋形试样"（见图 2-1）的长度来衡量。显然，在相同的浇注条件下，所浇出的试样愈长，说明合金的流动性愈好。表 2-1 列出了常用铸造合金的流动性，其中灰铸铁、硅黄铜的流动性最好，铸钢的流动性最差。

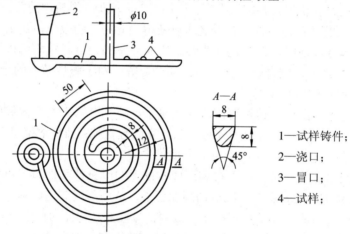

1—试样铸件；

2—浇口；

3—冒口；

4—试样；

图 2-1　金属流动性试样结构图

表 2-1　常用铸造合金的流动性

合　　金	造型材料	浇注温度/℃	螺旋线长度/mm
灰口铸铁 (C + Si = 6.2%，C + Si = 5.2%， C + Si = 4.2%)	砂型	1300	1800 1000 600
铸钢(0.4%C)	砂型	1600 1640	100 200
锡青铜(9%～11%Sn + 2%～4%Zn)	砂型	1040	420
硅黄铜(1.5%～4.5%Si)	砂型	1100	1000
铝合金	金属型(300℃)	680～720	700～800
镁合金(Mg-Al-Zn)	砂型	700	400～600

影响合金流动性的因素很多，但以化学成分的影响最为显著。合金的化学成分决定了结晶温度范围，因此合金化学成分与其流动性之间存在一定的关系。其中纯金属、共晶成分、金属间化合物的流动性最好，因为对于纯金属、共晶成分和金属间化合物的合金，结晶是在恒温下进行的，此时，液态合金从表层逐层向中心凝固，由于已结晶的固体层内表

面比较光滑，对金属液的流动阻力小，故流动性最好。流动性会随着结晶温度范围的增大而下降，除纯金属、共晶成分和金属间化合物外，其他成分合金是在一定温度范围内逐步凝固的，此时，结晶是在一定宽度的凝固区内同时进行的，由于初生的树枝状晶体使固体层内表面粗糙，在断面上存在发达的树枝晶与未凝结的液相混杂的两相区，当液流前端的枝晶数量达到某一临界值时，金属液就会停止流动，显然，合金成分愈远离共晶点，结晶温度范围愈宽，流动性愈差。图 2-2 所示为铁碳合金的流动性与含碳量的关系。由图可见，亚共晶铸铁随含碳量的增加，结晶温度范围减小，流动性提高。

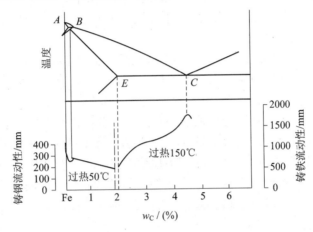

图 2-2　Fe-C 合金流动性与含碳量关系

2. 浇注条件

1) 浇注温度

浇注温度对合金的充型能力的影响很大。提高浇注温度会降低合金的黏度，而且可以提高液态金属的含热量，使液态合金在铸型中保持流动的时间变长，从而大大提高合金的充型能力。适当提高浇注温度，可以防止铸件产生冷隔、夹渣等缺陷，但浇注温度过高，铸件容易产生缩孔、缩松、黏砂、气孔、粗晶等缺陷，故在保证充型能力足够的前提下，浇注温度应尽量降低。

2) 充型压力

很明显，在浇注过程中液态合金所受的压力愈大，充型能力愈好。在压力铸造、低压铸造和离心铸造时，因充型压力较砂型铸造提高甚多，所以充型能力较强。

3. 铸型填充条件

液态合金充型时，铸型阻力将影响合金的流动速度，而铸型与合金间的热交换又将影响合金保持流动的时间。因此，如下因素对充型能力均有显著影响。

(1) 铸型材料。铸型材料的导热系数和比热容愈大，对液态合金的激冷能力愈强，合金的充型能力就愈差。如金属型铸造较砂型铸造容易产生浇不足和冷隔缺陷。

(2) 铸型温度。金属型铸造、压力铸造和熔模铸造时，铸型被预热到数百摄氏度，由于减缓了金属液的冷却速度，故使充型能力得到提高。

(3) 铸型中气体。在金属液的热作用下，铸型(尤其是砂型)将产生大量气体，如果铸型排气能力差，型腔中气压将增大，以致阻碍液态合金的充型。为了减小气体的压力，除应设法减少气体的来源外，应使铸型具有良好的透气性，并在远离浇口的最高部位开设出气口。

2.1.2 铸件的收缩

合金从液态冷却到室温的过程中，其体积或尺寸缩减的现象，称为收缩。它是铸造合金的物理本性。收缩给铸造工艺带来许多困难，是多种铸造缺陷(缩孔、缩松、裂纹、变形等)产生的根源。

金属从液态冷却到室温要经历三个相互联系的收缩阶段：

(1) 液态收缩。它是指从浇注温度到凝固开始温度(液相线温度)间的收缩。这个阶段的体积收缩表现为型腔内液面的降低。

(2) 凝固收缩。它是指从凝固开始温度到凝固终止温度(固相线温度)间的收缩。这个阶段的收缩量与凝固温度区间有关，凝固温度区间越大，收缩就越严重。

(3) 固态收缩。它是指从凝固终止温度到室温间的收缩。

铸造时合金的收缩为上述三个阶段收缩量之和。其中，合金的液态收缩和凝固收缩表现为合金体积的缩小，使型腔内金属液面下降，通常用体积收缩率来表示，它们是铸件产生缩孔和缩松缺陷的基本原因；合金的固态收缩不仅引起合金体积上的缩减，同时，更明显地表现在铸件尺寸上的缩减，因此固态收缩常用单位长度上的收缩量(即线收缩率)来表示，它是铸件产生内应力以致引起变形和产生裂纹的主要原因。

1. 影响收缩的因素

不同合金的收缩率不同。表 2-2 所示为几种铁碳合金的体积收缩率。由表可知，铸钢及白口铸铁的收缩率很大；而灰铸铁由于在结晶中析出了体积较大的石墨，所产生的体积膨胀抵消了灰铸铁的部分收缩，所以灰铸铁的收缩相对较小。

表 2-2　几种铁碳合金的体积收缩率

合金种类	含碳量 /(%)	浇注温度 /℃	液态收缩 /(%)	凝固收缩 /(%)	固态收缩 /(%)	总体积收缩 /(%)
铸造碳钢	0.35	1610	1.6	3	7.8	12.4
白口铸铁	3.00	1400	2.4	4.2	5.4~6.3	12~12.9
灰铸铁	3.50	1400	3.5	0.1	3.3~4.2	6.9~7.8

铸件在铸型中冷却时，由于铸型的形状和尺寸不同，造成铸型中各部分合金的冷却速度不同，结果对合金的收缩造成影响，因此实际生产中铸件的收缩率受合金种类、铸件形状、尺寸等因素的综合影响。

2. 收缩对铸件质量的影响

1) 铸件的缩孔与缩松

铸件在冷凝过程中，由于金属的液态收缩和凝固收缩，在铸件最后凝固的部位如果得不到外加金属液的补充，则往往在铸件最后凝固的部位形成一些孔洞，容积较大而集中的孔洞称为缩孔；细小而分散的孔洞称为缩松，如图 2-3 所示。

一般来讲，纯金属和共晶合金在恒温下结晶，铸件由表及里逐层凝固，在铸件表面先凝固一层硬壳，并紧紧包住内部的金属

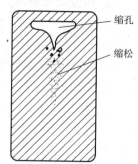

图 2-3　缩孔、缩松示意图

液体。进一步冷却时，硬壳会逐步变厚，而液态金属体积会逐步减少。同时，在冷却过程中硬壳和金属液体都会因为温度降低而收缩，如果外壳产生的收缩小于其内液体的收缩时，则会产生缩孔。因此，缩孔常集中在铸件的上部或厚大部位等最后凝固的区域。具有一定凝固温度范围的合金，其凝固是在较大的区域内同时进行，与形成缩孔的原因一样，缩松的产生是由于凝固体收缩得不到金属液及时补充所致。不过形成缩松时，在缩松区域内的金属几乎是同时凝固的。因此，缩松常分布在铸件壁的轴线区域及厚大部位等。

　　存在于铸件中的任何孔洞，都会减少铸件的有效受力面积。缩孔和缩松的存在会减小铸件的有效面积，并在该处产生应力集中，降低其机械性能。缩孔的存在还会减低铸件的气密性和物理化学性能，缩松还可使铸件因渗漏而报废。因此，必须依据技术要求，采取适当的工艺措施予以防止。实践证明，只要能使铸件实现顺序凝固原则，尽管合金的收缩较大，也可获得没有缩孔的致密铸件。

　　所谓顺序凝固，是指在铸件上可能出现缩孔的厚大部位通过安放冒口等工艺措施，使铸件远离冒口的部位(见图 2-4)先凝固；然后向冒口方向的部位依次凝固(见图 2-4 中Ⅰ、Ⅱ、Ⅲ)；最后才是冒口本身的凝固。按照这样的凝固顺序，先凝固部位的收缩可以通过后凝固部位的金属液来补充；最后凝固部位的收缩，由冒口中的金属液来补充，从而使铸件各个部位的收缩均能得到补充，而将缩孔转移到冒口之中。冒口属于铸件的多余部分，切除后便可以得到致密的铸件。

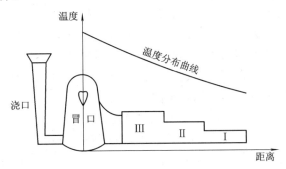

图 2-4　顺序凝固法示意图

　　为了使铸件实现顺序凝固，在安放冒口的同时，还可在铸件上某些厚大部位增设冷铁。如图 2-5 所示，铸件在底部和上部存在热节，若仅靠顶部冒口难以向底部凸台补缩，为此，在该凸台的型壁上安置了两块冷铁。由于冷铁的存在，加快了该处的冷却速度，使底部厚度较大的凸台反而最先凝固，由于实现了自下而上的定向凝固，从而防止了底部凸台处缩孔、缩松的产生。可以看出，冷铁仅是加快某些部位的冷却速度，以控制铸件的凝固顺序，但本身并不起补缩作用。冷铁通常用钢、铸铁和铝合金等制成。其中铸铁冷铁的蓄热系数较大，可以吸收较多的热量，同时制作方便，成本低廉，应用广泛，但是铸铁的热导率比较小，激冷速度比较慢，对于局部小的热节，要求激冷速度快时，常用铝制冷铁。但铝制冷铁熔点较低，要注意及时散出热量，以防冷铁和铸件发生熔焊。

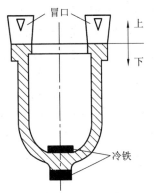

图 2-5　用冒口和冷铁联合补缩

安放冒口和冷铁、实现顺序凝固，虽可有效地防止缩孔和宏观缩松，但却耗费许多金属和工时，加大了铸件成本。同时，顺序凝固扩大了铸件各部分的温度差，促进了铸件的变形和裂纹倾向。因此，这种措施主要用于必须补缩的铸件，如铝青铜、铝硅合金和铸钢件等。

2) 铸造内应力、变形和裂纹

铸件在凝固之后的继续冷却过程中，其固态收缩若受到阻碍，铸件内部将产生内应力，称为铸造应力，这些内应力有时是在冷却过程中暂存的，有时一直保留到室温，称为残余内应力。铸造内应力是铸件产生变形和裂纹的基本原因。

按照内应力的产生原因，可将内应力分为热应力、相变应力和机械应力三种。

由于铸件的壁厚不均匀，其各部分的冷却速度也就不同，因此在同一时期内铸件各部分收缩不一致，这样在铸件内部便会引起应力。这种由于冷却速度差异而引起的应力称为热应力。

铸件在冷却过程中，从凝固终止温度到再结晶温度阶段，金属的塑性比较好，这个阶段产生的热应力会因塑性变形而自行消失。待冷却至再结晶温度以下时，金属处于弹性状态，因此冷却至室温后铸件内部会有残余应力。

预防热应力的基本途径是尽量减少铸件各个部位间的温度差，使其均匀地冷却。为此，可将浇口开在薄壁处，使薄壁处铸型在浇注过程中的升温较厚壁处高，因而可补偿薄壁处的冷速快的现象。有时为增快厚壁处的冷却速度，还可在厚壁处安放冷铁(见图 2-6)。采用同时凝固原则可减少铸造内应力，防止铸件的变形和裂纹缺陷，又可免设冒口而省工省料。其缺点是铸件芯部容易出现缩孔或缩松。同时凝固原则主要用于灰铸铁、锡青铜等。这是由于灰铸铁的缩孔、缩松倾向小；而锡青铜倾向于糊状凝固，采用增设冷铁。图 2-5 所示铸件的热节不止一个，若仅靠顶部冒口难

图 2-6　安放冷铁

以向底部凸台补缩，为此，在该凸台的型壁上安放了两个外冷铁。由于冷铁加快了该处的冷却速度，使厚度较大的凸台反而最先凝固，由于实现了自下而上的定向凝固，从而防止了凸台处缩孔、缩松的产生。可以看出，冷铁仅是加快某些部位的冷却速度，以控制铸件的凝固顺序，本身并不起补缩作用。

相变应力是指铸件在冷却过程中，有的合金会经历固态相变，由于比容的变化而造成的内力。新旧两相的体积差越大，相变应力就越大。

机械应力是指合金在冷却过程中的固态收缩受到铸型、型芯及浇注系统的机械阻碍而形成的内应力，如图 2-7 所示。因此，若产生这些机械应力的铸型或型芯的退让性好，则机械应力小。机械应力使铸件产生暂时性的正应力或剪切应力，这种内应力在铸件落砂之后便可自行消除。但它在铸件冷却过程中可与热应力共同起作用，增大了某些部位的应力，促进了铸件的裂纹倾向。

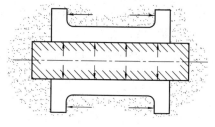

图 2-7　机械应力

具有残余内应力的铸件是不稳定的，它将自发地通过变形来减缓其内应力，以便趋于稳定状态，因此对铸件进行时效处理是消除铸造应力的有效措施。时效处理分为人工时效、自然时效和振动时效。

当内部存在应力时，铸件本身便处于不稳定状态，它将会自发地通过变形来减小其内应力，使其处于稳定状态。

为防止铸件产生变形，除在铸件设计时尽可能使铸件的壁厚均匀、形状对称外，在铸造工艺上应采用同时凝固原则，以便冷却均匀。对于长而易变形的铸件，还可采用"反变形"工艺。反变形法是根据铸件变形的规律，在模样上预先作出相当于铸件变形量的反变形量，以抵消铸件的变形。

当铸造内应力超过金属的强度极限时，便产生裂纹。裂纹是铸件的严重缺陷，多使铸件报废。按照裂纹形成的温度范围，裂纹可分成热裂和冷裂两种。

热裂是铸件在凝固后的高温阶段形成的裂纹，由于形成温度较高，易与空气发生氧化反应，并常沿晶粒边界发生并扩展，外观具有缝隙宽、形状曲折的特点，裂纹缝隙呈氧化色。

实验证明，热裂是在合金凝固末期的高温下形成的。因为合金的线收缩是在完全凝固之前便已开始，此时固态合金已形成完整的骨架，但晶粒之间还存有少量液体，故强度、塑性甚低，若机械应力超过了该温度下合金的强度，便发生热裂，特别是当铸件中含有硫时，极易形成低熔点的 FeS 共晶。这些低熔点共晶以液态薄膜的形式存在于晶界上，削弱了晶粒间的结合强度，在铸造应力下极易产生裂纹。另外，铸件的结构不好、型砂或芯砂的退让性差、合金的高温强度低等，都将使铸件易产生热裂纹。

冷裂是铸件冷却到较低温度时形成的裂纹。其形状特征是：裂纹细小、穿过晶内和晶界、呈连续直线状，表面光滑且具有金属光泽但有时缝内也会呈轻微氧化色。

冷裂常出现在形状复杂工件的受拉伸部位，特别是应力集中处(如尖角、孔洞类缺陷附近)。不同铸造合金的冷裂倾向不同。如塑性好的合金，可通过塑性变形使内应力自行缓解，故冷裂倾向小；反之，脆性大的合金较易产生冷裂。为防止铸件的冷裂，除应设法降低内应力外，还应控制钢铁中的含磷量，避免生成冷脆的铁磷共晶物 Fe_3P。

2.2 砂 型 铸 造

砂型铸造就是将液态金属浇入砂型的铸造方法。

砂型铸造是目前最常用、最基本的铸造方法，其造型材料来源广，生产准备周期短，价格低廉，所用设备简单，操作方便灵活，不受铸造合金种类、铸件形状和尺寸的限制，并适合于各种生产规模。掌握砂型铸造是合理选择铸造方法和正确设计铸件的基础。

2.2.1 砂型铸造的工艺过程

型(芯)砂通常是由原砂或再生砂、黏土(或其他黏结材料)和水按一定比例混制而成的。型(芯)砂要有"一强三性"，即一定的强度，透气性、耐火性和退让性。砂型可用手工造型，也可用机器造型。在造型过程中，型砂在外力作用下成形并达到一定的密实度以成为砂型。其中原砂是骨干材料，占型砂的 82%～99%；黏结剂起黏结砂粒的作用，使型砂具有一定的强度和韧性；附加物是为了改善型砂所需要的性能。

砂型铸造工艺过程如图 2-8 所示。为获得合格的铸件，首先应根据零件的形状和尺寸设计可行的铸造工艺方案，并制造出模样和芯盒，配制好型砂和芯砂；用型砂和模样在砂箱中制造砂型，用芯砂在芯盒中制造型芯，并把砂芯装入砂型中，合箱即得完整的铸型；将金属液浇入铸型型腔中，冷却凝固后落砂清理即得所需的铸件。

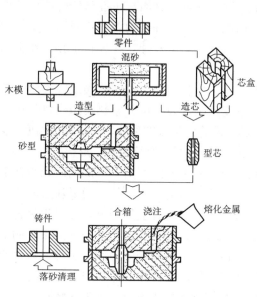

图 2-8　砂型造型基本工艺过程

2.2.2　手工造型

造型是根据零件的形状和尺寸设计并制造出模样和芯盒，用配制好的型砂，在砂箱中制造砂型。按照建立砂型强度过程中黏结机理的不同，造型通常可分为机械黏结造型、化学黏结造型和物理固结造型三种类型。按照造型的过程不同，造型可以分为手工造型和机器造型，前者适用于小批量或大型铸件的生产，后者用于大批量的机械化生产。

1. 手工造型工具

手工造型是一种最简单、最基础的造型方法，具有适用性广、灵活性强的特点，通常不需要大型复杂的设备。在单间、小批量的生产中，手工造型具有很大的优势。手工造型常用工具如图 2-9 所示。

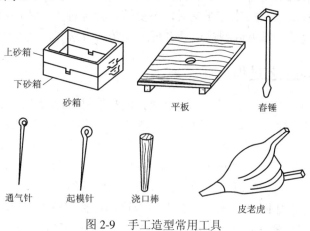

图 2-9　手工造型常用工具

2．手工造型方法的选择

手工造型的方法很多，按模样特征分为整模造型、分模造型、活块造型、刮板造型、假箱造型、挖砂造型等；按砂箱特征分为两箱造型、三箱造型、地坑造型、脱箱造型等。

造型方法的选择具有较大的灵活性，一个铸件往往可用多种方法造型，应根据铸件结构特点、形状和尺寸、生产批量及车间具体条件等，进行分析比较，以确定最佳方案。各种手工造型方法的特点和应用如表 2-3 所示。

表 2-3　各种手工造型方法的特点和应用

造型方法名称		特　点	适用范围	简　图
按模样特征区分	整模造型	模样是整体的，分型面是平面，铸型型腔全部在半个铸型内，造型简单，不会有错箱缺陷	适用于铸件最大截面靠一端且为平面的铸件	
	挖砂造型	模样虽是整体的，但铸件的分离面为曲面。为能起出模样，造型时用手工挖去阻碍起模的型砂。造型费工	用于单件、小批量生产，分型面不是平面的铸件	
	假箱造型	在造型前预先做个底胎，而后再在底胎上制作下箱	用于成批次生产需要挖砂的铸件	
按模样特征区分	分模造型	将模样沿截面最大处分成两半，型腔位于上、下两个半型内	常用于铸件最大截面在中部的铸件	
	活块造型	铸件上有妨碍起模的小凸台等，制模时将这些制作成活动部分，起模时，先起出主体模样，然后再从侧面取出活块	主要用于单件、小批量生产带有突出部分的铸件	
	刮板造型	用刮板代替木模造样，可大大降低模型成本，节省木材	主要用于有等截面的或回转体的铸件，如皮带轮、飞轮等	
按砂箱特征区分	两箱造型	铸样由成对的上箱和下箱构成	为造型最基本方法，适用于各种批量生产	
	三箱造型	铸型由上、中、下三箱构成，操作费工	主要用于手工造型	
	地坑造型	利用车间地面砂床作为铸型的下箱	用于砂箱不足的生产条件	
	脱箱造型	采用活动砂箱来造型，在铸型合箱后，将砂箱脱出，重新用于造型	常用于生产小铸件	

2.2.3 机器造型

机器造型是用机器来完成填砂、紧实和起模等造型操作过程的造型方法，它是现代化铸造车间的基本造型方法。与手工造型相比，可以大大提高铸件生产率和铸型质量，减轻劳动强度。但设备及工装模具投资较大，生产准备周期较长，主要用于成批次大量生产的铸件。

机器造型按紧实方式的不同分为压实造型、震压造型、抛砂造型和射砂造型四种基本方式。中小型铸件多以震压式紧实方法造型；大型铸件多以抛砂式紧实方法造型。

1．压实造型

压实造型是利用压头的压力将砂箱内的型砂紧实。图 2-10 所示为压实造型示意图。

先将型砂填入砂箱和辅助框中，然后压头向下将型砂紧实。辅助框是用来补偿紧实过程中砂柱被压缩的高度的。压实造型生产率较高，但砂型沿砂箱高度方向的紧实度不够均匀，一般越接近模板，紧实度越差。因此，只适于高度不大的砂箱。

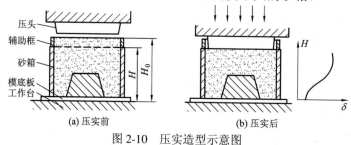

(a) 压实前   (b) 压实后

图 2-10　压实造型示意图

2．震压造型

震压造型方法是利用震动和撞击力对型砂进行紧实，如图 2-11 所示。砂箱填砂后，震击活塞将工作台连同砂箱举起一定高度，然后下落，与缸体撞击，依靠型砂下落时的冲击力产生紧实作用，砂型紧实度分布规律与压实造型相反，愈接近模板紧实度愈高。因此，震压造型常与压实造型联合使用，以便型砂紧实度分布更加均匀。

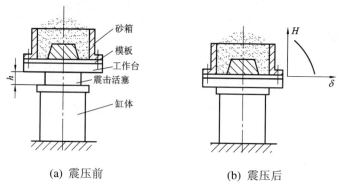

(a) 震压前   (b) 震压后

图 2-11　震压造型示意图

3．抛砂造型

图 2-12 所示为抛砂机的工作原理。抛砂头转子上装有叶片，型砂由皮带输送机连续地送入，高速旋转的叶片接住型砂，并分成一个个砂团，当砂团随叶片转到出口处时，由于

离心力的作用，以高速抛入砂箱，同时完成填砂和紧实。

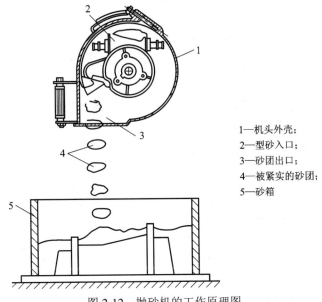

1—机头外壳；
2—型砂入口；
3—砂团出口；
4—被紧实的砂团；
5—砂箱

图 2-12 抛砂机的工作原理图

型砂紧实后要把模样从型砂中起出，使砂箱内留下完整的型腔。造型机大都装有起模机构，常用的起模方式有顶箱起模、顶箱漏模和翻转起模。

4．射砂造型

射砂紧实多用于制芯。图 2-13 所示为射芯机的工作原理。由储气筒中迅速进入到射膛的压缩空气，将型芯砂由射砂孔射入芯盒的空腔中，而压缩空气经射砂板上的排气孔排出，射砂过程在较短的时间内同时完成填砂和紧实，生产率极高。

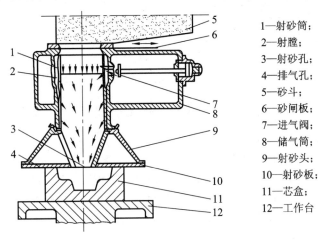

1—射砂筒；
2—射膛；
3—射砂孔；
4—排气孔；
5—砂斗；
6—砂闸板；
7—进气阀；
8—储气筒；
9—射砂头；
10—射砂板；
11—芯盒；
12—工作台

图 2-13 射芯机工作原理图

2.2.4 砂型铸造常见的缺陷

铸造生产工序繁多，铸造缺陷的种类也很多，而且产生的原因也很复杂。表 2-4 列出了铸造常见的几种缺陷及其产生的主要原因。

表 2-4　铸件常见的缺陷

名称	缺陷的特征	产生的原因
缩孔	孔的内壁粗糙，形状不规则，多产生在厚壁处	1. 浇注系统和冒口的位置不当，未能保证顺序凝固； 2. 铸件结构设计不合理； 3. 浇注温度太高或铁水成分不对，收缩太大
铸件变形	截面不均匀的铸件变形	铸件截面不均匀，冷却速度不同，在热应力下铸件薄的部分受压应力，厚的部分受拉应力，铸件产生变形
热裂纹	铸件开裂，裂纹处金属呈氧化色	1. 铸件结构设计不合理，壁厚差太大； 2. 浇注温度太高，冷却不均，凝固顺序不对； 3. 砂太厚或落砂太早
浇不足	铸件不充满，浇不足	1. 铁液温度太低，浇注速度太慢； 2. 浇口太小或布置不当； 3. 铸件结构不合理，壁太薄，砂太湿

2.3　特 种 铸 造

　　砂型铸造虽然是生产中最基本的方法，并且有许多优点，但也存在一些难以克服的缺点，如一型一件，生产率低，铸件表面粗糙，加工余量较大，废品率较高，工艺过程复杂，劳动条件差等。为了克服上述缺点，在生产实践中发展出一些区别于砂型铸造的其他铸造方法，这类铸造方法统称为特种铸造。特种铸造方法很多，如金属型铸造、熔模铸造、压力铸造、低压铸造、离心铸造等，在某种特定条件下，适应不同铸件生产的特殊要求，以获得更好的质量或更高的经济效益。以下介绍几种常用的特种铸造方法。

2.3.1　熔模铸造

　　熔模铸造是用易熔材料制成模样，然后在模样上涂挂若干层耐火材料，硬化后熔去模样制成形壳，再经焙烧、浇注后得到无分型面铸件的一种铸造方法。由于熔模广泛采用蜡质材料制成，故又称为"失蜡铸造"(lost wax casting)。随着生产技术水平的不断提高，新的蜡模工艺不断出现，现在的去模方法已不局限于熔化，而且也不局限于蜡模，也可用塑料模，但因习惯的原因，仍沿用原来的名称。这种铸造方法能够获得具有较高的尺寸精度和表面质量的铸件，故有"精密铸造"之称。

1. 基本工艺过程

熔模铸造的工艺过程如图 2-14 所示。其主要包括蜡模制造、结壳、脱蜡、焙烧和浇注等过程。

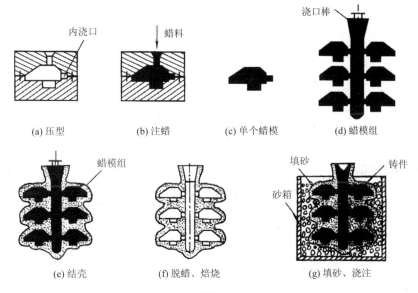

图 2-14　熔模铸造的工艺过程

(1) 蜡模制造。通常根据零件图制造出与零件形状尺寸相符合的模具，然后把熔化成糊状的蜡质材料压型，等冷却凝固后取出，就得到蜡模。常用的模料种类按照熔点高低可分为高温、中温和低温模料。其中低温模料的熔点低于 60℃，主要是蜡基模料。高温模料的熔点高于 120℃，由松香、地蜡和聚苯乙烯组成。中温模料介于两者之间。将模料注入压型的方法有自由浇注和压注两种。在铸造小型零件时，常把若干个蜡模黏合在一个浇注系统上，构成蜡模组，以便一次浇出多个铸件。

(2) 结壳。把蜡模组放入黏结剂和石英粉配制的涂料中浸渍，使涂料均匀地覆盖在蜡模表层，然后在上面均匀地撒一层石英砂，再放入硬化剂中硬化。如此反复 4～6 次，最后在蜡模组外表形成由多层耐火材料组成的坚硬的型壳。需要注意的是，撒砂的粒度按照涂料层次选择，并要与涂料的黏度相适应。面层涂料的黏度小，砂粒要细，才能获得表面光洁的型腔；加固层撒砂用较粗的砂粒，最好逐层加粗。每次涂挂和撒砂一层后，必须进行充分干燥和硬化。

(3) 脱蜡。模组涂挂完毕后，需要停留一段时间，使涂料层得到充分干燥硬化后，浸入热水或燃烧，使蜡料熔化并从型壳中脱除，以形成形腔。目前普遍使用的方法是热水法和蒸汽法。

(4) 焙烧和浇注。型壳在浇注前，必须在 800～950℃下进行焙烧，以彻底去除残蜡和水分。同时，经过高温焙烧，可进一步提高型腔的强度和透气性，并达到应有的温度等待浇注。为了防止型壳在浇注时变形或破裂，可将型壳排列于砂箱中，周围用干砂填紧。焙烧后通常趁热(600～700℃)进行浇注，以提高充型能力。

2．熔模铸造的特点和应用

(1) 熔模铸件精度高，表面质量好，可铸出形状复杂的薄壁铸件，大大减少机械加工工时，显著提高金属材料的利用率。

(2) 可以铸造薄壁铸件以及质量很小的铸件，熔模铸件的最小壁厚可达 0.5 mm，质量可小到几克。

(3) 熔模铸件的外形和内腔形状几乎不受限制。

(4) 熔模铸造的型壳耐火性强，适用于各种合金材料，尤其适用于那些高熔点合金及难切削加工合金的铸造。

(5) 生产批量不受限制，单件、小批次、大量生产均可。

但熔模铸造工序繁杂，生产周期长，铸件的尺寸和重量受到限制(一般不超过 25 kg)。它主要用于成批次生产形状复杂、精度要求高或难以进行切削加工的小型零件，如汽轮机叶片和叶轮、大模数滚刀等。

2.3.2　金属型铸造

金属型铸造是将液态金属浇入到金属铸型中，以获得铸件的铸造方法。由于金属型可重复使用，寿命可达数万次，所以又称永久型铸造。近年来，为了防止浇注时金属液流动过程中形成湍流，卷入气体，采用倾转浇注已成为金属型铸造的主要方式。

1．金属型的结构及其铸造工艺

根据铸件的结构特点，金属型可采用多种型式，包括整体金属型、水平分型金属型、垂直分型金属型和综合分型金属型等。图 2-15 所示为活塞的金属型铸造示意图。该金属型由左半型 1 和右半型 2 组成，采用垂直分型，活塞的内脏由组合式型芯构成。铸件冷却凝固后，先取出中间型芯 5，再取出左、右两侧型芯 4、6，然后沿水平方向拔出左、右销孔芯 7、8，最后分开左右两个半型，即可取出铸件。

金属型导热快，无退让性和透气性，铸件容易产生浇不足、冷隔、裂纹、气孔等缺陷。此外，金属液的浇注温度很高，金属型的型腔部分直接与高温金属液体接触，很容易受到损坏。为保证金属型的使用寿命，型腔的制作材料要有足够的耐热性、淬透性和良好的机加工性能和焊接性能。目前常用的牌号有 3Cr2W8V 和 4Mo5SiV，对于型腔以外且和金属液体不

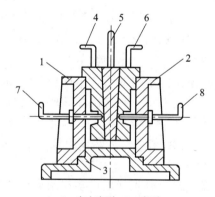

1、2—左右半型；3—底型；
4、5、6—分块金属型芯；7、8—销孔金属型芯

图 2-15　金属型铸造

直接接触的其他部分可以使用碳钢。另外，还可以通过浇注前对型腔进行预热，浇注过程中适当冷却等措施，使金属型在一定的温度范围内工作，型腔内涂以耐火涂料，以减慢铸型的冷却速度，并延长铸型寿命；在分型面上做出通气槽、出气口等，以利于气体的排出；

掌握好开型时间以利于取件和防止铸铁件产生白口。

2. 金属型铸造的特点及应用

(1) 金属型的热导率和热容大，金属液的冷却速度快，铸件组织致密，力学性能较高。

(2) 金属型型腔表面光洁，刚度大，因此所获得的铸件具有较高的尺寸精度和较好的表面质量，减少了加工余量。

(3) 金属型铸造可生产具有复杂内腔结构的铸件，如发动机缸体和缸盖等。

(4) 金属型铸造"一型多铸"，易于实现自动化和机械化，生产效率高。

但是金属型的成本高，制造周期长，铸造工艺规程要求严格，铸铁件还容易产生白口组织。因此，金属型铸造主要适用于大批量生产形状简单的有色合金铸件，如铝活塞、汽缸体、缸盖、油泵壳体，以及铜合金轴瓦、轴套等。

2.3.3 压力铸造

压力铸造简称压铸，是将液态金属或半固态金属在高压下，快速压入金属型的型腔，并在压力下凝固，以获得铸件的方法。压力铸造通常在压铸机上完成。压铸机按照压室的不同可以分为热压室压铸机和冷压室压铸机两大类。冷压室压铸机按其压室所处的位置又分为卧式压铸机和立式压铸机两种。

1. 压力铸造的工艺过程

图 2-16 所示为卧式压铸机工作过程示意图。它的压射室中心线是水平的，具有流程短、压力损失小、便于压力传递、易于维修等优点。

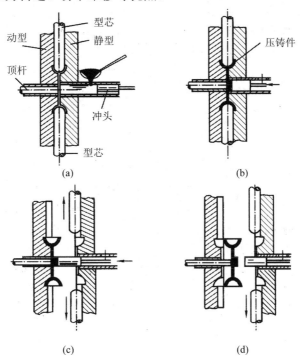

图 2-16 卧式压铸机工作过程

使用时，先闭合压型，将勺内金属液通过压室上的注液孔向压室内注入，如图 2-16(a)

所示；压射冲头向左推进，金属液被压入铸型中，如图 2-16(b)所示；铸件凝固后，抽芯机构将型腔两侧型芯同时抽出，动型左移开型，铸件则借冲头的前伸动作离开压室，如图 2-16(c)所示；此后，在动型继续打开过程中，由于顶杆停止了左移，铸件在顶杆的作用下被顶出动型，如图 2-16(d)所示。

2．压力铸造的特点及应用

(1) 压铸可以制造出薄壁、形状复杂且轮廓清晰的铸件。现代超薄铝合金压铸技术可制备出 0.5 mm 厚的铸件，如铝合金手机的外壳。

(2) 压铸所得铸件具有良好的机械性能。这是由于铸件在压铸中迅速冷却并在压力下凝固，所获得的组织细密，强度较高。

(3) 压铸铸件精度高，尺寸稳定，加工余量少，表面光洁，一般可直接使用。

(4) 压铸生产效率高。压铸的生产周期短，一次操作一般只要 2、3 min，且容易实现机械化和自动化，特别适合于大规模生产。

(5) 铸件表面可进行涂覆处理，还可压铸出特定图案等，如钱币。

但是，压铸过程中液态金属充型速度极快，型腔中的气体很难排除，另外，压铸设备投资大，压型制造费用高，周期长，压型工作条件恶劣，易损坏。因此，压力铸造主要用于大量生产低熔点合金的中小型铸件，在汽车、拖拉机、航空、仪表、电器、纺织、医疗器械、日用五金及国防等部门获得广泛的应用。

2.3.4　低压铸造

低压铸造是介于金属型铸造和压力铸造之间的一种铸造方法，是液态金属在低于 0.1 MPa 的压力下，由下而上地填充铸型型腔，并在压力下凝固，以获得铸件的铸造方法。如图 2-17 所示，在一个密闭的保温坩埚中，通入压缩空气，使坩埚内的金属液在气体压力下，从升液管内平稳上升充满铸型，并使金属在压力下结晶。当铸件凝固后，撤销压力，于是，升液管和浇口中尚未凝固的金属液在重力作用下流回坩埚。最后开启铸型，取出铸件。

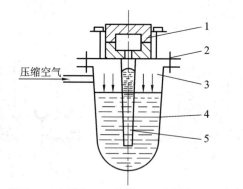

1—铸型；2—密封盖；3—坩埚；4—金属液；5—升液管

图 2-17　低压铸造

低压铸造充型时的压力和速度容易控制，充型平稳，能有效避免金属液体的湍流、冲击和飞溅，减少卷气和氧化，提高铸件质量。对铸型的冲刷力小，故可适用于各种不同的铸型；金属在压力作用下结晶，而且浇口有一定的补缩作用，故铸件组织致密，机械性能高。金属的流动性好，有利于薄壁件形成轮廓清晰、表面光洁的铸件。另外，低压铸造设备投资较少，便于操作，工艺出品率高，易于实现机械化和自动化。因此，低压铸造广泛用于大批量生产铝合金和镁合金铸件，如发动机的缸体和缸盖、内燃机活塞、带轮、粗砂绽翼等，也可用于球墨铸铁、铜合金等较大铸件的生产。

但是由于充型及凝固过程比较慢，因此低压铸造的单件生产周期比压铸要长，一般为10 min 左右。

2.3.5 离心铸造

离心铸造是将熔融的金属浇入高速旋转的铸型中，使其在离心力作用下填充铸型和凝固成形从而获得铸件的方法，如图 2-18 所示。离心铸造是在专门的设备——离心铸造机上完成的。根据铸型旋转轴在空间位置的不同，离心铸造机可以分为卧式离心铸造机和立式离心铸造机。立式离心铸造机的铸型是绕垂直轴旋转的，如图 2-18(a)所示，它主要用来生产高度小于直径的圆环类铸件，如轮圈等。铸型可以采用金属型、砂型、熔模型等。卧式离心铸造机的铸型是绕水平轴的轴线旋转的，如图 2-18(b)所示，它主要用来生产长度大于直径的套筒类或管类铸件，在铸钢管的生产中应用很广。

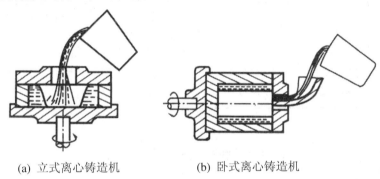

(a) 立式离心铸造机　　　　(b) 卧式离心铸造机

图 2-18　离心铸造示意图

离心铸造不用型芯，不需要浇冒口，工艺简单，生产率和金属的利用率高，成本低，在离心力作用下，不用型芯就能形成中空的套筒和管类铸件。同时，金属液中的气体和夹杂物因比重小而集中在铸件内表面，金属液自外表面向内表面顺序凝固，因此铸件组织致密，无缩孔、气孔、夹渣等缺陷，机械性能高，而且提高了金属液的充型能力。但是，利用自由表面所形成的内孔，尺寸误差大，内表面质量差，且不适于比重偏析大的合金。铸件内表面较粗糙，有氧化物产生，且内孔尺寸难以准确控制。离心铸造应用面较窄，目前主要用于生产空心回转体铸件，如铸铁管、气缸套、活塞环及滑动轴承等，也可用于生产双金属铸件。

2.3.6 铸造方法的选择

各种铸造方法均有其优缺点，选用哪种铸造方法，必须依据生产的具体特点来决定，既要保证产品质量，又要考虑产品的成本和现场设备、原材料供应情况等，要进行全面分析比较，以选定最合适的铸造方法。表 2-5 列出了几种常用的铸造方法，供选择时参考。

表 2-5　常用铸造方法比较

铸造方法 比较项目	砂型铸造	熔模铸造	金属型铸造	压力铸造	低压铸造
铸件尺寸精度	IT14～16	IT11～14	IT12～14	IT11～13	IT12～14
铸件表面粗糙度 值 Ra/μm	粗糙	25～3.2	25～12.5	6.3～1.6	25～6.3
适用金属	任意	不限制，以铸钢为主	不限制，以非铁合金为主	铝、铁、镁低熔点合金	以非铁合金为主，也可用于黑色金属
适用铸件大小	不限制	小于 45 kg，以小铸件为主	中、小铸件	一般小于 10 kg，也可用于中型铸件	以中、小铸件为主
生产批量	不限制	不限制，以成批次、大量生产为主	大批次、大量生产	大批次、大量生产	成批次、大量生产
铸件内部质量	结晶粗	结晶粗	结晶细	表层结晶细，内部多有孔洞	结晶细
铸件加工余量	大	小或不加工	小	小或不加工	较小
铸件最小壁厚 /mm	3.0	0.7	铝合金 2～3，灰铸铁 4.0	0.5～0.7	2.0
生产率(一般机械 化程度)	低、中	低、中	中、高	最高	中

2.4　铸件结构工艺性

　　铸件结构工艺性通常指零件的本身结构应符合铸造生产的要求，既便于整个工艺过程的进行，又利于保证产品质量。铸件结构是否合理，对简化铸造生产过程，减少铸件缺陷，节省金属材料，提高生产率和降低成本等具有重要意义，并与铸造合金、生产批量、铸造方法和生产条件有关。

2.4.1　从简化铸造工艺过程分析

　　为简化造型、制芯及减少工装制造工作量，便于下芯和清理，对铸件结构有如下要求：

1. 铸件外形应尽量简单

　　铸件外形虽然可以很复杂，但在满足零件使用要求的前提下，应尽量简化外形，减少分型面，以便于造型，获得优质铸件。若铸件的侧壁有凹入的部分必将妨碍起模，增加铸造工艺的复杂性。图 2-19 所示为端盖铸件的两种结构，图 2-19(a)由于上面为凸缘法兰，要设两个分型面，必须采用三箱造型，使造型工艺复杂。若改为图 2-19(b)的设计，取消了法兰凸缘，使铸件有一个分型面，简化了造型工艺。减少分型面的数量还可以减少错箱、偏芯的机会，提高铸造精度。

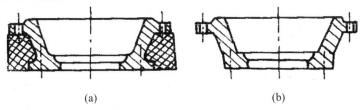

(a)　　　　　　　　　　　　(b)

图 2-19　端盖铸件结构

　　铸件上的凸台、加强筋等要方便造型，尽量避免使用活块。图 2-20(a)所示的凸台通常采用活块(或外壁型芯)才能起模。如果改为图 2-20(b)的结构可避免活块。此外，凸台的厚度应小于或等于铸件的壁厚；处于同一平面上的凸台高度应尽量一致，便于机械加工。

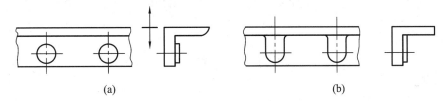

(a)　　　　　　　　　　　　(b)

图 2-20　凸台的设计

　　分型面尽量平直，去除不必要的圆角。图 2-21(a)所示的托架，在分型面上加了圆角，结果只得采用挖砂(或假箱)造型，若改为图 2-21(b)的结构，可采用整模造型，简化了造型过程。

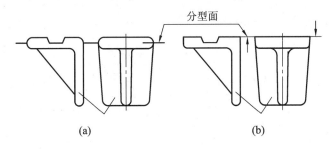

(a)　　　　　　　　　　　　(b)

图 2-21　托架铸件

2. 铸件内腔结构应符合铸造工艺要求

　　铸件的内腔通常采用型芯来形成，这将延长生产周期，增加成本。因此，设计铸件结构时，应尽量不用或少用型芯，不仅可以节省制造芯盒、造芯和烘干等工序的时间和材料，还能避免型芯在制造过程中的变形、合箱中的偏差，提高精度。图 2-22 所示为悬臂支架的两种设计方案，图 2-22(a)采用方形空心截面，需用型芯，而图 2-22(b)改为工字形截面，可省掉型芯。

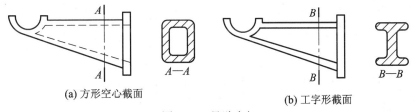

(a) 方形空心截面　　　　　　(b) 工字形截面

图 2-22　悬臂支架

在必须采用型芯的情况下，应尽量做到便于下芯、安装、固定，以防型芯在金属液的冲击下发生上漂或错移。同时还要注意提供足够的排气通道，使浇注时产生的气体能够及时排除。如图 2-23 所示的轴承架铸件，图 2-23(a)的结构需要两个型芯，其中大的型芯呈悬臂状态，装配时必须用型芯撑 A 辅助支撑。如果改为图 2-23(b)的结构，成为一个整体型芯，其稳定性将大大提高，并便于安装，易于排气和清理。

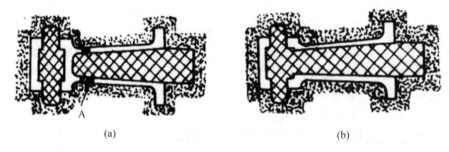

图 2-23　轴承架铸件

3．铸件的结构斜度

结构斜度是指在铸件所有垂直于分型面的非加工面上设计的斜度。铸件上具有斜度的外壁，不仅利于起模，同时便于用砂垛代替型芯(称为自带型芯)，以减少型芯数量。如图 2-24 中(a)、(b)、(c)、(d)各件不带结构斜度，不便起模，应相应改为(e)、(f)、(g)、(h)带一定斜度的结构。对不允许有结构斜度的铸件，应在模样上留出拔模斜度。铸件结构斜度的大小，应视立壁的高度而定。高度越矮，斜度越大。

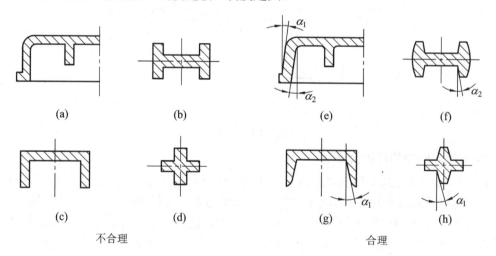

图 2-24　结构斜度的设计

2.4.2　从避免产生铸造缺陷分析

铸件的许多缺陷，如缩孔、缩松、裂纹、变形、浇不足、冷隔等，有时是由于铸件结构不合理而引起的。因此，设计铸件结构应考虑如下几个方面：

1．壁厚合理

由于各种铸造合金的流动性不同，所以在相同的铸造条件下，铸件所能浇注出来的壁厚不同，在设计铸件时必须要考虑铸件存在"最小壁厚"。若设计的壁厚小于"最小壁厚"，则容易产生浇不足、冷隔等缺陷。为了防止产生冷隔、浇不足或白口等缺陷，各种不同的合金视铸件大小、铸造方法不同，其最小壁厚应受到限制。

从合金结晶的规律可知，随着铸件的壁厚增加，铸件中心部位的晶粒变粗大，容易产生缩孔和缩松等缺陷，另外，铸件的机械强度也不是随着壁厚线性增加。从细化结晶组织和节省金属材料考虑，应在保证不产生其他缺陷的前提下，尽量减小铸件壁厚。为了保证铸件的强度，可选择合理的截面形状，如工字形、T 字形、槽形或采用加强筋等结构。图 2-25 所示为台钻底板设计中采用加强筋的例子，采用加强筋后可避免铸件的厚大截面，防止某些铸造缺陷的产生。

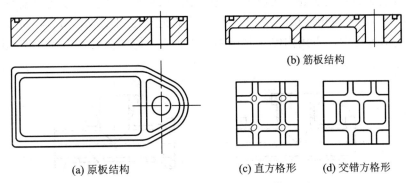

(b) 筋板结构

(a) 原板结构　　　　(c) 直方格形　　(d) 交错方格形

图 2-25　加强筋设计

2. 铸件壁厚力求均匀

铸件壁厚均匀，减少厚大部分，可防止形成热节而产生缩孔、缩松、晶粒粗大等缺陷，并能减少铸造热应力，以及因此而产生的变形和裂纹等缺陷。应该注意的是，所谓铸件壁厚的均匀性，是指铸件壁厚处的冷却速度相近，并非要求所有的壁厚完全相同。图 2-26 所示为顶盖铸件的两种壁厚设计，图 2-26(a)的设计在厚壁处产生缩孔，在过渡处易产生裂纹，改为图 2-26(b)的设计，可防止上述缺陷的产生。

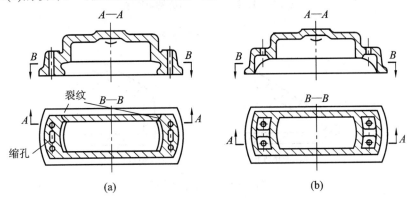

图 2-26　顶盖结构设计

铸件上的筋条分布应尽量减少交叉，以防止形成较大的热节，如图 2-27 所示，将图 2-27(a)交叉接头改为图 2-27(b)的交错接头结构，或采用图 2-27(c)的环形接头，以减少金属的积聚，避免缩孔、缩松缺陷的产生。

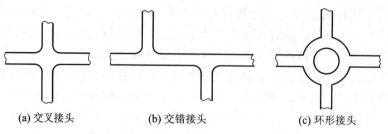

(a) 交叉接头　　　　　　(b) 交错接头　　　　　　(c) 环形接头

图 2-27　筋条的分布

3. 铸件壁的连接

铸件不同壁厚的连接应逐渐过渡和转变(见图 2-28)，拐弯和交接处应采用较大的圆角连接(见图 2-29)，避免锐角连接(见图 2-30)，否则在连接处可形成热节，容易产生缩孔和缩松缺陷。在使用过程中，直角内侧容易产生应力集中，影响其使用寿命。结构圆角的大小与铸件壁厚有关。

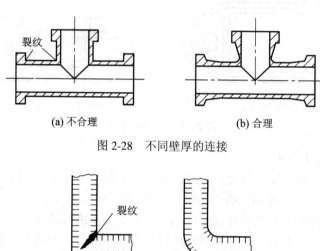

(a) 不合理　　　　　　　　　　　　(b) 合理

图 2-28　不同壁厚的连接

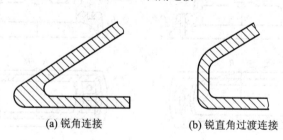

(a) 尖角连接　　　　　(b) 圆角连接

图 2-29　圆角连接

(a) 锐角连接　　　　　　　(b) 锐直角过渡连接

图 2-30　避免锐角连接

4. 避免较大水平面

若铸件上水平方向为较大平面，在浇注时，金属液面上升较慢，长时间烘烤铸型表面，使铸件容易产生夹砂、浇不足等缺陷，也不利于夹渣、气体的排除。因此，应尽量用倾斜结构代替过大水平面，如图 2-31 所示。

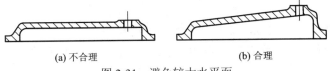

(a) 不合理　　　　　　　　　(b) 合理

图 2-31　避免较大水平面

2.4.3　铸件结构要便于后续加工

图 2-32 所示为电机端盖铸件，原设计图 2-32(a)不便于装夹，改为图 2-32(b)带工艺搭子的结构，能在一次装夹中完成轴孔 ϕd 和定位环 ϕD 的加工，并能较好地保证其同轴度要求。

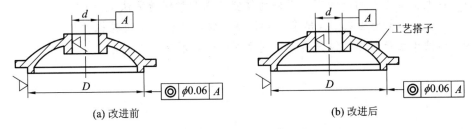

(a) 改进前　　　　　　　　　(b) 改进后

图 2-32　端盖设计

2.4.4　组合铸件的应用

对于大型或形状复杂的铸件，可采用组合结构，即先设计成若干个小铸件进行生产，切削加工后，用螺栓连接或焊接成整体，可简化铸造工艺，便于保证铸件质量。图 2-33 所示为大型坐标镗床床身(见图 2-33(a))和水压机工作缸(见图 2-33(b))的组合结构示意图。

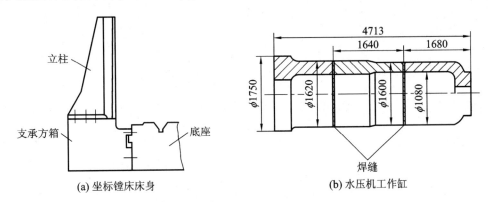

(a) 坐标镗床床身　　　　　　　　　(b) 水压机工作缸

图 2-33　组合结构铸件

铸件结构工艺性内容丰富，以上原则都离不开具体的生产条件，在设计铸件结构时，应善于从生产实际出发，具体分析，灵活运用这些原则。

※※※　复习思考题　※※※

2.1　什么是液态金属的充型能力？其主要受哪些因素影响？充型能力差易产生哪些

铸造缺陷?

2.2　浇注温度过高或过低,常易产生哪些铸造缺陷?

2.3　什么是顺序凝固原则?需采取什么措施来实现?哪些合金常需采用顺序凝固原则?

2.4　铸件的应力是如何产生的?有哪些防止它们产生的方法?

2.5　砂型铸造的过程是什么?砂型铸造有什么优点和缺点?

2.6　什么是熔模铸造?常用的熔模有哪些?

2.7　什么是压力铸造?压力铸造的优缺点是什么?

2.8　在大批量生产的条件下,下列铸件宜选用哪种铸造方法生产?

　　　　　铝合金活塞　气缸套　铝活塞　铸铁排水管　汽轮机叶片

2.9　为便于生产和保证铸件质量,通常对铸件结构有哪些要求?

第3章　锻　压

3.1　概　述

锻压是锻造和冲压工艺的总称，属于金属塑性加工(或压力加工)生产方法的一部分。

金属塑性加工是指金属坯料在外力作用下产生塑性变形，改变形状、尺寸及改善力学性能，用以制造机器零件或毛坯的成形加工方法。大多数金属材料在冷态或热态下都具有一定的塑性，因此它们可以在室温或高温下进行各种塑性加工。金属塑性加工的基本方法除了锻造、冲压之外，还有轧制、挤压、拉拔等。

(1) 锻造。利用工(模)具，在冲击力或静压力的作用下使金属材料产生塑性变形，以获得一定形状、尺寸和质量锻件的加工方法称为锻造。根据所用设备和工具的不同，锻造分为自由锻、模锻和胎模锻，如图 3-1(a)、(b)所示。锻造以型材和钢锭为坯料，锻造前坯料需要加热。

用于锻造的金属材料必须具有良好的塑性，以便在锻造时容易产生塑性变形而不破裂。常用的锻造材料有碳钢、铜、铝及其合金等，它们具有良好的塑性。锻造后的金属组织致密、晶粒细化，还具有一定的锻造流线，材料力学性能得以提高。锻造主要用来制造力学性能要求较高的各类机器零件的毛坯或成品。

(2) 冲压。利用冲压设备和冲模对板料施加外力，使其产生分离或塑性变形，以获得一定形状、尺寸和性能的零件的加工方法称为冲压，又称为板料冲压，如图 3-1(c)所示。冲压通常在室温下进行，故称冷冲压。

板料冲压所用的原材料要求在室温下具有良好的塑性和较低的变形抗力。冲压件具有质量轻、强度高、刚度好、生产率高、成本低、外形美观、互换性好，一般不需要经过切削加工等优点，一般用于大批量零件的生产，例如汽车、拖拉机、家用电器、仪器仪表、飞机等。另外，还用于非金属材料的加工，如纸板、绝缘板、纤维板、石棉板等。

(3) 轧制。材料在旋转轧辊的压力作用下产生连续塑性成形，获得要求的截面形状并改变其性能的加工方法称为轧制，如图 3-1(d)所示。

通过合理设计轧辊上的各种不同的孔型，可以轧制出不同截面的原材料，如钢板、型材、无缝管材等，也可直接轧制出毛坯或零件。

(4) 挤压。坯料在三项不均匀应力作用下从模具的模孔挤出，使之横截面积减小，长度增加，成为所需制品的加工方法称为挤压，如图 3-1(e)所示。按挤压温度可分为冷挤、温挤和热挤。挤压适用于加工有色金属和低碳钢等金属材料。

(5) 拉拔。坯料在牵引力作用下通过模孔拉出，使之横截面积减小，长度增加的加工方法称为拉拔，如图 3-1(f)所示。拉拔生产主要用于制造各种线、棒、薄壁管等型材。

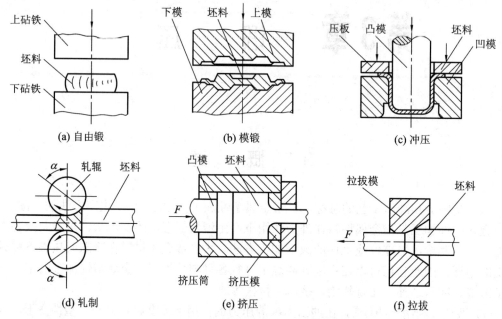

(a) 自由锻　　　　　　　　(b) 模锻　　　　　　　　(c) 冲压

(d) 轧制　　　　　　　　(e) 挤压　　　　　　　　(f) 拉拔

图 3-1　金属塑性加工的基本方法

金属塑性加工方法也受到以下几个方面的制约：① 不能加工脆性材料，如铸铁。② 不能加工形状特别复杂(尤其是具有复杂内腔)的零件或毛坯。③ 加工设备比较昂贵，制件的加工成本比铸件高。④ 不能加工体积特别大(设备吨位难以满足变形力需要)的零件或毛坯。⑤ 压力加工会对金属的内部组织和性能产生不利影响，需要在加工过程中进行热处理(如退火、正火等)，使其发生回复与再结晶。

总之，塑性加工具有独特的优越性，获得了广泛的应用。常见的金属线材、型材、板材、管材等原材料，大都是通过轧制、挤压和拉拔等方法制成的。自由锻、模锻、胎模锻和板料冲压，则是一般机械厂常用的压力加工生产方法。凡承受重载荷、对强度和韧性要求高的机器零件，如机器的主轴、曲轴、连杆、重要齿轮、凸轮、叶轮，以及炮筒、枪管、起重吊钩等，通常采用锻件做毛坯，再经机械加工制造而成。

3.2　金属的塑性变形理论

工业生产中广泛采用锻造、挤压、拉拔、轧制和冲压等方法对金属材料进行压力加工。金属在加工过程中产生的塑性变形，不仅改变了材料的形状和尺寸，同时也改善了金属的组织和性能。例如，通过锻压可以击碎铸态组织中的粗大晶粒，细化晶粒，消除铸态组织不均匀和成分偏析等铸造缺陷；对于直径小的线材，由于拉丝成形而使材料强度显著提高。

塑性变形也会给金属的组织和性能带来某些不利的影响，在压力加工之后或在其加工过程中，经常需要对金属加热，使其发生回复与再结晶，以消除不利的影响。因此，了解金属塑性变形的实质和组织变化规律，不仅可以改进金属材料的加工工艺，而且对发挥材料的性能潜力、提高产品质量都具有实际的重要意义。

3.2.1 金属塑性变形的实质

工业上常用的金属材料都是由许多晶粒组成的多晶体。为了便于了解金属塑性变形的实质，首先讨论单晶体的塑性变形。

1. 单晶体的塑性变形

单晶体是指原子排列方式完全一致的晶体。单晶体的塑性变形的基本方式有两种：滑移和孪生，如图 3-2 所示。其中，滑移是最基本、最重要的变形方式，当滑移难以进行时，则以孪生方式进行变形。

单晶体受力后，外力在任何晶面上都可以分解为正应力和切应力。正应力只能引起弹性变形及解理断裂。只有在切应力的作用下金属晶体才能产生塑性变形。在图 3-3(a)中，当金属晶体受到外力 F 作用时，不论外力的方向、大小与作用方式如何，均可将总应力 σ_F 分解为平行于某一滑移面的切应力 τ 和垂直于此面的正应力 σ。在载荷的作用下，单晶体发生滑移，产生塑性变形，如图 3-3(b)所示。

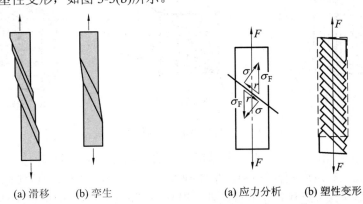

(a) 滑移　(b) 孪生

图 3-2　滑移和孪生示意图

(a) 应力分析　(b) 塑性变形

图 3-3　单晶体拉伸示意图

1) 滑移

金属单晶体在切应力作用下，晶体的一部分相对于另一部分沿一定晶面(滑移面)上的一定方向(滑移方向)发生了相对滑动，这种现象称为滑移。图 3-4 所示为单晶体塑性变形过程示意图。

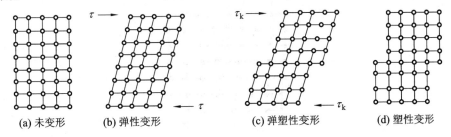

(a) 未变形　　(b) 弹性变形　　(c) 弹塑性变形　　(d) 塑性变形

图 3-4　单晶体塑性变形过程示意图

从图 3-4 中可以看出：图(a)是当晶体未受到外界作用时，晶格内的原子处于平衡位置，未发生变形；图(b)是当晶体受到外力作用时，晶格内的原子离开原平衡位置，晶格发生弹性变形，此时若将外力除去，则晶格将恢复到原始状态，此为弹性变形阶段；图(c)是当外力继续增加，晶体内滑移面上的切应力达到一定值后，则晶体的一部分相对于另一部分发生滑动，此现象称为滑移，此时为弹塑性变形阶段；图(d)是晶体发生滑移后，除去外力，晶体也不能全部恢复到原始状态，这就产生了塑性变形。

　　通常滑移总是沿晶体中原子排列最紧密的晶面和晶向进行的。这是因为晶体中最密排晶面上原子结合力最强，而其间距最大，所以这些晶面间的结合力最弱，滑移阻力最小；同理，沿原子密度最大的晶向滑移时阻力也最小。因此，金属晶体的滑移面和滑移方向是原子密排面和密排方向。不同晶格类型金属的滑移面和滑移方向是不一样的，它们的数量也是不同的。从图 3-5 中可以看出，体心立方的滑移面为(110)，滑移方向为[111]，其滑移系有 12 个；面心立方滑移面为(111)，滑移方向为[110]，其滑移系有 12 个；密排六方密排面为六方面，滑移方向有 3 个，其滑移系也只有 3 个。金属的滑移系越多，其发生滑移的可能性越大，塑性也越好，其中滑移方向对塑性的贡献比滑移面更大。

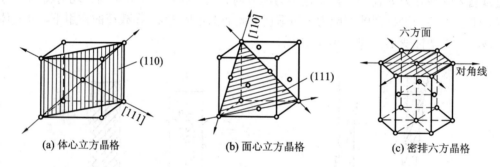

(a) 体心立方晶格　　　　　(b) 面心立方晶格　　　　　(c) 密排六方晶格

图 3-5　三种典型晶格金属的滑移系

　　滑移是晶体间的相对滑动，不引起晶格类型的变化。但是，滑移时并不是整个滑移面上的所有原子一起移动(即刚性滑移)。整体刚性滑动所需克服的阻力比实际测量的滑移阻力要大 3～4 个数量级。近代科学研究表明，滑移是通过滑移面上的位错运动来实现的。它所需要的切应力比刚性滑移时小得多，这种现象称做位错的易动性。

　　位错的基本类型有刃型位错和螺型位错，最简单的是刃型位错。在切应力作用下，刃型位错线上面的两列原子向右作微量移动，就可使位错向右移动一个原子间距，如图 3-6 所示。

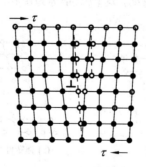

图 3-6　刃型位错的运动

从图 3-7 刃型位错移动产生滑移示意图可以看出，刃型位错在切应力作用下，由滑移面的一端运动到另一端，从而产生一个原子间距的滑移过程，晶体在外力作用下不断增殖新的位错，大量位错移出晶体表面，就产生了宏观的塑性变形。

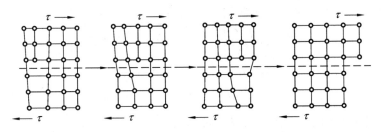

图 3-7 刃型位错移动产生滑移示意图

2) 孪生

孪生是晶体在切应力作用下，晶体的一部分沿一定的晶面(孪生面)和晶向(孪生方向)产生一定角度的均匀切变现象。

从图 3-8 晶体孪生过程可以看出，在这部分晶体中，每个相邻原子间的相对位移只有一个原子间距的几分之一，但许多层晶面积的累积位移可形成比原子间距大许多倍的切变。已变形部分晶体的位向发生了变化，并与未变形部分的晶体以孪生面为分界面，构成镜面对称的位向关系。通常把对称的两部分晶体称为孪晶，而将形成孪晶的过程称为孪生，发生变形的那部分晶体称为孪晶带。

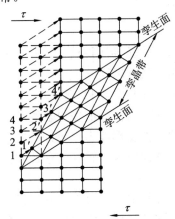

图 3-8 孪生过程示意图

金属孪生变形所需要的切应力一般高于产生滑移变形所需要的切应力，故只有在滑移困难的情况下才发生孪生。如六方晶格由于滑移系(指滑移面与滑移方向的组合)少，比较容易发生孪生。

2. 多晶体的塑性变形

多晶体是由很多形状、大小和位向不同的晶粒组成的，在多晶体内存在着大量晶界。多晶体塑性变形是各个晶粒塑性变形的综合结果。由于每个晶粒变形时都要受到周围晶粒及晶界的影响和阻碍，故多晶体塑性滑移时的变形抗力要比单晶体高。

多晶体进行塑性变形时，每个晶粒的基本变形方式与单晶体的塑性变形基本相同。另外，由于晶界的存在和各个晶粒的晶格位向不同，各晶粒之间还有少量的相互移动和转动，这部分塑性变形为晶间变形，如图 3-9 所示。多晶体是以晶内变形为主，晶间变形很小。

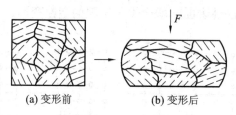

(a) 变形前　　　　　　(b) 变形后

图 3-9　多晶体的塑性变形示意图

多晶体的塑性变形的影响因素有晶界及晶粒取向、晶粒大小。

(1) 晶界及晶粒取向的影响。

晶界是相邻晶粒的过渡层，原子排列不规则，晶格畸变严重，也是各种缺陷和杂质原子富集的地方。当滑移变形时，位错移动到晶界附近，便会受到严重的阻碍而停止前进，使位错在晶界前堆积起来，若要穿过晶界，则需要更大的外力。因此，晶界对滑移起阻碍作用。

各个晶粒的位向不同，将使各个晶粒的变形有先有后，某些晶粒的位相有利于滑移，会受限发生滑移变形，而周围的晶粒尚处于弹性变形阶段，对已变形晶粒起阻碍变形的作用。但是当某些晶粒变形到一定程度时，将对未变形的晶粒造成足够大的应力集中，使原来处于不利位向晶粒中的位错发生运动而产生滑移。相邻晶粒的位相差越大，晶界处的原子排列越紊乱，滑移抗力就越大。

(2) 晶粒大小对变形的影响。

金属晶粒越细小，单位体积中的晶界面积越大，并且不同位向的晶粒也越多，因而金属的塑性变形抗力也越大，金属的强度越高。

细晶粒的金属不仅强度较高，而且塑性和韧性也较好。因为晶粒越细小，一定体积的晶粒数目越多，在相同条件下，变形量被分散在更多的晶粒内进行，使各晶粒的变形也比较均匀，应力集中越小，金属的塑性变形能力也越好。此外，晶粒越细小，晶界就越多、越曲折、越不利于裂纹的扩展，从而表现出较高的塑性和韧性。因此，生产中都尽量获得细晶粒组织。

需要指出的是，在塑性变形过程中一定有弹性变形存在，当外力去除后，弹性变形部分将恢复，称为"弹复"现象。这种现象对塑性加工件的变形和质量有很大影响，必须采取一定的工艺措施，以保证产品质量。

3.2.2　塑性变形对金属组织及性能的影响

金属的塑性变形可在不同的温度下产生，由于变形时的温度不同，塑性变形将对金属组织和性能产生不同的影响，主要表现在以下几个方面。

1. 加工硬化

金属在塑性变形过程中，随着变形程度的增大，金属的强度、硬度增加，而塑性和韧性下降(见图 3-10)，这一现象称为加工硬化或形变强化。如 $w_C = 0.3\%$ 的碳钢，变形度为 20% 时，抗拉强度由原来的 500 MPa 升高到 700 MPa；当变形度为 60% 时，则 σ_b 提高到 900 MPa。

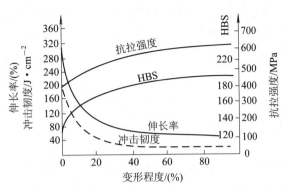

图 3-10 加工硬化

加工硬化的原因与位错的交互作用有关。随着塑性变形的进行，位错密度不断增加，并产生相互交割，增加位错运动的阻力，使继续滑移难以进行，引起形变抗力的增加，因此提高了金属的强度。

加工硬化现象在金属材料生产过程中有着重要的实际意义，目前已广泛用来提高材料的强度。例如：自行车链条的链板为低合金钢 Q345，经过五次轧制，其硬度由 150 HBW 提高到 275 HBW；抗拉强度由 520 MPa 提高到 1000 MPa，链条的负载能力提高了接近一倍。

加工硬化现象也给金属材料的加工和使用带来不利影响。因为金属冷加工到一定程度后，变形抗力就会增加，进一步的变形就必须加大设备功率，增加动力消耗。另外，金属经加工硬化后，塑性大大降低，继续变形就会导致金属开裂。为了消除加工硬化，以便继续进行冷变形加工，中间需要进行再结晶退火处理，从而再次获得良好的塑性。

2. 回复与再结晶

金属经过冷变形后，内能升高，处于不稳定状态，并存在向稳定状态转变的趋势。在室温下，这种转变一般不易实现。但加热时由于原子的活动能力增加，变形级数的组织和性能会发生一系列的变化，最后趋于较稳定状态。随着加热温度的升高，变形金属将依次发生回复、再结晶和晶粒长大三个阶段，如图 3-11 所示。

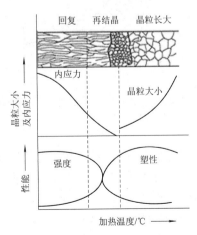

图 3-11 冷变形金属加热时组织与性能变化规律

加热温度较低时，变形金属发生回复过程。此时原子的活动能力不是很大，变形金属的显微组织晶粒仍保持伸长的纤维状，几乎不发生变化，强度、硬度基本不变；塑性、韧性有所回升，内应力和电阻率明显下降；物理、化学性能基本恢复到变形前的情况。该加热温度称为回复温度。

$$T_{回} = (0.25 \sim 0.30)T_{熔}$$

式中：$T_{回}$—— 金属的回复温度(K)；

　　　$T_{熔}$—— 金属的熔点(K)。

工业上利用低温加热的回复过程，在保持变形金属很高强度的同时降低它的内应力，这种处理工艺称为低温去应力退火。

当加热温度较高时，变形金属的纤维组织发生显著变化，开始以某些碎晶或杂质为核心结晶成新的均匀细小的等轴晶粒。这一过程与金属的结晶过程类似，也是经历形核和长大的过程，故被称为再结晶。

经过再结晶后金属的强度和硬度显著下降，塑性和韧性显著上升，所有性能完全恢复到变形前的水平。在规定时间内(如 1 h)能够完成再结晶或再结晶达到规定程度(如 95%)的最低温度称为再结晶温度。

$$T_{再} \approx 0.4T_{熔}$$

式中：$T_{再}$—— 纯金属的再结晶温度(K)。

在变形晶粒完全消失和再结晶晶粒彼此接触后，获得均匀细小的等轴晶粒。但如果加热温度过高或加热时间过长，则晶粒会显著长大。晶粒的长大是通过晶界的迁移实现的。

当晶界从一个晶粒向另一个晶粒内推进时，把另一个晶粒中的晶格位向逐步改为这个晶粒相同的位向，另一个晶粒便逐步被这个晶粒"吞并"，最后合成一个大晶粒，该组织称为粗晶组织，如图 3-12 所示。粗晶组织的力学性能下降，可锻性恶化。

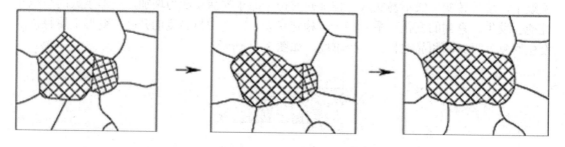

图 3-12　金属再结晶后晶粒长大示意图

3. 热加工与冷加工

在工业生产中，热加工通常是指将金属材料加热至高温进行锻造、热轧等压力加工过程。除了一些锻件和烧结件外，几乎所有的金属材料都要进行热加工，一部分成为产品，在热加工状态下使用；另一部分为中间制品，尚需进一步加工。无论是成品还是中间制品，它们的性能都受热加工过程所形成组织的影响。

从金属学的角度来看，热加工与冷加工的界限是以再结晶温度来划分的。在再结晶温度以上进行的塑性变形属于热加工；而在再结晶温度以下进行的塑性变形称为冷加工。例如金属钨(W)的再结晶温度约为 1200℃，所以，即使钨在 1000℃ 拉制钨丝仍属于冷加工。而铅(Pb)的再结晶温度约为 −33℃，所以，铅在室温下进行塑性变形仍属于热加工。

在冷加工过程中，由于加工硬化，金属的可锻性趋于恶化。在变形过程中变形程度不宜过大，以避免产生破裂。冷加工主要应用于加工尺寸精度和表面质量较高的低碳钢、非铁金属及其合金的薄板料加工。

在热加工过程中，金属内部进行着塑性变形引起的加工硬化与回复再结晶软化过程两个相反的过程。这时的回复再结晶是边加工边发生的，因此称为动态回复和动态再结晶，如图 3-13(a)所示。而把变形中断或终止后的保温过程中，或者是在随后的冷却过程中所发生的回复与再结晶，称为静态回复和静态再结晶。

热加工后的金属具有再结晶组织，从而消除加工硬化，可锻性较好，因此，各种成形加工生产多采用热加工来进行，例如 300 多吨重的汽轮机发电机主轴的大型锻件(见图 3-13(b))。由于金属在热加工时较易发生表面氧化现象，产品表面质量和尺寸精度不如冷加工。

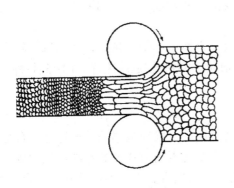

(a) 轧制的动态再结晶示意图　　　　　　(b) 汽轮机主轴的大型锻件

图 3-13　金属的热加工

4. 纤维组织

金属热加工最原始的坯料是铸锭，铸锭经热加工后，其内部的气孔、缩松等被锻合，使组织致密，晶粒细化，机械性能提高。

在金属热加工过程中，铸锭中的粗大枝晶和各种非金属夹杂物都要沿着变形方向伸长，在宏观上形成彼此平行的流线。由一条条流线勾画出的组织，称为纤维组织。纤维组织在再结晶过程中不会消除，变形程度愈大，形成的纤维组织愈明显。

纤维组织的出现，使钢的力学性能呈现各向异性。沿着流线方向具有较高的力学性能，垂直于流线方向的性能则较低，特别是塑性和韧性表现得更为明显。因此，在制定工件的热加工工艺时，必须合理地控制流线的分布状态，尽量使流线与应力方向一致。对受应力状态比较简单的零件(如吊钩、曲轴、螺钉、齿轮、叶片等)，尽量使流线分布形态与零件的几何外形一致。

锻件纤维组织的合理分布如图 3-14 所示。

(a) 吊钩的纤维组织

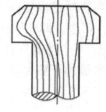

(b) 螺钉头大纤维组织

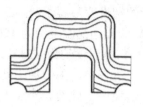

(c) 曲轴的纤维组织

图 3-14　锻件纤维组织的合理分布

5. 锻造比

在锻造生产中，金属的变形程度常以锻造比(Y)来表示，即以变形前后的截面比、长度比或高度比表示。以钢锭为坯料进行锻造时，应按锻件的力学性能要求选择合理的锻造比。

对沿流线方向有较高力学性能要求的锻件(如拉杆)，应选择较大的锻造比。对垂直于流线方向有较高力学性能要求的锻件(如吊钩)，锻造比取 2~2.5 即可。

3.2.3　影响金属可锻性的因素

金属的锻造性能是指金属经受塑性加工时成形的难易程度。金属的锻造性能好，表明该金属适用于采用塑性加工成形。

金属的锻造性能常用金属的塑性和变形抗力来综合衡量，塑性越好，变形抗力越小，则金属的可锻性越好；反之，则差。金属的可锻性取决于材料性质(内因)和加工条件(外因)。

1. 材料性质

1) 化学成分

不同化学成分的金属塑性不同，所以可锻性也不同。一般纯金属的可锻性好于合金。碳钢中碳的质量分数愈高，其可锻性愈差。合金中合金元素的质量分数愈高，化学成分愈复杂，其可锻性愈差。因此，碳钢的锻造性好于合金钢；低合金钢的锻造性好于高合金钢。另外，钢中硫、磷含量多也会使锻造性能变差。

2) 金属组织

金属内部组织结构不同，其可锻性有很大差别。纯金属和固溶体(如奥氏体)的可锻性好，而碳化物(如渗碳体)的可锻性差。铸态柱状组织和粗晶组织不如晶粒细小而均匀的组织的可锻性好。

2. 加工条件

1) 变形温度

变形温度对塑性及变形抗力的影响很大，因此影响材料的可锻性。一般来说，提高金属变形时的温度，会使原子的动能增加，从而削弱原子之间的吸引力，减少滑移所需的力，因此塑性提高，变形抗力减小，改善了金属的可锻性。因此，加热是塑性加工成形中很重要的变形条件。

2) 应力状态

不同的加工方法在材料内部所产生的应力大小和性质是不同的，因而表现出不同的可锻性。实践证明，在三个方向中压应力的数目越多，金属的塑性越好；拉应力的数目越多，金属的塑性越差；而同号应力状态下引起的变形抗力大于异号应力状态下的变形抗力。

当金属内部存在气孔、小裂纹等缺陷时，在拉应力作用下缺陷处易产生应力集中，缺陷必将扩展，甚至达到破坏而使金属失去塑性。压应力使金属内部摩擦增大，变形抗力亦随之增大，但压应力使金属内部原子间距减小，使缺陷不易扩展，故金属的塑性会增高。

金属在挤压变形时呈三向受压应力状态(见图 3-15)，表现出较高的塑性和较大的变形抗力；而金属在拉拔时呈两向受压应力、一向受拉应力状态(见图 3-16)，表现出较低的塑性和较小的变形抗力。

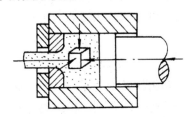

图 3-15　三向受压

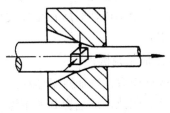

图 3-16　两向受压、一向受拉

3) 变形速度

变形速度即单位时间内的变形程度，它对金属的塑性和变形抗力的影响是矛盾的。一方面，由于变形速度的增大，回复和再结晶不能及时克服加工硬化现象，金属表现出塑性下降、变形抗力增大、锻造性能变坏。另一方面，金属在变形过程中，消耗于塑性变形的能量有一部分转化为热能，使金属温度升高，这是金属在变形过程中产生的热效应现象。变形速度越大，热效应现象越明显，使金属的塑性提高，变形抗力下降，锻造性能变好。从图 3-17 可以看出，当变形速度在 b 和 c 附近时，变形抗力较小，塑性较高，锻造性能较好。

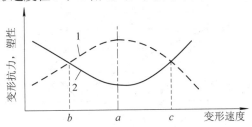

1—变形抗力曲线；2—塑性变化曲线

图 3-17　变形速度对塑性及变形抗力的影响

在一般塑性加工方法中，由于变形速度较低，热效应不显著。目前采用高速锤锻造、爆炸成形等工艺来加工低塑性材料，可利用热效应现象来提高金属的锻造性能，此时对应的变形速度为图 3-17c 点附近。

综上所述，金属的锻造性能既取决于金属的材料性质，又取决于加工条件。在塑性加工过程中，要力求创造最有利的加工变形条件，充分发挥金属的塑性，降低变形抗力，使功耗最少，变形充分，以获得合格的机器零件。

3.3　锻　　造

锻造是通过锻锤、压力机等设备和工(模)具对金属施加压力产生塑性变形实现的。锻造分为自由锻和模锻两类，以及由二者结合而派生出来的胎模锻。生产锻件的一般生产工艺过程为：下料、加热、锻造、冷却、热处理、清理、检验。

3.3.1 坯料的加热

金属坯料加热的目的是提高金属的塑性和降低变形抗力，以改善其可锻性和获得良好的锻后组织。金属加热后，可以用较小的锻打力量产生较大的变形而不破裂。非合金钢、低合金钢和合金钢锻造时应在单相奥氏体区进行，因为奥氏体组织具有良好的塑性和均匀一致的组织。

1. 锻造温度范围

对于碳钢而言，当加热温度超过 A_{cm} 或 A_3 线时，其组织转变为单一的奥氏体，锻造性能大大提高。因此，适当提高变形温度对改善金属的锻造性能有利。但温度过高，会使金属产生氧化、脱碳、过热等缺陷，甚至使锻件产生过烧而报废，所以应该严格控制锻造温度范围。锻造温度范围是指由始锻温度到终锻温度之间的温度区间。锻造温度范围宽，增加锻造的操作时间，有利于锻造的顺利进行。碳钢的锻造温度范围如图 3-18 所示。

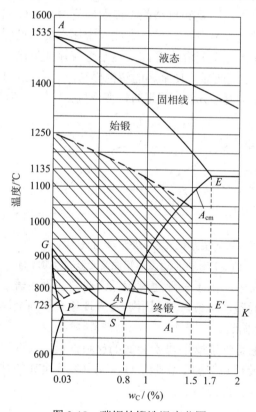

图 3-18　碳钢的锻造温度范围

1) 始锻温度

始锻温度是开始锻造时锻件的温度，也是允许加热的最高温度。始锻温度高，金属的塑性好，宜进行锻造，提高生产效率。但始锻温度的提高要受过热和过烧的制约。对碳钢而言，通常限制在铁碳相图固相线以下 200℃左右。碳钢的始锻温度随含碳量的增加而降低，如图 3-18 所示。

2) 终锻温度

坯料经过锻造成形，在停锻时的瞬时温度称为终锻温度。在保证锻造时金属具有足够的塑性，以及锻后能获得再结晶组织的前提下，终锻温度应该低些，以利于保证锻件的质量。但终锻温度太低时，金属塑性差，变形困难，产生加工硬化，甚至开裂。几种常用材料的锻造温度范围如表 3-1 所示。

锻造时，应尽量减少加热的次数，以减少因氧化而造成的金属损失。锻造温度可用仪表测量，一般生产上也用金属的火焰颜色来判别，如碳钢的始锻温度为亮黄色，终锻温度为樱红色。常用的加热设备有燃料加热炉(煤炉、油炉和煤气炉)和电阻炉。

表 3-1　常用材料的锻造温度范围

合金种类	始锻温度/℃	终锻温度/℃
含碳 0.3%以下的碳钢	1200～1250	800
含碳 0.3%～0.5%以下的碳钢	1150～1200	800
含碳 0.5%～0.9%以下的碳钢	1100～1150	800
含碳 0.9%～1.5%以下的碳钢	1050～1100	800
合金结构钢	1150～1200	850
低合金工具钢	1100～1150	850
高速钢	1100～1150	900
硬铝	470	380

2. 锻件的冷却

锻件锻造后应缓慢冷却到室温，锻件的冷却也是锻造生产的一个重要环节。若冷却速度过快，会引起锻件变形、开裂缺陷以及表面过硬而不易切削加工。在生产中根据锻件的化学成分、形状、尺寸等特点，采用不同的冷却工艺方法。

(1) 空冷。空冷是热态锻件在静止空气中冷却的方法，冷却速度较快。它适合于非合金钢的中、小锻件及含碳量≤0.3%的低合金钢的中、小型锻件。

(2) 灰砂冷。灰砂冷是将热态锻件埋入炉渣、灰或砂中缓慢冷却的一种冷却方法。它适合于中碳钢、碳素工具钢和大多数低合金钢的中型锻件。

(3) 炉冷。炉冷是锻造后锻件放入炉中缓慢冷却的一种冷却方法，一般在 500～700℃ 的加热炉中进行。它适合于中、高碳钢及合金钢的大型锻件。

一般来说，锻件的碳及合金元素含量越高，体积越大，形状越复杂，冷却速度越缓慢。

3.3.2　自由锻

自由锻是利用冲击力或压力，使金属坯料在两个砧块之间产生塑性变形，从而得到所需锻件的锻造方法。金属坯料在上、下砧块间受力变形时，除打击方向外，朝其他方向可自由伸展变形。

自由锻分为手工自由锻(简称手工锻)和机器自由锻(简称机锻)，如图 3-19 所示。手工自由锻是靠人力和手工工具使金属变形，常用于少量的小型锻件，生产效率极低，目前实际生产中已很少使用。机器自由锻是利用锻锤或水压机等机器设备产生的冲击力或压力使金属变形。机器自由锻具有劳动强度低、效率高，能锻造出各种大小和规格锻件的优点，在实际生产中得到广泛应用。另外，锻件的形状和尺寸主要由锻工的操作技术来保证。

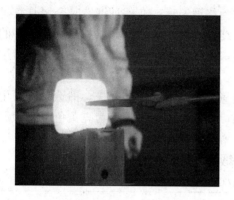
(a) 手工自由锻

(b) 机器自由锻

图 3-19　自由锻

由于自由锻所用的工具简单，并具有较大的通用性，因而自由锻的应用较广泛。生产的锻件质量可以从不到 1 kg 的小件到 200～300 t 的大件。对于特大型锻件如水轮机主轴、多拐曲轴、大型连杆等，自由锻是唯一可行的加工方法，所以，自由锻在重型机械制造中具有特别重要的地位。自由锻的不足之处是锻件精度低，生产效率低，劳动条件相对较差。

1. 自由锻的设备和工具

自由锻设备根据对锻件作用力的性质分为两类：锻锤和液压机。

(1) 锻锤。锻锤可产生冲击力，如空气锤、蒸汽-空气锤。空气锤如图 3-20 所示，其吨位(指下落部分的重量)较小，常用的规格为 40～750 kg，广泛用于几十公斤的小型锻件的锻造。蒸汽-空气锤的吨位较大(最大吨位可达 50 t)，是 2 t 以下的中小型锻件普遍使用的设备。

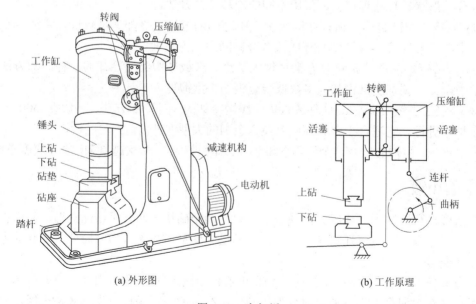

(a) 外形图

(b) 工作原理

图 3-20　空气锤

(2) 液压机。液压机是产生静压力的设备，如水压机和油压机。生产中使用的液压机是水压机，它的吨位(指产生的最大压力)较大，可以锻造质量达 300 t 的锻件。水压机在使金属变形过程中没有震动，并能很容易达到较大的锻造深度，所以水压机是巨型锻件的唯一成形设备。我国于 1961 年就制造了 12 000 t 水压机，为中国重型机械工业填补了一项空白，如图 3-21 所示。目前，我国已有 30 000 t 自由锻造水压机问世。

图 3-21 12 000 t 水压机锻压 100 t 中钢锭

自由锻工具主要有打击工具(大、小锤)、支持工具(铁砧)、夹持工具(手钳)(见图 3-22(a))、衬垫工具(见图 3-22(b))和测量工具等。

(a) 夹持工具   (b) 衬垫工具

图 3-22 自由锻工具

2. 自由锻的基本工序

自由锻的工序可分为基本工序、辅助工序和修整工序三大类。基本工序是使金属产生一定程度的变形，以达到所需形状和尺寸的工艺过程，如镦粗、拔长、冲孔、弯曲、切割、扭转等。辅助工序是为使基本工序操作方便而进行的预先变形工序，如压钳口、压肩、压棱边等。修整工序是用以减少锻件表面缺陷，提高锻件表面质量的工序，如校正、滚圆、平整等。

实际生产中最常采用的基本工序是镦粗、拔长和冲孔。

1) 镦粗

镦粗是使坯料高度减小、截面积增大的锻造工序。镦粗常用于锻造圆饼类锻件。镦粗可分为完全镦粗和局部镦粗。完全镦粗如图 3-23(a)所示。若使坯料的一部分截面积增大，叫做局部镦粗，图 3-23(b)、(c)是使用模具镦粗坯料的中部。

镦粗主要用于制造高度小、截面大的工件(如齿轮、圆盘、叶轮等)的毛坯，另外，镦粗又是锻造环形类锻件、套筒类锻件的预备工序。

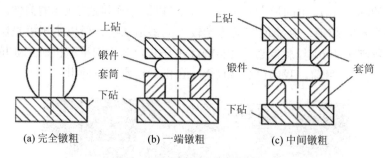

图 3-23　完全镦粗和局部镦粗

　　完全镦粗时，坯料应尽量用圆柱形，且长径比不能太大(小于 2.5)，否则容易镦弯。工件端面应平整并垂直于轴线，镦粗时的打击力要足且正，否则容易产生细腰和夹层等缺陷，如图 3-24 所示。

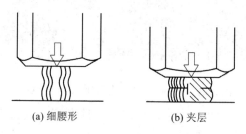

图 3-24　细腰和夹层

　　2) 拔长

　　拔长是使坯料的横截面积减小、长度增加的锻造工序，如图 3-25(a)所示。它主要用于制造长度较大的轴类和杆类锻件，如主轴、传动轴、拉杆、连杆等。如果是锻制空心件(如空心轴、炮筒和套筒等)，则坯料先镦粗、冲孔，再套上心轴进行拔长，称为心轴拔长，如图 3-25(b)所示。

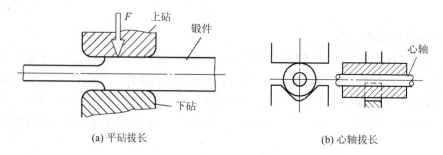

图 3-25　拔长

　　拔长时要不断送进和翻转坯料，以使坯料变形均匀。每次送进的长度 $l = (0.5 \sim 0.75)b$(砧宽)。若 l 太大，拔长时因坯料横向流动增大，会影响拔长效率。

　　3) 冲孔

　　冲孔是用冲头在坯料上冲出通孔或不通孔的锻造工序。冲孔主要用于制造空心锻件，如齿轮坯、圆环、套筒和空心轴等。

一般锻件的通孔采用实心冲头双面冲孔，它先将孔冲到坯料厚度的 2/3～3/4 深，取出冲头，然后翻转坯料，从反面将孔冲透，如图 3-26(a)所示。此法不受坯料的厚度限制。薄坯料冲孔时，采用单面冲孔，如图 3-26(b)所示。

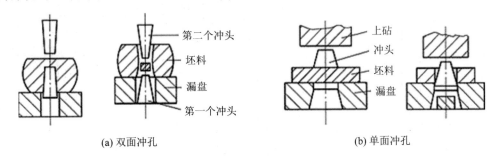

(a) 双面冲孔　　　　　　　　　　　(b) 单面冲孔

图 3-26　冲孔

冲孔前坯料需镦粗至扁平形状，并使端面平整，冲孔时坯料应经常转动，冲子头部要不断蘸水冷却，以免受热变软。冲孔偏心时，可局部冷却薄壁处，再冲孔校正。

4) 弯曲

弯曲是指采用一定的工(模)具将毛坯弯成所规定的外形的锻造工序，如图 3-27 所示。弯曲常用于锻造角尺、弯板、吊钩、吊环、链环等锻件。弯曲和其他工序联合使用，可得到各种弯曲形状的锻件。

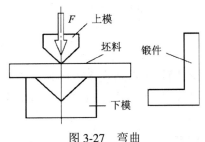

图 3-27　弯曲

5) 切割

切割是将坯料分成几部分或部分地割开，或从坯料的外部割掉一部分，或从内部割出一部分的锻造工序，如图 3-28 所示。

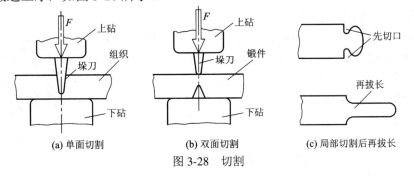

(a) 单面切割　　　　　　　(b) 双面切割　　　　　(c) 局部切割后再拔长

图 3-28　切割

3. 锻件工艺示例

任何锻件都是经过若干个操作工序锻造而成的。图 3-29 所示为螺钉的手工锻造工艺过程。其锻造工艺过程的步骤为：① 下料；② 加热；③ 用手锤将加热端局部镦粗；④ 在漏盘中镦粗，滚圆；⑤ 将栓头加热；⑥ 在型锤上锻六角；⑦ 罩圆；⑧ 用平锤修光。

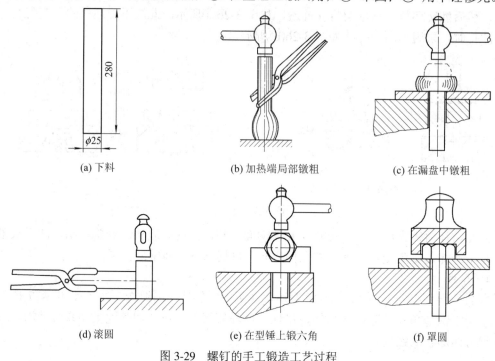

(a) 下料　　　　　　　(b) 加热端局部镦粗　　　　　(c) 在漏盘中镦粗

(d) 滚圆　　　　　(e) 在型锤上锻六角　　　　(f) 罩圆

图 3-29　螺钉的手工锻造工艺过程

3.3.3　模锻

模锻是将加热后的坯料放在固定于锻造设备上的模具内锻造成形的方法。模锻时坯料在模具模膛中被迫塑性流动变形，从而获得比自由锻质量更高的锻件。模锻与自由锻相比具有以下特点：

(1) 可锻造形状较为复杂的锻件。

(2) 锻件的形状和尺寸准确，且锻造流线较完整，有利于提高零件的力学性能。

(3) 机械加工余量少，节省加工工时，材料利用率高，达到少、无切削的目的。

(4) 坯料在锻模内成形，操作简单，生产率高，劳动强度得到一定改善。

但模锻设备受到设备投资大，模具制造周期长、成本高的限制。另外，由于坯料在锻模内是整体锻打成形的，所需的变形力较大，因此模锻生产还受到设备吨位的限制。

模锻主要用于大批量生产的形状比较复杂、精度要求较高的中小型锻件，如图 3-30 所示。目前，在飞机、汽车、拖拉机等国防工业和机械制造业中模锻件数量很大，约占这些行业锻件总质量的 90% 以上。

根据模锻设备不同，模锻可分为锤上模锻和压力机上模锻。

图 3-30　模锻件

1. 锤上模锻

锤上模锻使用的设备有蒸汽-空气模锻锤、无砧底锤、高速锤等。一般工厂企业主要使用蒸汽-空气模锻锤，其工作原理与蒸汽-空气自由锻锤基本相同，但由于模锻时受力大，要求设备的刚性好，导向精度高，以保证上下模对准。模锻锤的机架与砧座直接连接，形成封闭结构，锤头与导轨之间间隙小，模锻锤吨位为 1～16 t，砧座较重，约为落下部分质量的 20～25 倍。

锻模按其结构可分为单模膛锻模和多模膛锻模两种。

(1) 单模膛锻模。锻模由开有模膛的上、下模两部分组成，仅有一个成形的模膛，如图 3-31 所示。模锻时把加热好的金属坯料放进紧固。在下模座 5 上的下模 4 的模膛中，开启模锻锤，锤头 1 带动紧固于其上的上模 2 锤击坯料，使其充满模膛而形成锻件。

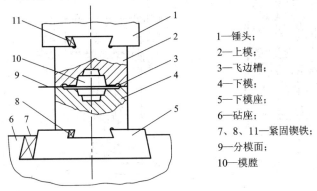

1—锤头；
2—上模；
3—飞边槽；
4—下模；
5—下模座；
6—砧座；
7、8、11—紧固锲铁；
9—分模面；
10—模膛

图 3-31　锤上固定模锻造

(2) 多模膛锻模。锻模上有拔长模膛、滚压模膛、弯曲模膛、预锻模膛和终锻模膛等几个模膛。终锻模膛位于模锻中心，其他模膛分布在其两侧。多模膛锻模适合于形状较复杂的锻件。图 3-32 所示为锻造连杆用多膛股锻模的示意图，坯料经拔长、滚压、弯曲三个模膛制坯，然后经预锻和终锻模膛制成带有飞边的锻件，再在切边模上切除飞边即得合格锻件。

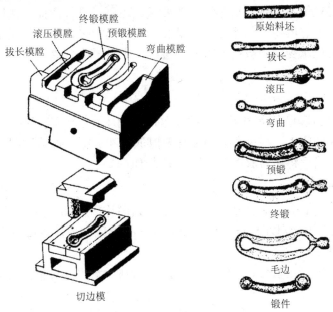

图 3-32　锻造连杆用多膛股锻模的示意图

2. 压力机上模锻

压力机上模锻的设备有摩擦压力机、热模锻曲柄压力机和平锻机等。摩擦压力机的外形结构图及其工作原理如图 3-33 所示。它是靠飞轮、螺杆和滑块向下运动所积蓄的能量使坯料变形。摩擦压力机结构简单，其行程速度介于模锻和曲柄压力机之间，有一定的冲击作用，这与锻锤相似。而坯料变形中的抗力由封闭框架承受，又有压力机的特点，所以，摩擦压力机具有锻锤和压力机的双重工作特性。

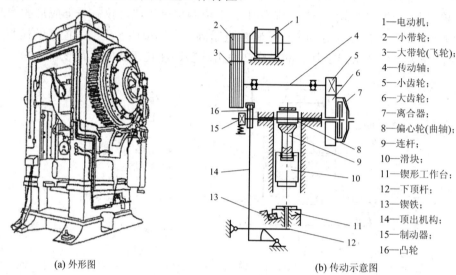

(a) 外形图	(b) 传动示意图

1—电动机；
2—小带轮；
3—大带轮(飞轮)；
4—传动轴；
5—小齿轮；
6—大齿轮；
7—离合器；
8—偏心轮(曲轴)；
9—连杆；
10—滑块；
11—锲形工作台；
12—下顶杆；
13—锲铁；
14—顶出机构；
15—制动器；
16—凸轮

图 3-33　摩擦压力机

压力机上模锻在中小型工厂具有一定的优越性，应用较广。首先，它的构造简单、造价低、震动小、没有砧座，因而大大减少了设备投资，劳动条件较好。其次，它的适应性好，形成和锻压力可自由调节，因而可实现轻打、重打，可在一个模膛内进行多次锻打。而且它不仅能满足模锻各种主要成形工序的要求，还可以进行弯曲、热压、切飞边精压、校正等工序。再次，它的生产效率比自由锻和胎模锻高得多，锻件的质量也比较好。不足之处是，摩擦压力机承受偏心载荷能力差，通常只适用于单模膛锻模的模锻。

3.3.4　胎模锻

胎模锻是在自由锻设备上用可移动的简单锻模(胎模)生产模锻件的一种工艺方法。胎模不固定在锤头和砧座上，根据工艺需要可随时取下和放上。锻造过程是先用自由锻方法使坯料初步成形，然后将坯料放在胎模中终锻成形。

1. 胎模的三种结构

胎模的结构形式很多，主要分为扣模、套筒模(简称筒模)和合模三种结构。

(1) 扣模。扣模用来对坯料进行局部或全部的扣形或制坯，主要生产杆状非回转体锻件，如图 3-34(a)所示。

(2) 套筒模。锻模为套筒形，主要用于锻造齿轮、法兰盘等回转体盘类锻件，如图 3-34(b)所示。

(3) 合模。合模通常由上模和下模两部分组成，为了使上、下模对中而不使锻件产生错移，经常用导柱、导锁等定位，如图 3-34(c)所示。合模多用于生产形状较复杂的非回转体锻件，如连杆、叉形等锻件。

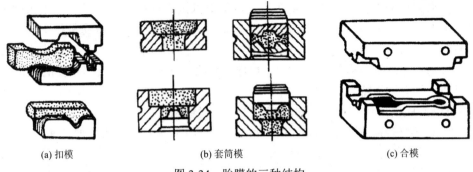

(a) 扣模　　　　　　　(b) 套筒模　　　　　　　(c) 合模

图 3-34　胎膜的三种结构

2. 胎模锻过程示例

图 3-35 所示为锤头锻件的胎模结构，锤头是经过几个操作工序锻造而成的。图 3-36 所示为锤头的胎模锻过程。

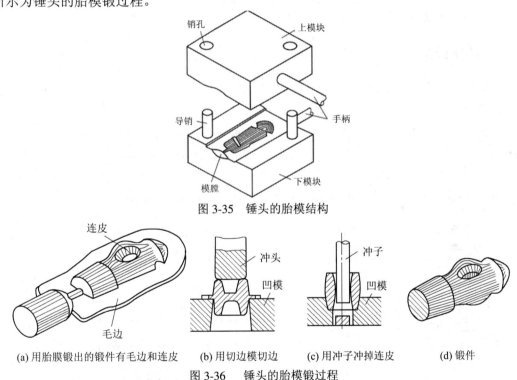

图 3-35　锤头的胎模结构

(a) 用胎膜锻出的锻件有毛边和连皮　　(b) 用切边模切边　　(c) 用冲子冲掉连皮　　(d) 锻件

图 3-36　锤头的胎模锻过程

经胎模锻出的锻件，其精度和复杂程度均比自由锻件高，加工余量少，节约金属；胎模制造方便，无需昂贵的模锻设备；工艺灵活、适应性强，因而是一种经济而又简便的锻造方法，在中小批量生产中得到了广泛应用。在一些没有模锻设备的中小型工厂中，广泛采用自由锻设备进行胎模锻造生产。

3.4　板料冲压

板料加工在金属塑性加工生产中占有十分重要的地位。金属板料加工件(钣金件)最初都是手工制造的，随着生产技术的发展，逐步采用机械进行加工。目前，对于大批量生产的板料加工件，一般都采用冲压工艺制造，其制品称为冲压件。冲压通常在室温下进行，故称冷冲压。当板料厚度超过 8～10 mm 时，采用热冲压。板料冲压在工业生产中应用十分广泛，特别是在汽车、拖拉机、航空、电器和仪表等工业中占有及其重要的地位。

板料冲压具有以下特点：

(1) 可以冲压出形状复杂的零件，废料较少，材料利用率高。

(2) 冲压件精度高，表面光洁，互换性能好。一般不需要经过切削加工即可装配使用。

(3) 可获得质量轻、强度高、刚度好的冲压件。

(4) 冲压操作简单，生产率高，工艺过程易于实现机械化、自动化，制造零件成本低。

(5) 冲压模具结构较复杂，加工精度要求高，模具材料及制作成本高，适用于大批量工件的生产。

板料冲压所用的原材料通常是塑性较好的低碳钢、塑性高的合金钢、铜合金、铝合金等的薄板料、条带料。

3.4.1　冲压设备

冲压设备主要有剪床(剪板机)和冲床(压力机)。

1. 剪床

剪床是用于剪切下料的设备，也用于将板料剪成一定宽度的条料，以供压力机使用。剪床的外形及其工作原理如图 3-37 所示。剪床是由电动机经皮带、齿轮、离合器使曲轴转动，并带动滑块上下运动，装在滑块上的刀片与工作台上的刀片相互运动而实现剪切。制动器与离合器配合，控制滑块的运动，可使上刀片剪切后停在最高位置。

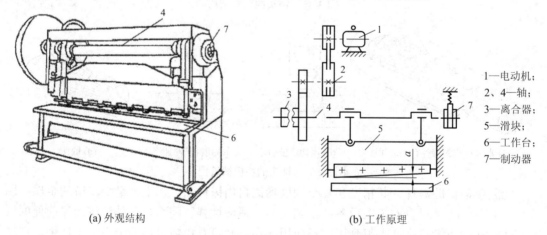

1—电动机；
2、4—轴；
3—离合器；
5—滑块；
6—工作台；
7—制动器

(a) 外观结构　　　　　　　　　　(b) 工作原理

图 3-37　剪床的外形及其工作原理

2. 冲床

冲床是使板料分离和变形，实现冲压工序的设备。冲床的传动机构多为曲柄连杆滑块机构，故也称为曲柄压力机。冲床按其结构可分为单柱式和双柱式两种。图 3-38 所示为开式双柱可倾斜式冲床的外形和传动系统示意图。电动机 1 通过 V 带轮 2 和 3 带动传动轴和齿轮 4 转动，再通过齿轮 4 带动大齿轮 5 转动，当踩下脚踏板 17 时，离合器 6 闭合，齿轮

5 带动曲轴 7，同时连杆 9 带动滑块 10，作上下往复运动。滑块连着上模，从而使上模作上、下滑动，与下模 12 相配合，完成对板材冲压的工作。

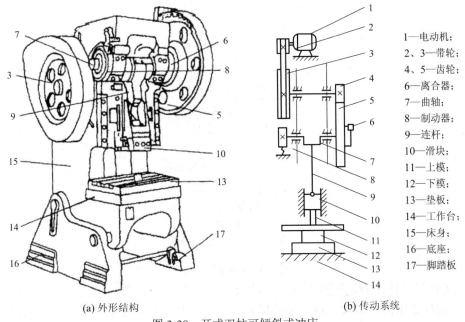

1—电动机；
2、3—带轮；
4、5—齿轮；
6—离合器；
7—曲轴；
8—制动器；
9—连杆；
10—滑块；
11—上模；
12—下模；
13—垫板；
14—工作台；
15—床身；
16—底座；
17—脚踏板

(a) 外形结构　　　　　　　　　　　　　　(b) 传动系统

图 3-38　开式双柱可倾斜式冲床

3.4.2　冲模

冲模是冲压生产的重要工具，其结构如图 3-39 所示。冲模由上模和下模两部分组成。上模借助于模柄固定在冲床滑块上，随滑块上下运动，下模则固定在工作台上。凸模和凹模为冲模的工作核心部分，直接使坯料分离或成形。它们分别通过凸模固定板和凹模固定板固定在上、下模板上。导套和导柱用来引导凸模与凹模对准。导尺控制着坯料的进给方向，定位销控制坯料的进给长度。卸料板的作用是当上模回程时，将坯料从凸模上卸下。

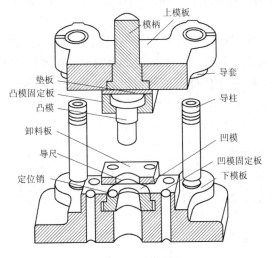

图 3-39　冲模

冲模可按工序组合分为简单模、复合模和连续模。

(1) 简单模。简单模是指在冲床的一次行程中只能完成一道冲压工序的模具,如图 3-40 所示。

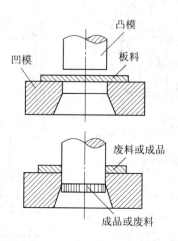

图 3-40　简单模冲裁

(2) 连续模。连续模是把两个及以上的简单模安装在一个模板上,在一次冲压行程中,在模具不同位置上同时完成数道工序的模具。此种模具生产效率高,易于实现自动化,但要求精度高,制造比较麻烦,成本也较高。

(3) 复合模。复合模是指在一次冲压行程中,在模具的同一位置上完成数道工序的模具。其生产率高,精度高,但制造成本较高,因此,适用于产量大、精度高的冲压件。

3.4.3　板料冲压的工序

板料冲压的基本工序可分为分离工序和变形工序两大类。

1. 分离工序

分离工序是将坯料的一部分与另一部分相互分离的工序,如:剪切、落料、冲孔、整修等。

(1) 剪切。切断是用剪刃或冲模将板料沿不封闭轮廓进行分离的工序。剪刃安装在剪床上,而冲模安装在冲床上。剪切多用于加工形状简单、精度要求不高的平板零件或下料。

(2) 落料和冲孔。落料和冲孔都是使坯料沿封闭轮廓分离的工序。这两个工序的模具结构与坯料变形过程都是一样的,只是用途不同。落料时,冲下的部分为成品,剩下的部分为废料;冲孔则相反,冲下的部分为废料,剩下的部分为成品,如图 3-41 所示。

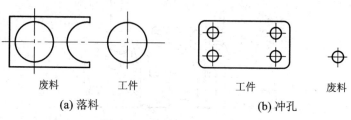

(a) 落料　　　　　　　　　　　　　　(b) 冲孔

图 3-41　落料和冲孔示意图

(3) 整修。使落料或冲孔后的成品获得精确轮廓的工序称为整修。当零件精度和表面质量要求较高时，在冲裁之后，常需要进行修整。利用整修模沿冲裁件外缘或内孔刮削一层薄薄的金属，以消除冲裁件断面上的毛刺和斜度，从而提高冲压件的尺寸精度和降低表面的粗糙度，如图 3-42 所示。

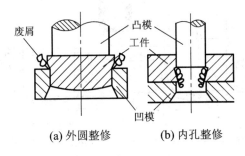

(a) 外圆整修　　　(b) 内孔整修

图 3-42　整修工序简图

2. 变形工序

变形工序是使板料的一部分相对其另一部分在不破裂的情况下产生位移的工序，如：弯曲、拉深、翻边等。

(1) 弯曲。弯曲是使坯料的一部分相对于另一部分弯成一定角度的工序，如图 3-43 所示。弯曲时，应注意弯曲线尽可能与板料纤维组织方向垂直。可利用相应的模具把金属板料弯成各种所需的形状。

(2) 拉深。拉深是用拉深模将平板坯料加工成开口空心零件的工序，如图 3-44 所示。拉深模的凸模和凹模在边缘上没有刃口，而是光滑的圆角，因而能使板料顺利变形而不致破裂。为防止拉深件产生折皱，必须用压板(或压边圈)将坯料压住。拉深时，应在板料和模具之间涂上润滑剂，以减小摩擦。用拉深方法可以制成筒形、阶梯形、锥形、球形、方盒形及其他不规则形状的零件。

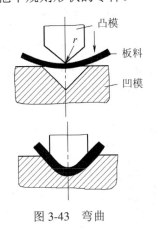

图 3-43　弯曲

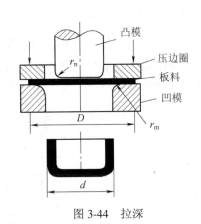

图 3-44　拉深

3. 两次拉深过程示例

在拉深过程中，当工件直径 d 与坯料直径 D 相差较大时，往往需要多次拉深完成，如图 3-45 所示。d 与 D 的比值($m = d/D$)称为拉深系数。

首先，把直径 D 的平板坯料放在凹模上，在凸模作用下，板料被拉入凸、凹模的间隙中，形成空心件。由于工件直径 d 与坯料直径 D 相差较大，需要进行第二次拉深，得到深度很大的空心成品件。

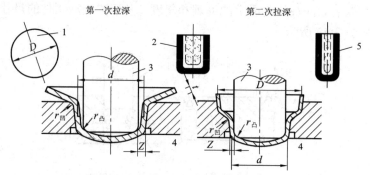

1—坯料；2—第一次拉深的坯料；3—凸模；4—凹模；5—成品

图 3-45 拉深过程

3.4.4 冲压件结构工艺性

冲压件的设计不仅应保证它具有良好的使用性能，而且也应保证它具有良好的工艺性能，以减少材料的消耗，延长模具寿命，提高生产率，降低成本，并保证冲压件质量。

冲压件设计时应考虑的结构工艺原则如下：

(1) 落料的外形和冲孔件的孔形应力求简单、规则、对称，并应使排样时的废料最少，应避免长槽形和细长悬臂结构。图 3-46 中图(b)比图(a)合理，材料利用率较高。

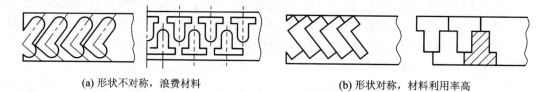

(a) 形状不对称，浪费材料   (b) 形状对称，材料利用率高

图 3-46 零件形状与节约材料的关系

(2) 为了保证模具强度和冲裁件的质量，对凹槽、凸臂、孔、孔与孔、孔与边缘的距离，轮廓圆角半径等均有最小尺寸要求，如图 3-47 所示。这些数据可以查阅相关的技术手册。

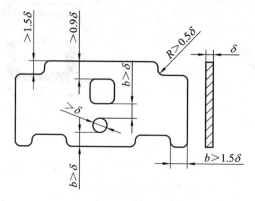

图 3-47 冲孔件的最小尺寸要求

(3) 弯曲件形状应尽量对称，弯曲半径 R 不得小于材料允许的最小弯曲半径，并应考虑材料的纤维方向，以避免成形过程中弯裂。弯曲带孔件时，为避免孔的变形，孔的位置应在圆角的圆弧之外，且应先弯曲后冲孔，如图 3-48 所示。尽量使坯料纤维方向与弯曲线方向垂直，如图 3-49 所示。

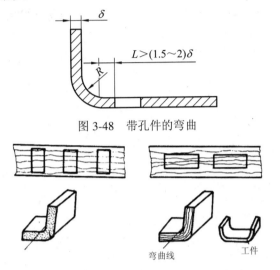

图 3-48 带孔件的弯曲

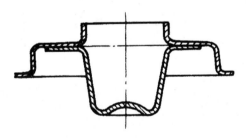

图 3-49 弯曲时的纤维方向

(4) 拉深件外形应力求简单、对称，且不易过高，以减少拉深次数并易于成形。对形状复杂的冲压件，可先分别冲出若干个简单件，然后再焊成整体件，即冲压-焊接结构，如图 3-50 所示。

图 3-50 冲压-焊接结构

※※※ **复习思考题** ※※※

3.1 什么是金属塑性加工？金属塑性加工的基本方法有哪几种？什么是锻压？

3.2 单晶体的塑性变形的基本方式有哪两种？多晶体的塑性变形与单晶体有什么差别？

3.3 随着加热温度的升高，变形金属经历了哪三个阶段？再结晶后，金属的性能有什么变化？

3.4 什么是热加工？什么是冷加工？各有什么特点？

3.5　锻造前，金属坯料加热的目的是什么？什么是始锻温度？什么是终锻温度？

3.6　什么是自由锻？自由锻最常采用的基本工序有哪三种？

3.7　什么是模锻？试比较模锻、自由锻和胎模锻的特点及应用范围。

3.8　板料冲压的特点是什么？板料冲压的设备有哪两种？

3.9　板料冲压的基本工序是什么？冲压件设计时，应考虑哪些结构工艺原则？

第4章 焊 接

　　焊接是最主要的连接技术之一。焊接(welding)的定义可以概括为：同种或异种材质的工件，通过加热或加压或二者并用，用或者不用填充材料，使工件达到原子结合而形成永久性连接的工艺。

　　焊接在现代工业生产中具有十分重要的作用，如舰船的船体、高炉炉壳、建筑构架、锅炉与压力容器、车厢及家用电器、汽车车身等工业产品的制造，都离不开焊接。焊接方法在制造大型结构件或复杂机器部件时，更显得优越。它可以用化大为小、化复杂为简单的办法来准备坯料，然后用逐次装配焊接的方法拼小成大、拼简单成复杂，这是其他工艺方法难以做到的。在制造大型机器设备时，还可以采用铸-焊或锻-焊复合工艺。这样，只有小型铸、锻设备的工厂也可以生产出大型零部件。用焊接方法还可以制成双金属构件，如制造复合层容器。此外，还可以对不同材料进行焊接。总之，焊接方法的这些优越性，使其在现代工业中的应用日趋广泛。

　　焊接方法的种类很多，而且新的方法仍在不断涌现，目前应用的已不下数十种，按焊接工艺特征可将其分为熔化焊、压力焊、钎焊三大类，如图4-1所示。

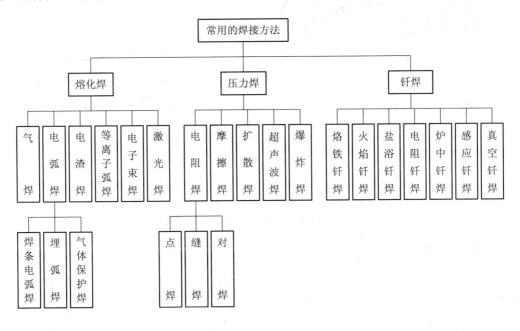

图4-1　常用的焊接方法

4.1 熔化焊成形基本原理

焊接过程一般需要对焊接区域进行加热，使其达到或超过材料的熔点(熔焊)，或接近熔点的温度(固相焊接)，随后在冷却过程中形成焊接接头(welding joint)。这种加热和冷却过程称为焊接热过程，它贯穿于材料焊接过程的始终，对于后续涉及的焊接冶金、焊缝凝固结晶、母材热影响区的组织和性能、焊接应力变形以及焊接缺陷(如气孔、裂纹等)的产生都有着重要的影响。

典型焊条电弧焊的焊接过程如图 4-2(a)所示。焊条与被焊工件之间燃烧产生的电弧热使工件(基本金属)和焊条同时熔化成为熔池(molten pool)。药皮燃烧产生的 CO_2 气流围绕电弧周围，连同熔池中浮起的熔渣可阻挡空气中的氧、氮等侵入，从而保护熔池金属。电弧焊的冶金过程如同在小型电弧炼钢炉中进行炼钢，焊接熔池中进行着熔化、氧化、还原、造渣、精炼和渗合金等一系列物理、化学过程。电弧焊过程中，电弧沿着工件逐渐向前移动，并对工件局部进行加热，使工件和焊条金属不断熔化成为新的熔池，原先的熔池则不断地冷却凝固，形成连续焊缝。焊缝连同熔合区和热影响区组成焊接接头。图 4-2(b)所示为焊接接头横截面示意图。

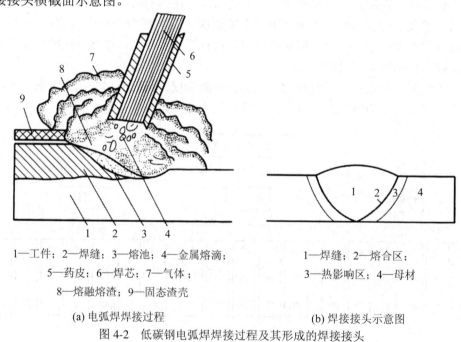

1—工件；2—焊缝；3—熔池；4—金属熔滴；
5—药皮；6—焊芯；7—气体；
8—熔融熔渣；9—固态渣壳

1—焊缝；2—熔合区；
3—热影响区；4—母材

(a) 电弧焊焊接过程　　　　　　　(b) 焊接接头示意图

图 4-2　低碳钢电弧焊焊接过程及其形成的焊接接头

4.1.1　焊接电弧

电弧是一种气体放电现象。一般情况下，气体是不导电的。但是，一旦在具有一定电压的两电极之间引燃电弧，电极间的气体就会被电离，产生大量能使气体导电的带电粒子(电子、正负离子)。在电场的作用下，带电粒子向两极作定向运动，形成很大的电流，并产生大量的热量和强烈的弧光。焊接电弧稳定燃烧所需的能量来源于焊接电源。电弧稳定燃烧时的电压称为电弧电压，一般焊接电弧电压在 16～35 V 范围之内，具体取决于电弧的长度(即焊条与焊件之间的距离)。电弧越长，电弧电压就越高。

焊接电弧由阴极区、阳极区和弧柱区三部分组成，如图 4-3 所示。用钢焊条焊接时，阴极区的温度约为 2400 K，放出的热量约占电弧总热量的 36%；阳极区的温度可达 2600 K，放出的热量约占电弧总热量的 43%；弧柱区中心温度可达 6000～8000 K，放出的热量仅占电弧总热量的 21%。

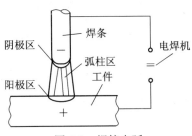

图 4-3 焊接电弧

电弧的热量与焊接电流和电弧电压的乘积成正比。电流越大，电弧产生的总热量就越大。焊条电弧焊只有 65%～85% 的热量用于加热和熔化金属，其余的热量则散失在电弧的周围环境和飞溅的金属滴中。

由于电弧产生的热量在阳极和阴极上有一定差异，因此在使用直流电焊机焊接时，有正接和反接两种接线方法(见图 4-4)。当焊件接电源正极、焊条接负极时为正接法，主要用于厚板的焊接；反之则称为反接法，适用于薄钢板焊接和低氢焊条的焊接。

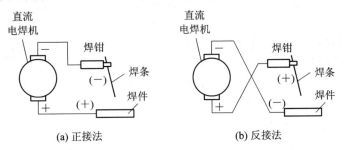

图 4-4 正反接

4.1.2 焊接接头的组织和性能

1. 焊接热循环

焊接过程中，焊缝附近母材上各点，当热源移近时，将急剧升温，当热源离去后，则迅速冷却。母材上某一点所经受的这种升温和降温过程叫做焊接热循环(weld thermal cycle)。焊接热循环具有加热速度快、温度高、高温停留时间短和冷却速度快等特点。焊接热循环可以用图 4-5 所示的温度-时间曲线来表示。反映焊接热循环的主要特征，并对焊接接头性能影响较大的四个参数是：加热速度 ω_H、加热的最高温度 T_M、相变点以上停留时间 t_H 和冷却速度 v_c。焊接过程中加热速度极高，在一般电弧焊时，可以达到 200～300℃/s，远高于一般热处理时的加热速度。最高温度 T_M 相当于焊接热循环曲线的极大值，它是对金属组织变化具有决定性影响的参数之一。

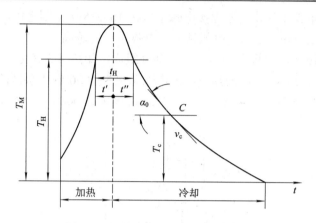

图 4-5　焊接热循环曲线及主要参数

2. 焊接接头的组织和性能

熔焊是在局部进行短时高温的冶炼、凝固过程。焊接过程会引起焊接接头组织和性能的变化，直接影响焊接接头的质量。熔焊的焊接接头由焊缝区(Weld metal area)、熔合区和热影响区(Heat-affected zone)组成。

(1) 焊缝区。焊缝是由熔池金属结晶形成的焊件结合部分。焊缝金属的结晶是从熔池底壁开始的，由于结晶时各个方向冷却速度不同，因而形成的晶粒是柱状晶，柱状晶粒的生长方向与最大冷却方向相反，垂直于熔池底壁，如图 4-6 所示。由于熔池金属受电弧吹力和保护气体的吹动，熔池壁的柱状晶生长受到干扰，使柱状晶呈倾斜状，晶粒有所细化。熔池结晶过程中，由于冷却速度很快，已凝固的焊缝金属中的化学成分来不及扩散，易造成合金元素分布的不均匀。如硫、磷等有害元素易集中到焊缝中心区，将影响焊

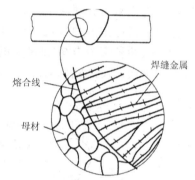

图 4-6　焊缝的柱状晶组织

缝的力学性能。所以焊条芯必须采用优质钢材，其中硫、磷的含量应很低。此外由于焊接材料的渗合金作用，焊缝金属中锰、硅等合金元素的含量可能比基本金属高，所以焊缝金属的力学性能可高于基本金属。

(2) 熔合区。熔合区是焊接接头中焊缝与母材交接的过渡区，这个区域的焊接加热温度在液相线和固相线之间，又称为半熔化区，是焊缝向热影响区过渡的区域。熔合区的化学成分及组织极不均匀，晶粒粗大，强度下降，塑性和冲击韧性很差。尽管熔合区的宽度不足 1 mm，但它对焊接接头性能的影响很大。

(3) 热影响区。在电弧热的作用下，焊缝两侧处于固态的母材发生组织和性能变化的区域，称为焊接热影响区。由于焊缝附近各点受热情况不同，其组织变化也不同，不同类型的母材金属，热影响区各部位也会产生不同的组织变化。图 4-7 中左图为低碳钢焊接时焊接接头的组织变化示意图。按组织变化特征，其热影响区可分为过热区、正火区和部分相变区。

过热区：紧靠熔合区，低碳钢过热区的最高加热温度在 1100℃至固相线之间，母材金

属加热到这个温度时，结晶组织全部转变成为奥氏体，奥氏体急剧长大，冷却后得到过热粗晶组织，因而，过热区的塑性和冲击韧度很低。焊接刚度大的结构和含碳量较高的易淬火钢材时，易在此区产生裂纹。

正火区：紧靠过热区，是焊接热影响区内相当于受到正火热处理的区域。一般情况下，焊接热影响区内正火区的力学性能高于未经热处理的母材金属。

部分相变区：紧靠正火区，是母材金属处于 $A_{c1} \sim A_{c3}$ 之间的区域，加热和冷却时，该区结晶组织中只有珠光体和部分铁素体发生重结晶转变，而另一部分铁素体仍为原来的组织形态。因此，已相变组织和未相变组织在冷却后晶粒大小不均匀，对力学性能有不利影响。

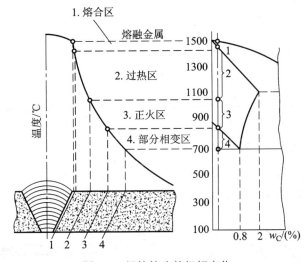

图 4-7 焊接接头的组织变化

3. 改善焊接接头组织和性能的方法

焊接热影响区在焊接过程中是不可避免的。低碳钢焊接时因其塑性很好，热影响区较窄，危害性较小，焊后不进行处理就能保证使用。对于焊后不能进行热处理的金属材料或构件，正确选择焊接方法可减少焊接接头内不利区域的影响，以达到提高焊接接头性能的目的。

4.1.3 焊接应力和变形

焊件在焊接过程中局部受到不均匀的加热和冷却是产生焊接应力的主要原因，应力严重时，会使焊件发生变形或开裂。因此，在设计和制造焊接结构时，必须首先弄清产生焊接应力与变形的原因，掌握其变形规律，找出减少焊接应力和过量变形的有效措施。

1. 产生焊接应力与变形的原因

以平板对接焊为例，在焊接加热时，焊缝和近缝区的金属被加热到很高的温度，离焊缝中心距离越近，温度越高。因焊件各部位加热的温度不同，受热胀冷缩的影响，焊件将产生大小不等的纵向膨胀。假如这种膨胀不受阻碍，这时钢板自由伸长的长度将按图 4-8(a) 中的虚线变化。但平板是一个整体，各部位不可能自由伸长，这时被加热到高温的焊缝金属的自由伸长量必然会受到两侧低温金属的限制，因而产生了压应力(−)，两侧的低温金属则要承受拉应力(+)。当这些应力超过金属的屈服点时，就会发生塑性变形。此时，整个平板存在着相互平衡的压应力和拉应力，平板最终只能伸长 Δl。

同样的道理，在平板随后的冷却过程中，冷却到室温时焊缝区中心部分应该较其他区域缩得更短些，如图 4-8(b)所示的虚线位置。但由于平板各部位的收缩相互牵制，平板只能如实线所示那样整体缩短 $\Delta l'$。此时焊缝区中心部分受拉应力，两侧金属内部受到压应力，并且拉应力与压应力也互相平衡。这些焊接后残留在金属内部的应力称为焊接应力。

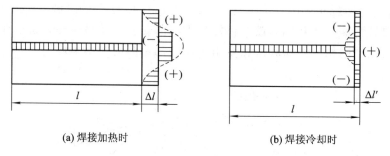

(a) 焊接加热时　　　　　　　　(b) 焊接冷却时

图 4-8　平板对接焊时产生的应力和变形

在焊接生产中，焊接应力是不可避免的，对一些残留应力大的重要焊件要在 550～650℃下进行去应力退火，以消除或减小焊件内部的残留应力。

2. 焊接的变形与防止措施

焊件因结构形状不同、焊缝数量和分布位置不同等因素的影响，变形的形式也不相同，最基本的变形形式有收缩变形、角变形、弯曲变形、扭曲变形和波浪变形等(见图 4-9)。

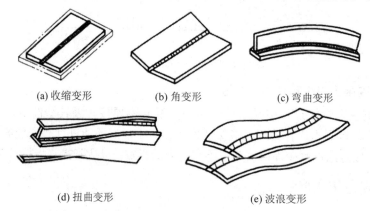

(a) 收缩变形　　　　　(b) 角变形　　　　　(c) 弯曲变形

(d) 扭曲变形　　　　　　　　(e) 波浪变形

图 4-9　焊接变形的基本形式

(1) 收缩变形：焊接后，由于焊缝纵向和横向收缩而引起焊件的纵向和横向尺寸缩短。

(2) 角变形：V 形坡口对接焊时，由于焊缝截面形状上下不对称，焊缝横向收缩沿板厚方向分布不均匀而引起的角度变化。

(3) 弯曲变形：T 形梁焊接后，由于焊缝布置不对称，引起焊件向焊缝多的一侧弯曲。

(4) 扭曲变形：工字梁焊接时，由于焊接顺序不合理，致使焊件产生纵向扭曲变形。

(5) 波浪变形：焊接薄板时，由于焊缝收缩产生较大的压应力，使薄板失稳而造成的变形。

为了减小焊接应力和变形，除合理设计焊接结构外，焊接时还可根据实际情况采取以下相应的工艺措施。

(1) 反变形法：根据经验估计焊接变形的方向和大小，焊前组装时使焊件处于反向变形位置，即可抵消焊后所发生的变形(见图 4-10)。

(a) 焊前反变形　　　　　　　　　　　(b) 焊后

图 4-10　平板焊接的反变形

(2) 刚性固定法：焊前将焊件固定夹紧，限制其变形，焊后会大大减小变形量(见图 4-11)。但刚性固定法会产生较大的焊接残留应力，故只适用于塑性较好的焊接构件。

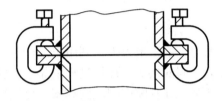

图 4-11　刚性固定防止法兰变形

(3) 合理的焊接顺序：长焊缝焊接可采用"逆向分段焊法"(见图 4-12(a))，即把长焊缝分成若干小段，每段施焊方向与总的焊接方向相反。厚板 X 形坡口对接焊应采取双面交替施焊(见图 4-12(b))。对称截面的工字梁和矩形梁焊接应采取对称交叉焊，如图 4-12(c)所示。

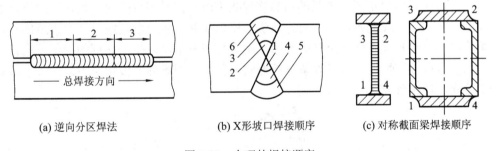

(a) 逆向分区焊法　　　　　(b) X形坡口焊接顺序　　　　(c) 对称截面梁焊接顺序

图 4-12　合理的焊接顺序

3. 焊接变形的矫正

当焊接构件变形超过允许值时要对其进行矫正，矫正变形的原理是利用新变形来抵消原来的焊接变形。常用的焊件矫正方法有机械矫正法和火焰矫正法(见图 4-13)。

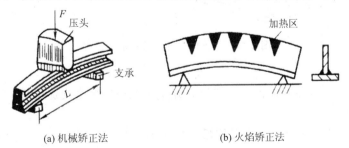

(a) 机械矫正法　　　　　　　　　　(b) 火焰矫正法

图 4-13　矫正焊接变形

(1) 机械矫正法：在机械力的作用下矫正焊接变形，使焊件产生与焊接变形相反的塑性变形(见图 4-13(a))。机械矫正法适用于低碳钢和低合金钢等塑性比较好的金属材料。

(2) 火焰矫正法：利用气焊火焰加热焊件上适当的部位，使焊件在冷却收缩时产生与焊接变形反方向的变形，以矫正焊接变形(见图 4-13(b))。火焰矫正法适用于低碳钢和没有淬硬倾向的低合金钢，加热温度一般在 600～800℃之间。

4.2　常用焊接成形方法

4.2.1　手工电弧焊

手工电弧焊又称焊条电弧焊。手工电弧焊是利用电弧产生的热量来局部熔化被焊工件及填充金属，冷却凝固后形成牢固的接头。焊接过程依靠手工操作完成。手工电弧焊设备简单，操作灵活方便，适应性强，并且配有相应的焊条，可适用于碳钢、不锈钢、铸铁、铜、铝及其合金等材料的焊接。但其生产率低，劳动条件较差，所以随着埋弧自动焊、气体保护焊等先进电弧焊方法的出现，手工电弧焊的应用逐渐有所减少，但在目前焊接生产中仍占很重要的地位。

1. 焊接过程

焊条电弧焊焊缝的形成过程如图 4-14 所示。焊接时，将焊条与焊件接触短路，接着将焊条提起约 3 mm 引燃电弧。电弧的高温将焊条末端与焊件局部熔化，熔化了的焊件和焊条熔滴融合在一起形成金属熔池，同时焊条药皮熔化并发生分解反应，产生大量的气体和液态熔渣，不仅起到隔离周围空气的作用，而且与液态金属发生一系列的冶金反应，保证了焊缝的化学成分及性能。随着焊条不断地向前移动，焊条后面被熔渣覆盖的液态金属逐渐冷却凝固，最终形成焊缝。

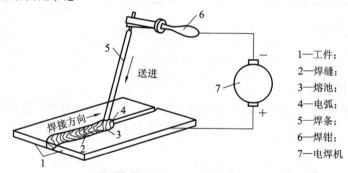

1—工件；
2—焊缝；
3—熔池；
4—电弧；
5—焊条；
6—焊钳；
7—电焊机

图 4-14　手工电弧焊焊缝的形成过程

2. 焊接设备

为焊接电弧提供电能的设备叫电焊机。焊条电弧焊焊机有交流电焊机和直流电焊机两大类。

(1) 交流电焊机。交流电焊机又称弧焊变压器，是一种特殊的降压变压器。交流电焊机有抽头式、动铁式和动圈式三种，图 4-15 所示为 BX 型动铁式交流电焊机外形及原理图。变压器的一次电压为 220 V 或 380 V，二次空载电压为 60～80 V。焊接时，二次电压会自动下降到电弧正常燃烧所需的工作电压 20～35 V，具有这种输出特性的交流电焊机称为具有下降外特性的降压变压器。交流电焊机的输出电流为几十安培到几百安培，使用时，可根据需要粗调焊接电流(改变二次线圈抽头)或细调焊接电流(调节活动铁芯位置)。

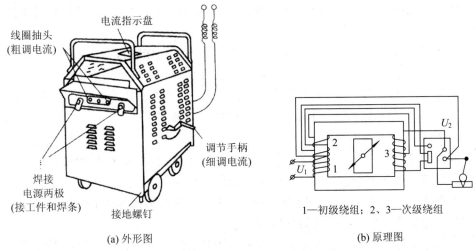

(a) 外形图　　　　　　　　　　　　　　(b) 原理图

1—初级绕组；2、3—次级绕组

图 4-15　BX 型动铁式交流电焊机外形及原理图

交流电焊机具有结构简单、维修方便、体积小、重量轻、噪声小等优点，应用比较广泛。

(2) 直流电焊机。直流电焊机有发电机式、硅整流式、晶闸管式、逆变式等。其中发电机式的结构复杂，噪声大，效率低，已属于被淘汰的产品。硅整流式和晶闸管式弥补了交流弧焊机电弧稳定性较差和弧焊发电机效率低、噪声大等缺点，能自动补偿电网电压波动对输出电压、电流的影响，并可以实现远距离调节焊接电流，目前已成为主要的直流焊接电源。逆变式直流电焊机是把 50 Hz 的交流电经整流后，由逆变器转变为几万赫兹的高频交流电，经降压、整流后输出供焊接用的直流电。图 4-16 所示为逆变式直流电焊机原理图。逆变式直流电焊机体积小、质量轻，整机质量仅为传统电焊机的 1/5～1/10，效率高达90%以上。另外，逆变式直流电焊机容易引弧，电弧燃烧稳定，焊缝成形美观，飞溅少，是一种比较理想的焊接电源。

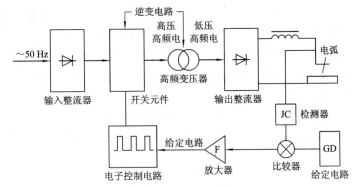

图 4-16　逆变式直流电焊机原理图

3. 焊条

1) 焊条的组成及其作用

焊条由焊芯和涂层(药皮)组成。常用的焊芯直径(即为焊条直径)有：1.6 mm、2.0 mm、

2.5 mm、3.2 mm、4 mm 和 5 mm 等，长度通常在 200~450 mm 之间。

手弧焊时，焊芯的作用一是作为电极，起导电作用，产生电弧提供焊接热源；二是作为填充金属，与熔化的母材共同形成焊缝。因此，可通过焊芯调整焊缝金属的化学成分。焊芯采用焊接专用的金属丝(称焊丝)，碳钢焊条用焊丝 H08A 等做焊芯，不锈钢焊条用不锈钢焊丝做焊芯。

焊条药皮对保证手弧焊的焊缝质量极为重要。药皮的组成物按其作用分为：稳弧剂、造气剂、造渣剂、脱氧剂、合金剂、黏结剂等，在焊接过程中能稳定电弧燃烧，防止熔滴和熔池金属与空气接触，防止高温的焊缝金属被氧化，进行焊接冶金反应，去除有害元素，增添有用元素等，以保证焊缝具有良好的成形和合适的化学成分。

2) 焊条的种类、型号和牌号

焊条的种类按用途分为碳钢焊条、低合金焊条、不锈钢焊条、铸铁焊条、堆焊焊条、镍和镍合金焊条、铜和铜合金焊条、铝和铝合金焊条等。

焊条按熔渣性质分为两大类：熔渣以酸性氧化物为主的焊条称为酸性焊条；熔渣以碱性氧化物和氟化钙为主的焊条称为碱性焊条。

碱性焊条和酸性焊条的性能有很大差别，使用时要注意，不能随便地用酸性焊条代替碱性焊条。碱性焊条与强度级别相同的酸性焊条相比，其焊缝金属的塑性和韧性高，含氢量低，抗裂性强。但碱性焊条的焊接工艺性能(包括稳弧性、脱渣性、飞溅等)较差，对锈、油和水的敏感性大，易出气孔，并且产生的有毒气体和烟尘多。因此，碱性焊条适用于对焊缝塑性、韧性要求高的重要结构。

焊条型号是国家标准中的焊条代号。碳钢焊条型号见 GB/T 5117—2012，如 E4303、E5015 和 E5016 等。"E"表示焊条；前两位数字表示熔敷金属抗拉强度最小值，单位为 kgf/mm^2；第三位数字表示焊条的焊接位置，如"0"及"1"表示焊条适用于全位置焊接；第三和第四位数字组合时表示焊接电流种类及药皮类型，如"03"为钛钙型药皮，交流或直流正、反接；"15"为低氢钠型药皮，直流反接。

焊条牌号是焊条行业统一的焊条代号。焊条牌号一般用一个大写拼音字母和三个数字表示，如 J422、J507 等。拼音字母表示焊条的大类，如"J"表示结构钢焊条，"Z"表示铸铁焊条等；结构钢焊条牌号的前两位数字表示焊缝金属抗拉强度等级，单位为 kgf/mm^2，最后一个数字表示药皮类型和电流种类，如"2"为钛钙型药皮，交流或直流；"7"为低氢钠型药皮，直流反接。其他焊条牌号的表示方法见国家机械工业委员会编写的《焊接材料产品样本》。J422(结 422)符合国标 E4303。J507(结 507)符合国标 E5015。几种常用的结构钢焊条型号与牌号对照见表 4-1。

表 4-1　几种常用的结构钢焊条型号与牌号对照表

型号	牌号	药皮类型	电源种类	主 要 用 途	焊接位置
EA303	J422	钛钙型	交流或直流	焊接低碳钢和同等强度的低合金钢结构	全位置焊接
E5016	J506	低氢钾型	交流或直流反接	焊接较重要的中碳钢和同等强度的低合金钢结构	全位置焊接
E5015	J507	低氢钠型	直流反接	焊接较重要的中碳钢和同等强度的低合金钢结构	全位置焊接

3) 焊条的选用

焊条的选用原则是要求焊缝和母材具有相同水平的使用性能。选用结构钢焊条时,一般是根据母材的抗拉强度,按"等强度"原则选用焊条。例如 16Mn 钢的抗拉强度为 520 MPa,故应选用 J502 或 J507 等。对于焊缝性能要求较高的重要结构或易产生裂纹的钢材和结构(厚度大、刚性大、施焊环境温度低等)焊接时,应选用碱性焊条。选用不锈钢焊条和耐热钢焊条时,应根据母材化学成分类型选择相同成分类型的焊条。

4. 手弧焊工艺

1) 接头和坡口形式

由于焊件的结构形状、厚度及使用条件不同,其接头和坡口形式也不同。常用的接头形式有对接、角接、T 形接、搭接等。当焊件厚度在 6 mm 以下时,对接接头可不开坡口;当焊件较厚时,为保证焊缝根部焊透,则要开坡口。焊接接头和坡口的基本形式如表 4-2 所示。

表 4-2 熔焊焊接接头形式与坡口形式

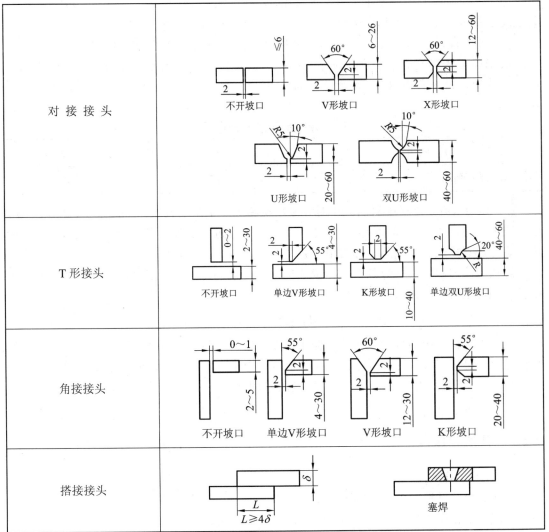

2) 焊缝的空间位置

焊缝所处的空间位置可分为平焊、立焊、横焊和仰焊，如图 4-17 所示。

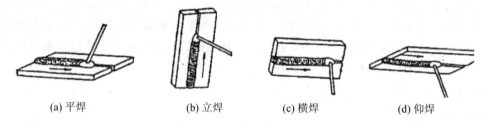

| (a) 平焊 | (b) 立焊 | (c) 横焊 | (d) 仰焊 |

图 4-17　焊接位置的分类

不同位置的焊缝施焊难易不同。平焊时，最有利于金属熔滴进入熔池，熔渣和金属液不易流焊时，则应适当减小焊条直径和焊接电流并采用短弧焊等措施以保证焊接质量。

3) 焊接工艺参数

手弧焊的焊接工艺参数通常为焊条直径、焊接电流、焊缝层数、电弧电压和焊接速度，其中最主要的是焊条直径和焊接电流。

(1) 焊条直径。为了提高生产率，应尽量选用直径较大的焊条。但焊条直径过大，易造成未焊透或焊缝成形不良等缺陷，因此应合理选择焊条直径。焊条直径一般根据工件厚度选择，可参考表 4-3。对于多层焊的第一层及非平焊位置焊接应采用较小的焊条直径。

表 4-3　焊条直径的选择

焊件厚度/mm	≤4	4～12	＞12
焊条直径/mm	不超过工件厚度	3.2～4	≥4

(2) 焊接电流。焊接电流的大小对焊接质量和生产率影响较大。电流过小，电弧不稳，会造成未焊透、夹渣等焊接缺陷，且生产率低。电流过大易使焊条涂层发红失效并产生咬边、烧穿等焊接缺陷。因此，焊接电流要适当。

焊接电流一般可根据焊条直径初步选择。焊接碳钢和低合金钢时，焊接电流 I(A)与焊条直径 d(mm)的经验关系式为

$$I = (35\sim55)d$$

依据上式计算出的焊接电流值，在实际使用时，还应根据具体情况灵活调整。如焊接平焊缝时，可选用较大的焊接电流。在其他位置焊接时，焊接电流应比平焊时适当减小。

总之焊接电流的选择，应在保证焊接质量的前提下尽量采用较大的电流，以提高生产率。

4.2.2　其他焊接方法

1. 埋弧自动焊

埋弧焊焊接过程如图 4-18 所示。它是电弧在焊剂层下燃烧进行焊接的方法，把手工电弧焊的填充金属送进和电弧移动两个动作都采用机械来完成。

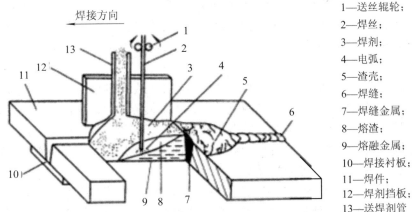

1—送丝辊轮；
2—焊丝；
3—焊剂；
4—电弧；
5—渣壳；
6—焊缝；
7—焊缝金属；
8—熔渣；
9—熔融金属；
10—焊接衬板；
11—焊件；
12—焊剂挡板；
13—送焊剂管

图 4-18　埋弧焊接过程

　　焊接时，在被焊工件上先覆盖一层 30～50 mm 厚的由漏斗中落下的颗粒状焊剂，在焊剂层下，电弧在焊丝端部与焊件之间燃烧，使焊丝、焊件及焊剂熔化，形成熔池，如图 4-19 所示。由于焊接小车沿着焊件的待焊缝等速地向前移动，带动电弧匀速移动，熔池金属被电弧气体排挤向后堆积。覆盖于其上的焊剂，一部分熔化后形成熔渣。电弧和熔池则受熔渣和焊剂蒸汽所包围，因此有害气体不能侵入熔池和焊缝。随着电弧的移动，焊丝与焊剂不断地向焊接区送进，直至完成整个焊缝。

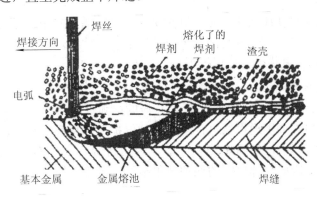

图 4-19　埋弧焊时焊缝的纵截面图

　　埋弧焊时焊丝与焊剂直接参与焊接过程中的冶金反应，因而它们的化学成分和物理特性都会影响焊接的工艺过程，并通过焊接过程对焊缝金属的化学成分、组织和性能产生影响。焊前应正确选用焊丝，并使之与焊剂相匹配。

　　埋弧自动焊的设备主要由三部分组成：

　　(1) 焊接电源：多采用功率较大的交流或直流电源。

　　(2) 控制箱：主要用来保证焊接过程稳定进行，可以调节电流、电压和送丝速度，并能完成引弧和熄弧的动作。

　　(3) 焊接小车：主要作用是等速移动电弧和自动送进焊丝与焊剂。

　　埋弧自动焊与手弧焊相比，有如下优点：

　　(1) 生产率高。由于焊丝上没有涂料且导电嘴距离电弧较近，因而允许焊接电流可达 1000 A，所以厚度在 20 mm 以下的焊件可以不开坡口一次熔透；焊丝盘上可以挂带 5 kg 以上焊丝，焊接时焊丝可以不间断地连续送进，这就省去许多在手弧焊时因开坡口、更换焊条而花费的时间和浪费掉的金属。因此，埋弧自动焊的生产率比手工电弧焊可提高 5～10 倍。

(2) 焊接质量好而且稳定。由于埋弧自动焊电弧是在焊剂层下燃烧，焊接区得到较好的保护，施焊后焊缝仍处在焊剂层和渣壳的保护下缓慢冷却，因此冶金反应比较充分，焊缝中的气体和杂质易于析出，减少了焊缝中产生气孔、裂纹等缺陷的可能性。另外，埋弧自动焊的焊接参数在焊接过程中可自动调节，因而电弧燃烧稳定，与手弧焊相比焊接质量对焊工技艺水平的依赖程度可大大降低。

(3) 劳动条件好。埋弧自动焊无弧光，少烟尘，焊接操作机械化，改善了劳动条件。

埋弧自动焊的不足之处是：由于采用颗粒状焊剂，一般只适用于平焊位置。对其他位置的焊接需采用特殊措施，以保证焊剂能覆盖焊接区；埋弧自动焊因不能直接观察电弧和坡口的位置，易焊偏，因此对工件接头的加工和装配要求严格；它不适用于焊接厚度小于 1 mm 的薄板和焊缝数量多而短的焊件。

由于埋弧自动焊有上述特点，因而适用于焊接中厚板结构的长直焊缝和较大直径的环形焊缝，当工件厚度增大和批量生产时，其优点显著。它在造船、桥梁、锅炉与压力容器、重型机械等部门有着广泛的应用。

2. 气体保护焊

气体保护焊是利用外加气体作为保护介质的一种电弧焊方法。焊接时可用作保护气体的有：氩气、氦气、氮气、二氧化碳气体及某些混合气体等。这里主要介绍常用的氩气保护焊(简称氩弧焊)和二氧化碳气体保护焊。

1) 氩弧焊

氩弧焊是以惰性气体氩气(Ar)作为保护介质的电弧焊方法。氩弧焊时，电弧发生在电极和工件之间，在电弧周围通以氩气，形成气体保护层隔绝空气，防止其对电极、熔池及邻近热影响区的有害影响，如图 4-20 所示。在焊接高温下，氩气不与金属发生化学反应，也不溶于液态金属，因此对焊接区的保护效果很好，可用于焊接化学性质活泼的金属并能获得高质量的焊缝。

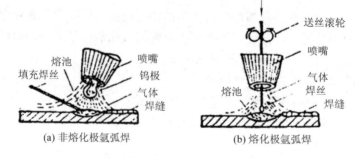

图 4-20 氩弧焊示意图

氩弧焊按电极不同分为非熔化极氩弧焊和熔化极氩弧焊。

非熔化极氩弧焊采用熔点很高的钨棒作电极，所以又称钨极氩弧焊。焊接时电极只起发射电子、产生电弧的作用，本身不熔化，不起填充金属的作用，因而一般要另加焊丝。焊接过程可采用手工或自动方式进行。焊接低合金钢、不锈钢和紫铜时，为减少电极损耗，应采用直流正接，同时焊接电流不能过大，所以钨极氩弧焊通常适用于焊接 3 mm 以下的薄板或超薄材料。若用于焊接铝、镁及合金时，一般采用交流电源，这既有利于保证焊接质量，又可延长钨极使用寿命。

熔化极氩弧焊以连续送进的金属焊丝作电极和填充金属，通常采用直流反接。因为可用较大的焊接电流，所以适于焊接厚度在 3～25 mm 的焊件。焊接过程可采用自动或半自动方式。自动熔化极氩弧焊在操作上与埋弧自动焊类似，所不同的是它不用焊剂。焊接过程中氩气只起保护作用，不参与冶金反应。

氩弧焊的主要优点是：氩气保护效果好，焊接质量优良，焊缝成形美观，气体保护无熔渣，明弧可见，可进行全位置焊接。氩弧焊可用于几乎所有金属和合金的焊接，但由于氩气较贵，焊接成本高，通常多用于焊接易氧化的、化学活泼性强的有色金属(如铝、镁、钛、铜)以及不锈钢、耐热钢等。

2) CO_2 气体保护焊

CO_2 气体保护焊是以 CO_2 作为保护介质的电弧焊方法。它是以焊丝作电极和填充金属，有半自动和自动两种方式，如图 4-21 所示。

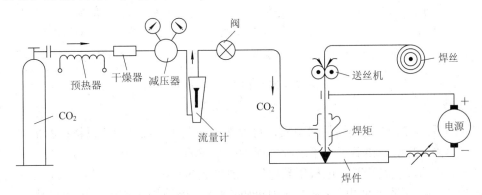

图 4-21 CO_2 气体保护焊示意图

CO_2 是氧化性气体，在高温下具有较强烈的氧化性。其保护作用主要是使焊接区与空气隔离，防止空气中的氮气对熔化金属的有害作用。在焊接过程中，由于 CO_2 气体会使焊缝金属氧化，并使合金元素烧损，从而使焊缝机械性能降低，同时氧化作用导致产生气孔和飞溅等。因此需在焊丝中加入适量的脱氧元素，如硅、锰等。常用的焊丝牌号是H08Mn2SiA。

目前常用的 CO_2 气体保护焊分为两类：

(1) 细丝 CO_2 气体保护焊。焊丝直径为 0.5～1.2 mm，主要用于 0.8～4 mm 的薄板焊接。

(2) 粗丝 CO_2 气体保护焊。焊丝直径为 1.6～5 mm，主要用于 3～25 mm 的中厚板焊接。

CO_2 气体保护焊的主要优点是：CO_2 气体便宜，因此焊接成本低；CO_2 保护焊电流密度大，焊速快，焊后不需清渣，生产率比手弧焊提高 1～3 倍。采用气体保护，明弧操作，可进行全位置焊接；采用含锰焊丝，焊缝裂纹倾向小。

CO_2 气体保护焊的不足之处是：飞溅较大，焊缝表面成形较差；弧光强烈，烟雾较大；

不宜焊接易氧化的有色金属。

CO_2 气体保护焊主要用于焊接低碳钢和低合金钢。在汽车、机车车辆、机械、造船、石油化工等行业中得到广泛的应用。

3. 电阻焊

电阻焊是利用电流通过焊件及接触处产生的电阻热作为热源，将焊件局部加热到塑性或熔化状态，然后在压力下形成接头的焊接方法。

电阻焊与其他焊接方法相比较，具有生产率高，焊接应力变形小，不需要另加焊接材料，操作简便，劳动条件好，并易于实现机械化等优点；但设备功率大，耗电量高，适用的接头形式与可焊工件厚度(或断面)受到限制。

电阻焊的方法主要有点焊、缝焊、对焊，如图 4-22 所示。

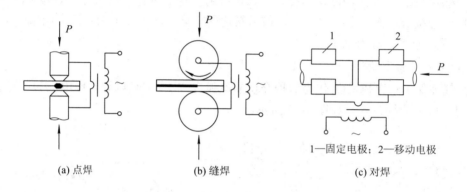

(a) 点焊　　　　　　(b) 缝焊　　　　　　(c) 对焊

图 4-22　电阻焊示意图

1) 点焊

点焊(见图 4-22(a))是利用柱状电极，将焊件压紧在两电极之间，以搭接的形式在个别点上进行焊接。焊缝是由若干个不连续的焊点所组成的。

每个焊点的焊接过程是：电极压紧焊件—通电加热—断电(维持原压力或增压)—去压。通电过程中，被压紧的两电极(通水冷却)间的贴合面处金属局部熔化形成熔核，其周围的金属处于塑性状态。断电后熔核在电极压力作用下冷却、结晶，去掉压力后即可获得组织致密的焊点，如图 4-23(a)所示。如果焊点的冷却收缩较大，如铝合金焊点，则断电后应增大电极压力，以保证焊点结晶密实。焊完一点后移动焊件(或电极)，依次焊接其他各点。

点焊是一种高速、经济的焊接方法，主要用于焊接薄板冲压壳体结构及钢筋等。焊件的厚度一般小于 4 mm，被焊钢筋直径小于 25 mm。点焊可焊接低碳钢、不锈钢、铜合金及铝镁合金等材料，在飞机、汽车、火车车厢、钢筋构件、仪器、仪表等制造中得到广泛应用。

2) 缝焊

缝焊(见图 4-22(b))过程与点焊相似，只是用旋转的盘状滚动电极代替了柱状电极，焊接时，滚盘电极压紧焊件并转动，配合断续通电，形成连续焊点互相接叠的密封性良好的焊缝，如图 4-23(b)所示。

缝焊主要用于制造密封的薄壁结构件(如油箱、水箱、化工器皿)和管道等，一般只适用于 3 mm 以下薄板的焊接。

图 4-23 点焊、缝焊接头比较

3) 对焊

对焊(见图 4-22(c))是利用电阻热使两个工件以对接的形式在整个端面上焊接起来的电阻焊方法。根据工艺过程的不同,对焊又可分为电阻对焊和闪光对焊。

(1) 电阻对焊。焊接时先将两焊件端面接触压紧,再通电加热,由于焊件的接触面电阻大,大部分热量就集中在接触面附近,因而迅速将焊接区加热到塑性状态。断电同时加压顶锻,在压力作用下使两焊件的接触面产生一定量的塑性变形而焊接在一起。

电阻对焊的接头外形光滑无毛刺(见图 4-24(a)),但焊前对端面的清理要求高,且接头强度较低。因此,电阻对焊一般仅用于截面简单、强度要求不高的杆件。

(2) 闪光对焊。焊接时先将两焊件装夹好,不接触,再加电压,逐渐移动被焊工件使之轻微接触。由于接触面上只有某些点真正接触,当强大的电流通过这些点时,其电流密度很大,接触点金属被迅速熔化、蒸发,再加上电磁作用,液体金属即发生爆破,并以火花状射出,形成闪光现象。经多次闪光加热后,端面均匀且达到半熔化状态,同时多次闪光把端面的氧化物也清除干净了,这时断电加压顶锻,形成焊接接头。

闪光对焊的接头机械性能较高,焊前对端面加工要求较低,常用于焊接重要零件。闪光对焊接头外表有毛刺(见图 4-24(b)),需焊后清理。闪光对焊可焊相同的金属材料,也可以焊异种金属材料,如钢与铜、铝与铜等。闪光对焊可焊直径为 0.01 mm 的金属,也可焊截面积为 0.1 m^2 的钢坯。

对焊主要用于钢筋、导线、车圈、钢轨以及管道等的焊接生产。

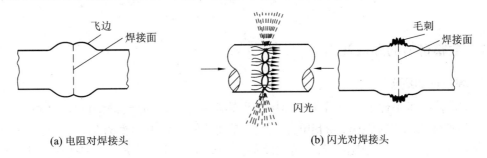

(a) 电阻对焊接头   (b) 闪光对焊接头

图 4-24 对焊接头的形状

4. 钎焊

钎焊是采用比母材熔点低的金属作钎料,将焊件加热到钎料熔化,利用液态钎料润湿母材填充接头间隙并与母材相互溶解和扩散实现连接的焊接方法。

钎焊时先将工件的待连接处清理干净,以搭接形式装配在一起,把钎料放在装配间隙附近或装配间隙处,并要加钎剂(钎剂的作用是去除氧化膜和油污等杂质,保护焊件接触面和钎料不受氧化,并增加钎料润湿性和毛细流动性)。当工件与钎料被加热到稍高于钎料的熔化温度后(工件未熔化),液态钎料充满固体工件间隙内,焊件与钎料间相互扩散,凝固后即形成接头。

钎焊多用搭接接头，钎焊的质量在很大程度上取决于钎料。钎料应具有合适的熔点与良好的润湿性，能与母材牢固结合，得到具有一定机械性能与物理化学性能的接头。钎料按钎料熔点分为两大类：软钎焊和硬钎焊。

(1) 软钎焊。软钎焊是指钎料的熔点低于 450℃ 的钎焊。常用的钎料是锡铅钎料。常用的钎剂有松香、氯化锌溶液等。软钎焊接头强度低(一般小于 70 MPa)，工作温度低，主要用于电子线路的焊接。

(2) 硬钎焊。硬钎焊是指钎料的熔点高于 450℃ 的钎焊。常用的钎料有铜基钎料、银基钎料等。常用的钎剂有硼砂、硼酸、氯化物、氟化物等。硬钎焊接头强度较高(可达 500 MPa)，工作温度较高，主要用于机械零部件和刀具的钎焊。

钎焊与熔化焊相比有如下优点：

(1) 焊接质量好。因加热温度低，焊件的组织性能变化很小，焊件的应力变形小，精度高，焊缝外形平整美观。它适宜焊接小型、精密装配件及电子仪表等工件。

(2) 生产率高。钎焊可以焊接一些其他焊接方法难以焊接的特殊结构(如蜂窝结构等)。它可以采用整体加热，一次焊成整个结构的全部(几十条或成百条)焊缝。

(3) 用途广。钎焊不仅可以焊接同种金属，还可以焊接异种材料，甚至金属与非金属之间也可焊接(如原子反应堆中金属与石墨的钎焊)。

钎焊也有本身的缺点，如接头强度比较低，耐热能力较差，装配要求较高等。但由于它有独特的优点，因而在机械、电子、无线电、仪表、航空、原子能、空间技术及化工、食品等领域都有应用。

4.3　金属材料的焊接

4.3.1　金属材料的焊接性

1. 焊接性的概念

一定焊接技术条件下，获得优质焊接接头的难易程度，即金属材料对焊接加工的适应性称为金属材料的焊接性(weldability)。衡量焊接性的主要指标有两个：一是在一定的焊接技术条件下接头产生缺陷，尤其是裂纹的倾向或敏感性；二是焊接接头在使用中的可靠性。

金属材料的焊接性与母材的化学成分、厚度、焊接方法及其他技术条件密切相关。同一种金属材料采用不同的焊接方法、焊接材料、技术参数及焊接结构形式，其焊接性都有较大差别。如铝及铝合金采用焊条电弧焊时，难以获得优质焊接接头，但如果采用氩弧焊则接头质量好，此时焊接性好。

金属材料的焊接性是生产中设计、施工准备及正确拟定焊接过程技术参数的重要依据。因此，当采用金属材料尤其是新的金属材料制造焊接结构时，了解和评价金属材料的焊接性是非常重要的。

2. 焊接性的评价

影响金属材料焊接性的因素很多，焊接性的评价一般是通过估算或试验方法确定的。通常采用碳当量法和冷裂纹敏感系数法。

(1) 碳当量法。实际焊接结构所用的金属材料大多数是钢材，而影响钢材焊接性的主要因素是化学成分。因此碳当量是评价钢材焊接性最简便的方法。

碳当量是把钢中的合金元素(包括碳)的含量，按其作用换算成碳的相对含量。国际焊接学会推荐的碳当量(w_{CE})公式为

$$w_{CE} = \left[w_C + \frac{w_{Mn}}{6} + \frac{w_{Cr} + w_{Mo} + w_V}{5} + \frac{w_{Ni} + w_{Cu}}{15} \right] \times 100\%$$

式中：w_C、w_{Mn} 等——碳、锰等相应成分的质量分数(%)。

一般碳当量越大，钢材的焊接性越差。硫、磷对钢材的焊接性影响也极大，但在各种合金钢材中，硫、磷一般都受到严格控制。因此，在计算碳当量时可以忽略。当 $w_{CE} < 0.4\%$ 时，钢材的塑性良好，淬硬倾向不明显，焊接性良好。在一般的焊接技术条件下，焊接接头不会产生裂纹，但对厚大件或在低温下焊接，应考虑预热；当 w_{CE} 在 $0.4\% \sim 0.6\%$ 时，钢材的塑性下降，淬硬倾向逐渐增加，焊接性较差。焊前工件需适当预热，焊后注意缓冷，才能防止裂纹；当 $w_{CE} > 0.6\%$ 时，钢材的塑性变差，淬硬倾向和冷裂倾向大，焊接性更差。工件必须预热到较高的温度，要采取减少焊接应力和防止开裂的技术措施，焊后还要进行适当的热处理。

(2) 冷裂纹敏感系数法。由于碳当量法仅考虑了钢材的化学成分，忽略了焊件板厚、焊缝含氢量等其他影响焊接性的因素，因此无法直接判断冷裂纹产生的可能性大小。由此提出了冷裂纹敏感系数的概念，其计算公式为

$$P_W = \left[w_C + \frac{w_{Si}}{30} + \frac{w_{Cr} + w_{Mn} + w_{Cu}}{20} + \frac{w_{Ni}}{60} + \frac{w_{Mo}}{15} + \frac{w_V}{10} + 5w_B + \frac{[H]}{60} + \frac{h}{600} \right] \times 100\%$$

式中：P_W——冷裂纹敏感系数；

h——板厚(mm)；

$[H]$——100 g 焊缝金属扩散氢的含量(mL)。

冷裂纹敏感系数越大，则产生冷裂纹的可能性越大，焊接性越差。

4.3.2 常用金属材料的焊接

1. 低碳钢的焊接

低碳钢的 w_{CE} 小于 0.4%，塑性好，一般没有淬硬倾向，对焊接热过程不敏感，焊接性良好。通常情况下，焊接不需要采取特殊技术措施，使用各种焊接方法都易获得优质焊接接头。但是，在低温下焊接刚度较大的低碳钢结构时，应考虑采取焊前预热，以防止裂纹的产生。厚度大于 50 mm 的低碳钢结构或压力容器等重要构件，焊后要进行去应力退火处理。电渣焊的焊件，焊后要进行正火处理。

2．中、高碳钢的焊接

中碳钢的 w_{CE} 一般为 0.4%～0.6%，随着 w_{CE} 的增加，焊接性能逐渐变差。高碳钢的 w_{CE} 一般大于 0.6%，焊接性能更差，这类钢的焊接一般只用于修补工作。焊接中、高碳钢存在的主要问题是：焊缝易形成气孔；焊缝及焊接热影响区易产生淬硬组织和裂纹。为了保证中、高碳钢焊件焊后不产生裂纹，并具有良好的力学性能，通常采取以下技术措施：

(1) 焊前预热，焊后缓冷。其主要目的是减小焊接前后的温差，降低冷却速度，减少焊接应力，从而防止焊接裂纹的产生。预热温度取决于焊件的含碳量、焊件的厚度、焊条类型和焊接规范。焊条电弧焊时，一般预热温度在 150～250℃ 之间，碳当量高时，可适当提高预热温度，加热范围在焊缝两侧 150～200 mm 为宜。

(2) 尽量选用抗裂性好的碱性低氢焊条，也可选用比母材强度等级低一些的焊条，以提高焊缝的塑性。当不能预热时，也可采用塑性好、抗裂性好的不锈钢焊条。

(3) 选择合适的焊接方法和规范，降低焊件冷却速度。

3．普通低合金钢的焊接

普通低合金钢在焊接生产中应用较为广泛，按屈服强度分为六个强度等级。

屈服强度 294～392 MPa 的普通低合金钢，其 w_{CE} 大多小于 0.4%，焊接性能接近低碳钢。焊缝及热影响区的淬硬倾向比低碳钢稍大。常温下焊接，不用复杂的技术措施，便可获得优质的焊接接头。当施焊环境温度较低或焊件厚度、刚度较大时，则应采取预热措施，预热温度应根据工件厚度和环境温度进行考虑。焊接 16Mn 钢的预热条件如表 4-4 所示。

表 4-4　焊接 16Mn 钢的预热条件

工件厚度/mm	不同气温的预热温度	
<16	不低于 −10℃ 不预热	−10℃ 以下预热 100～150℃
16～24	不低于 −5℃ 不预热	−5℃ 以下预热 100～150℃
25～40	不低于 0℃ 不预热	0℃ 以下预热 100～150℃
>40	预热 100～150℃	

强度等级较高的低合金钢，其 $w_{CE}=0.4\%～0.6\%$，有一定的淬硬倾向，焊接性较差。对此应采取的技术措施是：尽可能选用低氢型焊条或使用碱度高的焊剂配合适当的焊丝；按规范对焊条进行烘干，仔细清理焊件坡口附近的油、锈、污物，防止氢进入焊接区；焊前预热，一般预热温度超过 150℃；焊后应及时进行热处理以消除内应力。

4．奥氏体不锈钢的焊接

奥氏体不锈钢是实际应用最广泛的不锈钢，其焊接性能良好，几乎所有的熔焊方法都可采用。焊接时，一般不需要采取特殊措施，主要应防止晶界腐蚀和热裂纹。

为避免晶界腐蚀，不锈钢焊接时，应该采取的技术措施是：选择超低碳焊条，减少焊缝金属的含碳量，减少和避免形成铬的碳化物，从而降低晶界腐蚀倾向；采取合理的焊接过程和规范，焊接时用小电流、快速焊、强制冷却等措施防止晶界腐蚀的产生。可采用两种方式进行焊后热处理:一种是固溶化处理,将焊件加热到 1050～1150℃,使碳重新溶入奥氏体中,然后淬火,快速冷却将形成稳定奥氏体组织;第二种是进行稳定化处理,将焊件加热到 850～950℃保温 2～4 h,使奥氏体晶粒内部的铬逐步扩散到晶界。

奥氏体不锈钢由于本身导热系数小,线膨胀系数大,焊接条件下会形成较大的拉应力,同时晶界处可能形成低熔点共晶,导致焊接时容易出现热裂纹。因此,为了防止焊接接头出现热裂纹,一般应采用小电流、快速焊、不横向摆动等措施,以减少母材向熔池的过渡。

5．铸铁件的焊接

铸铁含碳量高,组织不均匀,焊接性能差,所以应避免考虑铸铁材质的焊接件。但铸铁件生产中出现的铸造缺陷及铸件在使用过程中发生的局部损坏和断裂,如能焊补,其经济效益也是显著的。铸铁焊补的主要困难是:焊接接头易产生白口组织,硬度很高,焊后很难进行机械加工;焊接接头易产生裂纹,铸铁焊补时,其危害性比形成白口组织大;铸铁含碳量高,焊接过程中熔池中碳和氧发生反应,生成大量 CO 气体,若来不及从熔池中逸出而存留在焊缝中,则焊缝中易出现气孔。因此在焊补时,必须采取措施加以防止。

铸铁的焊补,一般采用气焊、焊条电弧焊,对焊接接头强度要求不高时,也可采用钎焊。铸铁的焊补过程根据焊前是否预热,可分为热焊和冷焊两类。

6．有色金属及其合金的焊接

1) 铝及铝合金的焊接

工业纯铝和非热处理强化的变形铝合金的焊接性较好,而可热处理强化变形铝合金和铸造铝合金的焊接性较差。

铝及铝合金焊接的困难主要是铝容易氧化成 Al_2O_3。由于 Al_2O_3 氧化膜的熔点高 (2050℃)而且密度大,在焊接过程中,会阻碍金属之间的熔合而形成夹渣。此外,铝及铝合金液态时能吸收大量的氢气,但在固态几乎不溶解氢,熔入液态铝中的氢大量析出,使焊缝易产生气孔;铝的热导率为钢的 4 倍,焊接时,热量散失快,需要能量大或密集的热源,同时铝的线膨胀系数为钢的 2 倍,凝固时收缩率达 6.5%,易产生焊接应力与变形,并可能产生裂纹;铝及铝合金从固态转变为液态时,无塑性过程及颜色的变化,因此,焊接操作时,很容易造成温度过高、焊缝塌陷、烧穿等缺陷。

铝和铝合金的焊接常用氩弧焊、气焊、电阻焊和钎焊等方法。其中氩弧焊应用最广,气焊仅用于焊接厚度不大的一般构件。

氩弧焊电弧集中,操作容易,氩气保护效果好,且有阴极破碎作用,能自动除去氧化膜,所以焊接质量高,成形美观,焊件变形小。氩弧焊常用于焊接质量要求较高的构件。

电阻焊时,应采用大电流,短时间通电,焊前必须彻底清除焊件焊接部位和焊丝表面的氧化膜与油污。

气焊时,一般采用中性火焰。焊接时,必须使用溶剂溶解或消除覆盖在熔池表面的氧化膜,并在熔池表面形成一层较薄的熔渣,保护熔池金属不被氧化,排除熔池中的气体、氧化物和其他杂质。

铝及铝合金的焊接无论采用哪种焊接方法,焊前都必须进行氧化膜和油污的清理。清理质量的好坏将直接影响焊缝质量。

2) 铜及铜合金的焊接

铜及铜合金焊接性较差，焊接接头的各种性能一般均低于母材。

铜及铜合金焊接的主要困难是：铜及铜合金的导热性很好，焊接时热量很快从加热区传导出去，导致焊件温度难以升高，金属难以熔化，以致填充金属与母材不能很好地熔合；铜及铜合金的线膨胀系数及收缩率都较大，并且由于导热性好，而使焊接热影响区变宽，导致焊件易产生变形；另外，铜及铜合金在高温液态下极易氧化，生成的氧化铜与铜的易熔共晶体沿晶界分布，使焊缝的塑性和韧度显著下降，易引起热裂纹；铜在液态时能溶解大量氢，而凝固时，溶解度急剧下降，焊接熔池中的氢气来不及析出，在焊缝中形成气孔。同时，以溶解状态残留在固态金属中的氢与氧化亚铜发生反应，析出水蒸气，而水蒸气不溶于铜，但以很高的压力状态分布在显微空隙中导致裂缝，产生所谓的氢脆现象。

导热性强、易氧化、易吸氢是焊接铜及铜合金时应解决的主要问题。目前焊接铜及铜合金较理想的方法是氩弧焊。对质量要求不高时，也常采用气焊、焊条电弧焊和钎焊等。

采用各种方法焊接铜及铜合金时，焊前都要仔细清除焊丝、焊件坡口及附近表面的油污、氧化物等杂质。气焊、钎焊或电弧焊时，焊前应对焊剂、钎剂或焊条药皮作烘干处理。焊后应彻底清洗残留在焊件上的溶剂和熔渣，以免引起焊接接头的腐蚀破坏。

4.4　焊接工艺及结构设计

1. 焊接接头与坡口形式

焊接接头的基本形式有对接、T形接、角接、搭接等，坡口的形式有I形坡口、V形坡口、U形坡口和X形坡口。坡口的形式取决于焊件的厚度，目的是当焊件较厚时，应能保证焊缝根部被焊透。表4-2所示为常用熔焊焊接接头形式与坡口形式及其基本尺寸。

当两块厚度差别较大的板材进行焊接时，因接头两边受热不均容易产生焊不透等缺陷，而且还会产生较大的应力集中。这时应在较厚的板料上加工出如图4-25所示的单面或双面斜边的过渡形式。

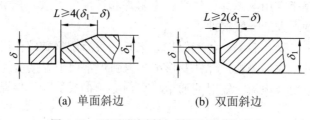

(a) 单面斜边　　　　(b) 双面斜边

图4-25　不同厚度板材对接时的过渡形式

2. 焊缝的布置

焊接构件的焊缝布置是否合理，对焊接质量和生产效率都有很大的影响。对具体焊接结构件进行焊缝布置时，应便于焊接操作，有利于减小焊接变形，提高结构强度。表4-5所示为常见焊接结构工艺设计的一般原则。

表 4-5　焊接结构工艺设计的一般原则

设计原则	不良设计	改进设计
焊条电弧焊时要考虑操作空间		
焊缝应尽量避开最大应力和应力集中处		
焊缝位置应有利于减小焊接应力与变形： ① 避免焊缝过分密集交叉和端部锐角； ② 减少焊缝数量； ③ 焊缝应尽量对称分布		
焊缝应避开加工表面		
焊缝拐弯处应平缓过渡		

4.5　焊接缺陷与焊接质量检验

　　在焊接结构生产中，常因种种原因使焊接接头产生各种缺陷。焊接缺陷主要是减少了焊缝有效的承载面积，焊件在使用过程中易造成应力集中，引起裂纹而导致焊接结构破坏，影响焊接结构的安全使用。对于一些重要的焊接构件，如压力容器、船舶、电站设备、化工设备等，对焊缝中存在的缺陷有严格的要求，只有经过严格的焊接质量检验合格的产品才能允许出厂。

1．焊接缺陷及预防措施

　　在焊接过程中，若想获得无缺陷的焊接接头，在技术上是相当困难的。对于不同使用场合的焊接构件，为了满足焊接构件的使用要求，对焊缝中存在的缺陷种类、大小、数量、形态、分布等都有严格的要求。在允许范围内的焊接缺陷，一般都不会对焊接构件的使用造成危害；但若存在超出允许范围的焊接缺陷，则必须要将缺陷消除，然后再进行焊补修复。

常见的熔焊焊接缺陷有焊缝外形尺寸不符合要求、咬边、气孔、夹渣、未焊透和裂纹等，其中以未焊透和裂纹的危害性最大。表 4-6 是熔焊常见的几种焊接缺陷特征、产生原因及其预防措施。

表 4-6　常见焊接缺陷特征、产生原因及其预防措施

缺陷名称	特　征	产生原因	预防措施
咬边	母材与焊缝交界处有小的沟槽	电流过大，焊条角度不对，运条方法不正确，电弧过长	选择合适的焊接电流和焊速，合适的焊条角度和弧长
气孔	焊缝的表面或内部存在气泡	焊件清理不干净，焊条潮湿，电弧过长，焊速过快	清理焊缝附近的工件表面，选择合理的焊接规范，碱性焊条用前要烘干
夹渣	焊后残留在焊缝中的熔渣	焊件清理不干净，电流过小，焊缝冷却速度过快，多层焊时各层熔渣未清除干净	合理选择焊接规范，正确的操作工艺，清理好焊道两侧及焊层间的熔渣
未焊透	焊接时接头根部未完全熔透	坡口间隙太小，电流过小，焊条未对准焊缝中心	选择合适的焊接规范，正确的坡口形式、尺寸和间隙，正确的操作工艺
裂纹	焊缝或焊接热影响区的表面或内部存在裂纹	被焊金属含碳、硫、磷高，焊接结构设计不合理，焊缝冷速过快，焊接应力过大	选择合理的焊接规范，适合的焊接材料及合适的焊序，必要时焊件要预热

2. 焊接质量检验

焊接质量检验是焊接结构生产过程中必不可少的组成部分，焊接产品只有在经过检验并证明已达到设计要求的质量标准后，才能以成品形式出厂。

焊接质量检验方法可分为外观检验、无损检验、致密性检验、破坏性检验等。

(1) 外观检验。外观检验一般通过肉眼，借助标准样板、量规和低倍放大镜等工具观察焊件的表面，主要是发现焊缝表面的缺陷和焊缝尺寸上的偏差，如咬边、表面气孔、焊缝加强高的高度等。

焊缝外观检验方法简便，是焊接质量检验最基本的方法之一。

(2) 无损检验。无损检验也称为无损探伤，是对焊缝内部的质量进行检验。几种常用的焊缝内部质量的检验方法及特点见表 4-7。这些检验方法的质量评定标准都可按相应的国家标准执行。

表 4-7　几种常用的焊接无损检验方法比较

检验方法	能探出的缺陷	可检验的厚度	灵敏度	其他特点	质量判断
着色检验	表面及近表面有开口的缺陷，如微细裂纹、气孔、夹渣、夹层等	表面	与渗透剂性能有关，可验出 $0.005 \sim 0.01$ mm 的微裂缝，灵敏度高	表面打磨到 Ra 12.5 μm，环境温度在 15℃以上，可用于非磁性材料，适合各种位置单面检验	可根据显示剂上的红色条纹，形象地看出缺陷位置和大小
磁粉检验	表面及近表面的缺陷，如微细裂缝、未焊透、气孔等	表面与近表面，深度≤6 mm	与磁场强度大小及磁粉质量有关	被检验表面最好与磁粉正交，限于磁性材料	根据磁粉分布情况判定缺陷位置，但深度不能确定
超声波检验	内部缺陷，如裂缝、未焊透、气孔及夹渣等	焊件厚度的上限几乎不受限制，下限一般应大于 $8 \sim 10$ mm	能探出直径大于 1 mm 的气孔、夹渣，探裂缝较灵敏，对表面及近表面的缺陷不灵敏	检验部位的表面应加工到 Ra $6.3 \sim 1.6$ μm，可以单面探测	根据荧光讯号，可当场判断有无缺陷、缺陷位置及大小，但较难判断缺陷的种类
X 射线检验	内部缺陷，如裂缝、未焊透、气孔及夹渣等	150 kV 的 X 光机可检验厚度≤25 mm；250 kV 的 X 光机可检验厚度≤60 mm	能检验出尺寸大于焊缝厚度 1%的各种缺陷	焊接接头表面不需加工，但正反两面都必须是可以接近的	从底片上能直接形象地判断缺陷种类和分布。对平行于射线方向平面形缺陷不如超声波灵敏

(3) 致密性检验。

① 煤油检验。先在焊缝的一面刷上石灰水，待干燥泛白后，再在焊缝另一面涂煤油，利用煤油穿透力强的特点，若焊缝有穿透性缺陷，石灰粉上就会有黑色的煤油斑痕出现。

② 气密性检验。将压缩空气压入焊接容器中，在焊缝的外侧涂抹肥皂水，若焊缝有穿透性缺陷，缺陷处的肥皂水就会有气泡出现。

③ 耐压试验。将水、油、气等充入容器内逐渐加压到规定的值，以检查其是否有泄漏和压力的保持情况。耐压试验不仅可检验焊接容器的致密性，而且也可用来检验焊缝的

强度。

(4) 破坏性检验。破坏性检验是从焊件或焊接试件上切取试样，用于评定焊缝的金相组织和焊缝金属的力学性能等。

※※※　复习思考题　※※※

4.1　低碳钢焊缝热影响区包括哪几个部分？简述其组织和性能。

4.2　简述酸性焊条、碱性焊条在成分、工艺性能、焊缝性能上的主要区别。

4.3　电焊条的组织成分及其作用是什么？

4.4　简述手工电弧焊的原理及过程。

4.5　试从焊接质量、生产率、焊接材料、成本和应用范围等方面比较下列焊接方法：① 手工电弧焊；② 埋弧焊；③ 氩弧焊；④ CO_2 保护焊。

4.6　试比较电阻焊和摩擦焊的焊接过程有何异同？电阻对焊与闪光对焊有何区别？

4.7　说明下列制品该采用什么焊接方法比较合适：① 自行车车架；② 钢窗；③ 汽车油箱；④ 电子线路板；⑤ 锅炉壳体；⑥ 汽车覆盖件；⑦ 铝合金板。

第5章 机械加工基础知识

切削加工是使用切削工具(包括刀具、磨具和磨料),在工具和工件的相对运动中,把工件上多余的材料层切除,使工件获得规定的几何参数(尺寸、形状、位置)和表面质量的加工方法。机器上的零件除极少数采用精密铸造或精密锻造等无屑加工的方法获得以外,绝大多数零件都是靠切削加工的方法来获得的,因此切削加工在机械制造业中占有十分重要的地位。切削加工可以获得较高的精度和表面质量,对被加工材料、工件几何形状及生产批量具有广泛的适应性。切削加工可以根据要求达到不同的精度和表面粗糙度,可以获得很高的加工精度和很低的表面粗糙度。现代切削加工技术已经可以达到尺寸公差 IT12~IT3 的精度,表面粗糙度 Ra 可达到 25.000~0.008 μm。切削加工可用于金属材料的加工,如各种碳钢、合金钢、铸铁、有色金属及其合金等;也可用于某些非金属材料的加工,如石材、木材、塑料和橡胶等。材料的尺寸从小到大不受限制,重量可以达数百吨。目前世界上最大的立式车床可加工直径 26 m 的工件。

切削加工分为机械加工(简称机工)和钳工两大类。机工是指通过各种金属切削机床对工件进行的切削加工。机工的主要加工方式有车削、钻削、铣削、刨削、磨削等,所用的机床分别为车床、钻床、铣床、刨床、磨床等。钳工是指通过工人手持工具进行的切削加工。钳工的基本操作有划线、锯削、锉削、钻孔、攻螺纹、套螺纹、刮削、机械装配、设备修理等。钳工用的工具简单,操作灵活方便,还可以完成机械加工所不能完成的某些工作。钳工劳动强度大,生产率低,但在机械制造和修配中仍占有一定地位,随着生产的发展,钳工机械化的内容也越来越丰富。

5.1 切削运动及切削要素

5.1.1 零件表面的形成

机器零件的形状虽然很多,但主要是由基本表面和成形面组成的。基本表面包括外圆面、内圆面(孔)和平面;成形面包括螺纹、齿轮的齿形和沟槽等。外圆面和孔是以某一直线为母线,以圆为轨迹作旋转运动所形成的表面。平面是以某一直线为母线,以另一直线为轨迹作平移运动所形成的表面。成形面是以曲线为母线,以圆或直线为轨迹作旋转或平移运动所形成的表面。这些表面可分别用图 5-1 所示的相应加工方法来获得。

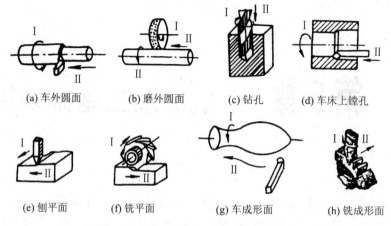

|(a) 车外圆面|(b) 磨外圆面|(c) 钻孔|(d) 车床上镗孔|
|(e) 刨平面|(f) 铣平面|(g) 车成形面|(h) 铣成形面|

图 5-1　零件不同表面加工时的切削运动

5.1.2　切削表面与切削运动

1. 切削表面

切削加工过程是一个动态过程，在切削加工中，工件上通常存在着三个不断变化的表面，即待加工表面、过渡表面(加工表面)和已加工表面，如图 5-2 所示。待加工表面是指工件上即将被切除的表面。已加工表面是指工件上已切去切削层而形成的表面。过渡表面是指加工时工件上正在被刀具切削着的表面，介于待加工表面和已加工表面之间。

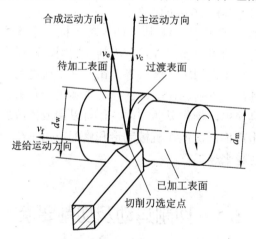

图 5-2　切削运动和加工表面

2. 切削运动

无论在哪一种机床上进行切削加工，刀具和工件间必须有一定的相对运动，即切削运动。切削运动可以是旋转运动或直线运动，也可以是连续运动或间歇运动。根据在切削中所起的作用不同，切削运动(见图 5-1)分为主运动(图中Ⅰ)和进给运动(图中Ⅱ)。切削时实际的切削运动是一个合成运动。

主运动是使刀具和工件之间产生相对运动，促使刀具接近工件而实现切削的运动，如图 5-2 所示工件的旋转运动。主运动速度高，消耗功率大，主运动只有一个。主运动可以由工件完成，也可以由刀具完成。主运动的形式有旋转运动和往复运动(由工件或刀具进行)两种。如车削、铣削和磨削加工时的主运动是旋转运动；刨削、插削加工时工件或刀具的主运动是往复直线运动。

进给运动是使刀具与工件之间产生附加的相对运动，与主运动配合，即可连续地切除余量，如图 5-2 所示车刀的移动。根据工件表面形成的需要，进给运动可以是一个，也可以是多个；可以是连续的，也可以是断续的。当主运动为旋转运动时，进给运动是连续的，如车削、钻削。当主运动为直线运动时，进给运动是断续的，如刨削、插削等。

5.1.3　切削用量

切削用量包括切削速度 v_c、进给量 f(或进给速度 v_f)和背吃刀量 a_p；切削要素包括切削用量三要素(切削速度 v_c、进给量 f、背吃刀量 a_p)和切削层参数。

1. 切削速度

切削刃上选定点相对工件主运动的瞬时速度称为切削速度，以 v_c 表示，单位为 m/s 或 m/min。若主运动为旋转运动(如车削、铣削等)，切削速度一般为其最大线速度。

$$v_c = \frac{\pi d n}{1000}$$

式中：d——工件(或刀具)的直径(mm)；

　　　n——工件(或刀具)的转速(r/s 或 r/min)。

若主运动为往复直线运动(如刨削、插削等)，则常以其平均速度为切削速度，即

$$v_c = \frac{2 L n_r}{1000}$$

式中：L——往复行程长度(mm)；

　　　n_r——主运动每秒或每分钟的往复次数(str/s 或 str/min)。

2. 进给量

刀具在进给运动方向上相对工件的位移量称为进给量。不同的加工方法，由于所用刀具和切削运动形式不同，进给量的表述和度量方法也不相同。

用单齿刀具(如车刀、刨刀等)加工时，当主运动是回转运动时，进给量指每转进给量，即工件或刀具每回转一周，两者沿进给方向的相对位移量，单位为 mm/r；当主运动是直线运动时，进给量指每行程进给量，即刀具或工件每往复直线运动一次，两者沿进给方向的相对位移量。

用多齿刀具(如铣刀、钻头等)加工时，进给运动的瞬时速度称为进给速度，以 v_f 表示，单位为 mm/s 或 mm/min。刀具每转或每行程中每齿相对工作进给运动方向上的位移量，称为每齿进给量，以 f_z 表示，单位为 mm/z。f_z、f、v_f 之间有如下关系：

$$v_f = f n = f_z z n$$

式中：n——刀具或工件的转速(r/s 或 r/min)；

　　　z——刀具的齿数。

3. 背吃刀量

在通过切削刃上选定点并垂直于该点主运动方向的切削层尺寸平面中，垂直于进给运

动方向测量的切削层尺寸，称为背吃刀量，以 a_p 表示，单位为 mm。车外圆时，a_p 可用下式计算，即

$$a_p = \frac{d_w - d_m}{2}$$

式中：d_w、d_m——工件待加工和已加工表面直径(mm)

5.1.4　切削层参数

切削层是指切削过程中，由刀具切削部分的一个单一动作(如车削时工件转一圈，车刀主切削刃移动一段距离)所切除的工件材料层。它决定了切屑的尺寸及刀具切削部分的载荷。切削层的尺寸和形状通常是在切削层尺寸平面中测量的，如图 5-3 所示。

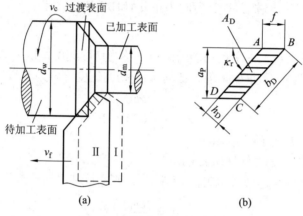

图 5-3　车削时的切削层尺寸

(1) 切削层公称横截面积 A_D：在给定瞬间，切削层在切削层尺寸平面里的实际横截面积，单位为 mm^2。

(2) 切削层公称宽度 b_D：在给定瞬间，作用于主切削刃截形上两个极限点间的距离，在切削层尺寸平面中测量，单位为 mm。

(3) 切削层公称厚度 h_D：同一瞬间切削层公称横截面积与其公称宽度之比，单位为 mm。由定义可知

$$A_D = b_D h_D$$

因 A_D 不包括残留面积，而且在各种加工方法中 A_D 与进给量和背吃刀量的关系不同，所以 A_D 不等于 f 和 a_p 的乘积。只有在车削加工中，当残留面积很小时才能近似地认为它们相等，即

$$A_D \approx f a_p$$

5.2　切削刀具及其材料

切削加工过程中，直接完成切削工作的是刀具。无论哪种刀具，一般都由切削部分和夹持部分组成。夹持部分是用来将刀具夹持在机床上的部分，要求它能保证刀具正确的工

作位置，传递所需要的运动和动力，并且夹固可靠，装卸方便。切削部分是刀具上直接参加切削工作的部分。刀具切削性能的好坏，取决于刀具切削部分的几何参数、结构及材料。

5.2.1 切削刀具

切削刀具的种类繁多，形状各异。但不管它们的结构多么复杂，切削部分的结构要素和几何角度都有着许多共同的特征。各种多齿刀具，就其一个刀齿而言，都相当于一把车刀的刀头，所以，研究切削刀具时总是以车刀为基础，如图 5-4 所示。

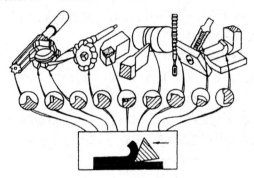

图 5-4　刀具的切削部分

1. 车刀切削部分的组成

车刀由工作部分和非工作部分构成，车刀的工作部分即切削部分，非工作部分就是车刀的柄部(或刀杆)。

车刀切削部分由下列要素组成(见图 5-5)：

(1) 前刀面：刀具上切屑流过的表面。

(2) 后刀面：刀具上与工件切削中产生的表面相对的表面。同前刀面相交形成主切削刃的后刀面称为主后刀面；同前刀面相交形成副切削刃的后刀面称为副后刀面。

(3) 切削刃：切削刃是指刀具前刀面上拟作切削用的刀刃。它有主切削刃和副切削刃之分，主切削刃是起始于切削刃上主偏角为零的点，并至少有一段切削刃用来在工件上切出过渡表面的整段切削刃。切削时主要的切削工作由它来负担。副切削刃是指切削刃上除主切削刃以外的刃，亦起始于主偏角为零的点，但它向背离主切削刃的方向延伸。切削过程中，它也起一定的切削作用，但不明显。

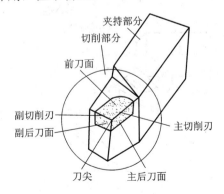

图 5-5　外圆车刀的切削部分

（4）刀尖：指主切削刃与副切削刃的连接处相当少的一部分切削刃。实际刀具的刀尖并非绝对尖锐，而是一小段曲线或直线，分别称为修圆刀尖和倒角刀尖。

2. 车刀切削部分的主要角度

刀具要从工件上切除余量，就必须使它的切削部分具有一定的切削角度。为定义、规定不同角度，适应刀具在设计、制造及工作时的多种需要，需选定适当组合的基准坐标平面作为参考系。其中用于定义刀具设计、制造、刃磨和测量几何参数的参考系，称为刀具静止参考系；用于规定刀具进行切削加工时几何参数的参考系，称为刀具工作参考系。工作参考系与静止参考系的区别在于用实际的合成运动方向取代假定主运动方向，用实际的进给运动方向取代假定进给运动方向。

（1）刀具静止参考系。它主要包括基面、切削平面、正交平面，如图 5-6 所示。

① 基面：过切削刃选定点，垂直于该点假定主运动方向的平面，以 p_t 表示。

② 切削平面：过切削刃选定点，与切削刃相切，并垂直于基面的平面，以 p_s 表示。

③ 正交平面：过切削刃选定点，并同时垂直于基面和切削平面的平面，以 p_o 表示。

④ 假定工作平面：过切削刃选定点，垂直于基面并平行于假定进给运动方向的平面，以 p_t 表示。

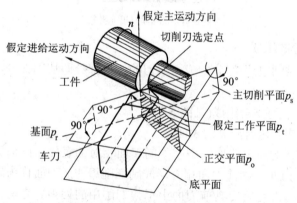

图 5-6　刀具静止参考系的平面

（2）车刀的主要角度。它是指在车刀设计、制造、刃磨及测量时，必须考虑的主要角度，如图 5-7 所示。

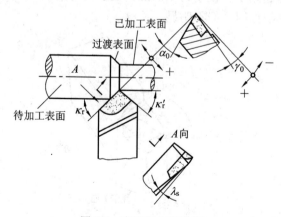

图 5-7　车刀的主要角度

① 主偏角 κ_r：在基面中测量的主切削平面与假定工作平面间的夹角。

② 副偏角 κ_r'：在基面中测量的副切削平面与假定工作平面间的夹角。

主偏角主要影响切削层截面的形状和参数，影响切削分力的变化，并和副偏角一起影响已加工表面的粗糙度；副偏角还有减小副后刀面与已加工表面间摩擦的作用。

如图 5-8 所示，当背吃刀量和进给量一定时，主偏角愈小，切削层公称宽度愈大而公称厚度愈小，即切下宽而薄的切屑。这时，主切削刃单位长度上的负荷较小，并且散热条件较好，有利于刀具寿命的提高。

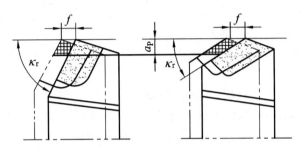

图 5-8　主偏角对切削层参数的影响

由图 5-9 可以看出，当主、副偏角较小时，已加工表面残留面积的高度 h_c 亦小，因而可减小表面粗糙度的值，并且刀尖强度和散热条件较好，有利于提高刀具寿命。但是，当主偏角减小时，背向力将增大，若加工刚度较差的工件(如车细长轴)，则容易引起工件变形，并可能产生震动。

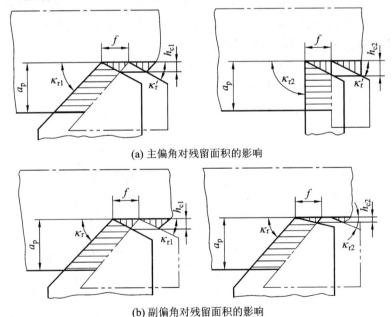

(a) 主偏角对残留面积的影响

(b) 副偏角对残留面积的影响

图 5-9　主、副偏角对残留面积的影响

主、副偏角应根据工件的刚度及加工要求选取合理的数值。一般车刀常用的主偏角有 45°、60°、75°、90° 等几种；副偏角为 5°～15°，粗加工时取较大值。

③ 前角 γ_0：在正交平面中测量的前刀面与基面间的夹角。根据前刀面和基面相对位置的不同，分别规定为正前角、零度前角和负前角，如图 5-10 所示。

当取较大的前角时，切削刃锋利，切削轻快，即切削层材料变形小，切削力也小。但当前角过大时，切削刃和刀头的强度、散热条件和受力状况变差，将使刀具磨损加快，刀具寿命降低，甚至崩刃损坏。若取较小的前角，虽切削刃和刀头较强固，散热条件和受力状况也较好，但切削刃不够锋利，对切削加工不利。

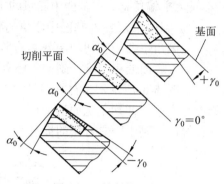

图 5-10 前角的正与负

前角的大小常根据工件材料、刀具材料和加工性质来选择。当工件材料塑性大、强度和硬度低或刀具材料的强度和韧性好或精加工时，取大的前角；反之取较小的前角。例如，用硬质合金车刀切削结构钢件时，γ_0 可取 $10°\sim20°$；切削灰铸铁件时，γ_0 可取 $5°\sim15°$。

④ 后角 α_0：在正交平面中测量的刀具后刀面与切削平面间的夹角。

后角的主要作用是减少刀具后刀面与工件表面间的摩擦，并配合前角改变切削刃的锋利与强度。后角只能是正值，后角大，摩擦小，切削刃锋利。但后角过大，将使切削刃变弱，散热条件变差，加速刀具磨损。反之，后角过小，虽切削刃强度增加，散热条件变好，但摩擦加剧。

后角的大小常根据加工的种类和性质来选择。例如，粗加工或工件材料较硬时，要求切削刃强固，后角取较小值：$\alpha_0 = 6°\sim8°$。反之，对切削刃强度要求不高，主要希望减小摩擦和已加工表面的粗糙度值，后角可取稍大的值：$\alpha_0 = 8°\sim12°$。

⑤ 刃倾角 λ_s：在主切削平面中测量的主切削刃与基面间的夹角。与前角类似，刃倾角也有正、负和零值之分，如图 5-11 所示。

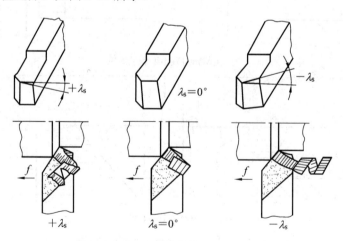

图 5-11 刃倾角及其对排屑方向的影响

刃倾角主要影响刀头的强度、切削分力和排屑方向。负的刃倾角可起到增强刀头的作用，但会使背向力增大，有可能引起震动，而且还会使切屑排向已加工表面，划伤和拉毛已加工表面。因此，粗加工时为了增强刀头，λ_s 常取负值；精加工时为了保护已加工表面，λ_s 常取正值或零度；车刀的刃倾角一般在 $-5°\sim+5°$ 之间选取。有时为了提高刀具耐冲击的能力，λ_s 可取较大的负值。

(3) 刀具的工作角度。它是指在工作参考系中定义的刀具角度。刀具工作角度考虑了合成运动和刀具安装条件的影响。一般情况下，进给运动对合成运动的影响可忽略。在正常安装条件下，如车刀刀尖与工件回转轴线等高、刀柄纵向轴线垂直于进给方向时，车刀的工作角度近似于静止参考系中的角度。但在切断、车螺纹及车非圆柱表面时，就要考虑进给运动的影响。

刀具安装高度对前角和后角的影响如图 5-12 所示。车外圆时，若刀尖高于工件的回转轴线，则工作前角 $\gamma_{0e} > \gamma_0$，而工作后角 $\alpha_{0e} < \alpha_0$；反之，若刀尖低于工件的回转轴线，则 $\gamma_{0e} < \gamma_0, \alpha_{0e} > \alpha_0$(镗孔时的情况正好与此相反)。当车刀刀柄的纵向轴线与进给方向不垂直时，将会引起主偏角和副偏角的变化，如图 5-13 所示。

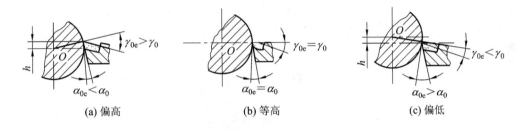

图 5-12　车刀安装高度对前角和后角的影响

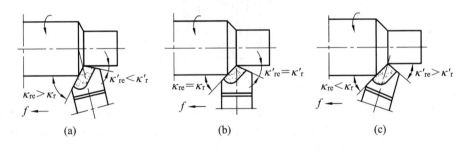

图 5-13　车刀安装偏斜对主偏角和副偏角的影响

3. 刀具结构

刀具的结构形式对刀具的切削性能、切削加工的生产效率和经济性有着重要的影响。下面以车刀为例说明刀具结构的特点。车刀的结构形式有整体式、焊接式、机夹重磨式、机夹可转位式等，如图 5-14 所示。

早期使用的车刀多半是整体结构，切削部分与夹持部分材料相同，由于这种结构对贵重的刀具材料消耗较大，因此整体式车刀常用高速钢制造。

焊接式车刀是将硬质合金刀片用钎料焊接在开有刀槽的刀杆上，然后刃磨使用。焊接式车刀结构简单、紧凑、刚性好、灵活性大，可根据加工条件和加工要求磨出所需角度，应用十分普遍。但焊接式车刀的硬质合金刀片经过高温焊接和刃磨后，容易产生内应力和裂纹，使切削性能下降，对提高生产效率不利。

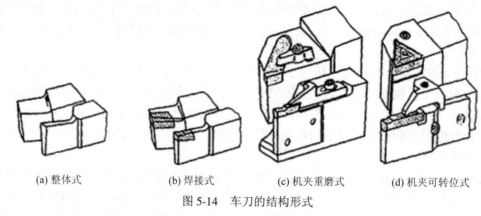

(a) 整体式   (b) 焊接式   (c) 机夹重磨式   (d) 机夹可转位式

图 5-14　车刀的结构形式

机夹重磨式车刀(见图 5-15)的主要特点是刀片和刀杆是两个可拆开的独立元件，工作时靠夹紧元件把它们紧固在一起。车刀磨钝后，将刀片卸下刃磨，然后重新装上继续使用。这类车刀避免了焊接引起的缺陷，较焊接式车刀提高了刀具耐用度，提高了生产率，刀杆可重复使用，利用率较高，降低了生产成本，但结构复杂，不能完全避免由于刃磨而可能引起的刀片裂纹。

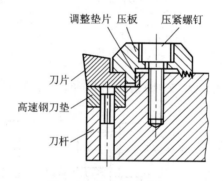

图 5-15　机夹重磨式车刀

机夹可转位式车刀是将压制有一定几何参数的多边形刀片，用机械夹固的方法装夹在标准的刀体上形成的车刀。使用时，刀片上一个切削刃用钝后，只需松开夹紧机构，将刀片转位换成另一个新的切削刃便可继续切削。因机械夹固车刀的切削性能稳定，在现代生产中应用越来越多。机夹可转位式车刀具有以下优点：不需刃磨和焊接，避免了因焊接而引起的缺陷，刀片材料能较好地保持原有力学性能、切削性能、硬度和抗弯强度，刀具切削性能提高；减少了刃磨、换刀、调刀所需的辅助时间，提高了生产效率；可使用涂层刀片，提高刀具耐用度；刀具使用寿命延长，节约刀体材料及其制造费用。

5.2.2　刀具材料

1. 刀具材料应具备的性能

切削过程除了要求刀具具有适当的几何参数外，还要求刀具有良好的切削性能。刀具的切削性能主要取决于刀具材料。刀具材料是指切削部分的材料。

刀具材料在切削时要承受高压、高温、摩擦、冲击和震动。金属切削过程中的加工质量、加工效率和加工成本在很大程度上取决于刀具材料的合理选择。为了保证切削的正常进行，刀具材料应具备以下基本性能：

(1) 较高的硬度。刀具材料的硬度必须高于工件材料的硬度。刀具材料的常温硬度一般要求在 60HRC 以上。

(2) 较好的耐磨性。刀具材料应具有较好的耐磨性以抵抗切削过程中的磨损，维持一定的切削时间。一般刀具材料的硬度越高、晶粒越细，耐磨性就越好。

(3) 足够的强度和韧度。刀具材料应具有足够的强度和韧度以便承受切削力、冲击和震动，防止刀具脆性断裂和崩刃。

(4) 较高的耐热性。刀具材料应具有较高的耐热性以便在高温下仍能保持较高的硬度、耐磨性、强度和韧度。耐热性又称为红硬性或热硬性。

(5) 良好的工艺性和经济性。刀具材料应具有良好的锻造性能、热处理性能、焊接性能、切削加工性能、磨削加工性能等，以便制造成各种刀具，而且要追求高的性能价格比。

目前尚没有一种刀具材料能全面满足上述要求。因此，必须了解常用刀具材料的性能和特点，以便根据工件材料的性能和切削要求，选用合适的刀具材料。同时，应进行新型刀具材料的研制。

2. 常用的刀具材料

常用的刀具材料的基本性能如表 5-1 所示。

表 5-1　常用刀具材料的基本性能

刀具材料	代表牌号	硬度 HRA (HRC)	抗弯强度 $/\sigma_{bb}$		冲击韧度 $/\alpha_k$		耐热性 $/℃$	切削速度之比
			GPa	kg/mm²	GPa	kg/mm²		
碳素工具钢	T10A	81～83 (60～64)	2.45～2.75	250～280	—	—	～200	0.2～0.4
合金工具钢	9SiCr	81～83.5 (60～65)	2.45～2.75	250～280	—	—	250～300	0.5～0.6
高速钢	W18Cr4V	82～87 (62～69)	3.43～4.41	350～450	98～490	1～5	540～650	1
硬质合金	K30	89.5～91	1.08～1.47	110～150	19.6～39.2	0.2～0.4	800～900	6
	P10	89.5～95.2	0.88～1.27	90～130	2.9～6.8	0.03～0.07	900～1000	6
陶瓷	AM	91～94	0.44～0.83	45～85	—	—	>1200	12～14

碳素工具钢是含碳量较高的优质钢(含碳量为 0.7%～1.2%，如 T7、T8、T9、T10A、T12A 等)，淬火后硬度较高、价廉，但耐热性较差。在碳素工具钢中加入少量的 Cr、W、Mn、Si 等元素可减少热处理变形和提高耐热性，形成合金工具钢(如 9SiCr、CrWMn 等)。这两种刀具材料的耐热性较低，常用来制造一些切削速度不高的手工工具，如锉刀、锯条、铰刀等，较少用于制造其他刀具。目前生产中应用最广的刀具材料是高速钢和硬质合金，而陶瓷刀具主要用于精加工。

高速钢是加入较多钨、钼、铬、钒等合金元素的高合金钢。热处理后硬度可达 63～66HRC，切削温度在 500～650℃时仍能进行切削。它的硬度、耐磨性和耐热性虽略低于硬质合金，但强度和韧度却高于硬质合金，工艺性较硬质合金好，价格也比硬质合金低。

普通高速钢如 W18Cr4V 是国内使用最为普遍的刀具材料，广泛地用于制造形状较为复杂的各种刀具，如麻花钻、铣刀、拉刀、齿轮刀具和其他成形刀具等。高性能高速钢是在普通高速钢中加入 Co、V 等合金元素，使其常温硬度可达 67～70HRC，抗氧化能力、耐磨性与热稳定性进一步提高，如 W2Mo9Cr4VCo8 是世界上用得较多的高性能高速钢，用于制造加工耐热合金、高强度钢、钛合金、不锈钢等难切削材料的各种刀具。粉末高速钢是用高压氩气或纯氮气雾化熔融的高速钢钢水而得到细小的高速钢粉末，通过粉末冶金工艺制成的刀具材料，适用于制造各种高性能精密刀具，如加工汽轮机叶轮的轮槽铣刀、拉刀、滚刀、插齿刀和剃齿刀等。

硬质合金是以高硬度、高熔点的金属碳化物(WC、TiC 等)作基体，以金属 Co 等作黏结剂，用粉末冶金的方法制成的一种合金。它的硬度高、耐磨性好、耐热性高，允许的切削速度比高速钢高数倍，但其强度和韧度均较高速钢低，工艺性也不如高速钢。因此，硬质合金常制成各种形式的刀片，焊接或机械夹固在车刀、刨刀、端铣刀等的刀柄(刀体)上使用。按 ISO 标准，硬质合金可分为 P、M、K 三个主要类别：

K 类硬质合金(红色)是以 WC 为基体，用 Co 作黏结剂烧结而成，具有较好的韧性、塑性、导热性，但耐磨性较差，适合加工短切屑的金属或非金属材料，如淬硬钢、铸铁、铜铝合金和塑料等。其代号有 K01、K10、K20、K30、K40 等，数字越大，耐磨性越低而韧度越高。精加工可选用 K01；半精加工可选用 K10、K20；粗加工选用 K30。

P 类硬质合金(蓝色)是以 WC 为基体，添加 TiC，用 Co 作黏结剂烧结而成。合金中 TiC 含量提高，Co 含量降低，其硬度、耐磨性和耐热性进一步提高，但抗弯强度、导热性、特别是冲击韧性明显下降。它适合加工长切屑的黑色金属，如钢、铸钢等。其代号有 P01、P10、P20、P30、P40、P50 等，数字越大，耐磨性越低而韧度越高。精加工可选用 P01；半精加工选用 P10、P20；粗加工选用 P30。

M 类硬质合金(黄色)是在 YT 类硬质合金中加入 TaC 或 NbC 烧结而成的，可提高抗弯强度、疲劳强度、冲击韧性、抗氧化能力、耐磨性和高温硬度，既适用于加工脆性材料，又适用于加工塑性材料。它适合加工长(短)切屑的金属材料，如钢、铸钢、不锈钢等难切削材料等。其代号有 M10、M20、M30、M40 等，数字越大，耐磨性越低而韧度越高。精加工可选用 M10；半精加工可选用 M20；粗加工选用 M30。

3. 新型刀具材料

(1) 涂层刀具材料。它是指通过气相沉积或其他技术方法，在硬质合金或高速钢的基体上涂覆一薄层高硬度、高耐磨性的难熔金属或非金属化合物而构成的刀具材料。这是提高刀具材料耐磨性而又不降低其韧性的有效方法之一。主要涂层材料有 TiC、TiN、TiC + TiN、TiC + Al₂O₃、TiC + TiN + Al₂O₃、金刚石等。采用多涂层可使涂层具有更高的结合强度和使刀片具有更好的切削性能。涂层硬质合金刀具的寿命比不涂层的可提高 1～3 倍，涂层高速钢刀具的寿命比不涂层的可提高 2～10 倍。

(2) 陶瓷刀具材料。它按化学成分可分为 Al₂O₃ 基和 Si₃N₄ 基两类。它是以氧化铝或以氮化硅为基体再添加少量金属，在高温下烧结而成的刀具材料。陶瓷刀具材料大部分属于前者，主要成分是 Al_2O_3。陶瓷刀具具有很高的硬度、耐热性和耐磨性，有良好的化学稳定性和抗氧化性，与金属的亲合力小、抗黏结和抗扩散能力强，能以更高的速度(可达 750 m/min)切削，并可切削难加工的高硬度材料，加之 Al_2O_3 的价格低廉，原料丰富，因此很有发展前途。但是陶瓷材料抗弯强度低，性脆、抗冲击韧度差，易崩刃。近年来，各国已先后研制成功多种"金属陶瓷"，如我国制成的 SG4、DT35、HDM4、P2、T2 等牌号的陶瓷材料。陶瓷材料可做成多种刀片，采取使切削刃磨出 20°的负倒棱、加大刀尖圆弧半径、适当加厚刀片厚度等措施，可减少切削刃崩刃和刀尖破损的可能。陶瓷刀具主要用于冷硬铸铁、高硬钢等难加工材料的半精加工和精加工。

(3) 超硬刀具材料。它包括天然金刚石、人造金刚石和聚晶立方氮化硼三种。

天然金刚石是自然界最硬的材料，其硬度范围在 HK8000～12 000(HK，Knoop 硬度，单位为 kgf/mm^2)，耐热性为 700～800℃。天然金刚石的耐磨性极好，但价格昂贵，主要用于加工精度和表面粗糙度要求极高的零件，如加工磁盘、激光反射镜、感光鼓、多面镜等。

人造金刚石是通过金属触媒的作用在高温、高压下由石墨转化而成的人工制造出的最坚硬物质，显微硬度可达 HV10000(硬质合金为 HV1000～2000)，耐磨性好，切削刃口锋利，刃部表面摩擦系数小，不易产生黏结或积屑瘤。聚晶金刚石大颗粒可制成各种车刀、镗刀、铣刀等一般切削工具，单晶微粒主要制成砂轮或作研磨剂用，主要用于精加工非铁金属及非金属材料，如铝、铜及其合金、硬质合金、陶瓷、合成纤维、强化塑料、硬橡胶等。金刚石刀具材料的主要缺点是不宜加工铁族金属，因为铁和碳原子的亲和力较强，易产生黏结作用，加快刀具磨损。

聚晶立方氮化硼(CBN)具有很高的硬度及耐磨性，热稳定性好，硬度在 HV3000～4500，仅次于金刚石。其耐热性可达 1300～1500℃，它的化学惰性大，与铁族金属亲和力小，导热性好，摩擦系数低。它主要用于加工淬硬工具钢、冷硬铸铁、耐热合金及喷焊等难加工材料的半精加工和精加工，是一种很有发展前途的刀具材料。

立方氮化硼和金刚石刀具脆性大，故使用时机床刚性要好，主要用于连续切削，尽量避免冲击和震动。

制造业中将普遍应用高速(超高速)、精密(超精密)及干式切削等技术。刀具技术的主要发展趋势是超硬刀具材料发展更快，应用更加广泛；复合(组合)式各类高速、精密切削刀具(工具)的结构设计与制造技术将成为刀具(工具)品种发展的主导技术。为了实现提高材料的利用率，减少加工能耗和保护环境，其中无屑加工工艺的搓、挤、滚压成形类刀具(工具)的应用会更加广泛。

5.3 切削过程及控制

在金属切削过程中，始终存在着刀具切削工件和工件材料抵抗切削的矛盾，从而会产生一系列物理现象，如切削力、切削热与切削温度、刀具磨损与刀具寿命等。对这些现象进行研究的目的，在于揭示其内在的机理，探索和掌握金属切削过程的基本规律，从而主动地进行有效的控制，这对于切削加工技术的发展和进步，保证加工质量，提高生产率，降低生产成本和减轻劳动强度都具有十分重大的意义。

5.3.1　切屑的形成及其种类

1. 切屑的形成过程

金属的切削过程实际上与金属的挤压过程很相似。以龙门刨削为例，当刀具刚与工件接触时，接触处的压力使工件产生弹性变形，在工件材料向刀具切削刃逼近的过程中，材料的内应力逐渐增大，当剪切应力为 τ 时，材料就开始滑移而产生塑性变形，如图 5-16 所示。OA 线表示材料各点开始滑移的位置，称为始滑移线，即点 1 在向前移动的同时沿 OA 滑移，其合成运动将使点 1 流动到点 2，$2' - 2$ 就是它的滑移量。随着滑移变形的继续进行，剪切应力不断增大，当 P 点顺次向 2、3、…各点移动时，剪应力不断增加，直到点 4 位置时，此时其流动方向与刀具前刀面平行，不再沿 OM 线滑移，故称 OM 为终滑移线。OA 与 OM 间的区域称为第 I 变形区。该区域是切削力、切削热的主要来源区，也消耗大部分切削能量。

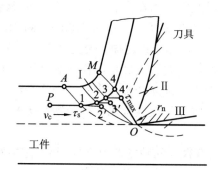

图 5-16　切屑形成过程及三个变形区

切屑(chips)沿前刀面流出时，还需要克服前刀面对切屑的挤压而产生的摩擦力，切屑受到前刀面的挤压和摩擦，继续产生塑性变形，切屑底面的这一层薄金属区称为第 II 变形区。该区域对积屑瘤的形成和刀具前刀面的磨损有直接影响。

工件已加工表面受到切削刃钝圆部分和后刀面的挤压、回弹与摩擦，产生塑性变形，导致金属表面的纤维化与加工硬化。工件已加工表面的变形区域称为第 III 变形区。该区域对工件表面的变形强化和残余应力及后刀面的磨损有很大影响。

必须指出，第 I 变形区和第 II 变形区是相互关联的，第 II 变形区内前刀面的摩擦情况与第 I 变形区内金属滑移方向有很大关系，当前刀面上的摩擦力大时，切屑排除不通畅，挤压变形加剧，使第 I 变形区的剪切滑移增大。

经过塑性变形的切屑，其厚度 h_{ch} 大于切削层公称厚度 h_D，而长度 l_{ch} 小于切削层公称长度 l_D(见图 5-17)，这种现象称为切屑收缩。切屑厚度与切削层公称厚度之比称为切屑厚度压缩比，以 Λ_h 表示。由定义可知

$$\Lambda_h = \frac{h_{ch}}{h_D}$$

在一般情况下，$\Lambda_h > 1$。

切屑厚度压缩比反映了切削过程中切屑变形程度的大小，对切削力、切削温度和表面粗糙度有重要影响。在其他条件不变时，切屑厚度压缩比愈大，切削力愈大，切削温度愈

高，表面愈粗糙。因此，在加工过程中，可根据具体情况采取相应的措施，来减小变形程度，改善切削过程。例如在中速或低速切削时，可增大前角以减小变形，或对工件进行适当的热处理，以降低材料的塑性，使变形减小等。

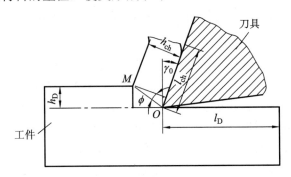

图 5-17　切屑厚度压缩比

2. 切屑的种类

由于工件材料的塑性不同、刀具的前角不同或采用不同的切削用量等，会形成不同类型的切屑，并对切削加工产生不同的影响。常见的切屑有如下几种，如图 5-18 所示。

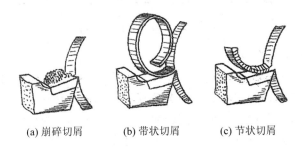

　　(a) 崩碎切屑　　　　　(b) 带状切屑　　　　　(c) 节状切屑

图 5-18　切屑的类型

(1) 崩碎切屑。在切削铸铁和黄铜等脆性材料时，切削层金属发生弹性变形以后，一般不经过塑性变形就突然崩落，形成不规则的碎块状屑片，即为崩碎切屑(见图 5-18(a))。当刀具前角小、进给量大时易产生这种切屑。产生崩碎切屑时，切削热和切削力都集中在主切削刃和刀尖附近，刀具易崩刃、刀尖易磨损，并容易产生震动，影响表面质量。

(2) 带状切屑。在用大前角的刀具、较高的切削速度和较小的进给量切削塑性材料时，容易得到带状切屑(见图 5-18(b))。形成带状切屑时，切削力较平稳，加工表面较光洁，但切屑连续不断，不太安全或可能擦伤已加工表面，因此要采取断屑措施。

(3) 挤裂(节状)切屑。在采用较低的切削速度和较大的进给量、刀具前角较小、粗加工中等硬度的钢材料时，容易得到挤裂切屑(见图 5-18(c))。形成这种切屑时，金属材料经过弹性变形、塑性变形、挤裂和切离等阶段，是典型的切削过程。由于切削力波动较大，工件表面较粗糙。

切屑的形状可以随切削条件的不同而改变。在生产中，常根据具体情况采取不同的措施来得到需要的切屑，以保证切削加工的顺利进行。例如，加大前角、提高切削速度或减小进给量，可将节状切屑变成带状切屑，使加工的表面较为光洁。

5.3.2　积屑瘤

在一定范围的切削速度下切削塑性金属形成带状切屑时，常发现在刀具前刀面靠近切削刃的部位黏附着一小块很硬的金属楔块，这就是积屑瘤，或称刀瘤。

1. 积屑瘤的形成

当切屑沿刀具的前刀面流出时，在一定的温度与压力作用下，与前刀面接触的切屑底层受到很大的摩擦阻力，致使这一层金属的流出速度减慢，形成一层很薄的"滞流层"。当前刀面对滞流层的摩擦阻力超过切屑材料的内部结合力时，就会有一部分金属黏结或冷焊在切削刃附近，形成积屑瘤。积屑瘤形成后不断长大，达到一定高度又会破裂，而被切屑带走或嵌附在工件表面上。上述过程是反复进行的，如图 5-19 所示。

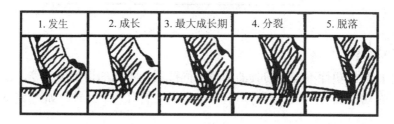

| 1. 发生 | 2. 成长 | 3. 最大成长期 | 4. 分裂 | 5. 脱落 |

图 5-19　积屑瘤的形成与脱落

2. 积屑瘤对切削加工的影响

在形成积屑瘤的过程中，金属材料因塑性变形而被强化。因此，积屑瘤的硬度比工件材料的硬度高，能代替切削刃进行切削，起到保护切削刃的作用。同时，由于积屑瘤的存在，增大了刀具的实际工作前角，使切削轻快。所以，粗加工时可利用积屑瘤。

但是，积屑瘤的顶端伸出切削刃之外，而且在不断地产生和脱落，使切削层公称厚度不断变化，影响尺寸精度。此外，还会导致切削力的变化，引起震动，并会有一些积屑瘤碎片黏附在工件已加工表面上，增大表面粗糙度和导致刀具磨损。因此，精加工时应尽量避免积屑瘤产生。

3. 积屑瘤的控制

影响积屑瘤形成的主要因素有：工件材料的力学性能、切削速度、冷却润滑条件等。

对工件材料的力学性能来说，影响积屑瘤形成的主要因素是塑性。塑性越大，越容易形成积屑瘤。例如，加工低碳钢、中碳钢、铝合金等材料时容易产生积屑瘤。要避免积屑瘤的产生，可将工件进行正火或调质处理，以提高其强度和硬度，降低塑性。

在对某些工件材料进行切削时，切削速度是影响积屑瘤的主要因素。切削速度是通过切削温度和摩擦来影响积屑瘤的。以切削中碳钢为例，在低速($v_c < 5$ m/min)切削时，切削温度低，切屑内部结合力较大，刀具前刀面与切屑间的摩擦小，积屑瘤不易形成；当切削速度 v_c 增大($5 \sim 50$ m/min)时，切削温度升高，摩擦加大，则易于形成积屑瘤；但当切削速度很高($v_c \geq 100$ m/min)时，切削温度高，摩擦减小，不形成积屑瘤。

抑制或消除积屑瘤可采取以下措施：加工时控制切削速度，采用低速或高速切削，避开产生积屑瘤的切削速度区；采用高润滑性的切削液，使摩擦和黏结减少，降低切削温度；

适当减少进给量、增大刀具前角、减小切削变形，降低切屑接触区压力；采用适当的热处理来提高工件材料的硬度、降低塑性、减小加工硬化倾向。

为了避免形成积屑瘤，一般精车、精铣采用高速切削，而拉削、铰削和宽刀精刨时，则采用低速切削。

5.3.3 切削力和切削功率

1. 切削力的构成与分解

刀具在切削工件时，必须克服材料的变形抗力，克服刀具与工件及刀具与切屑之间的摩擦力，才能切下切屑。这些抗力构成了实际的切削力(cutting force)。

在切削过程中，切削力使工艺系统(机床—工件—刀具)变形，影响加工精度。切削力还直接影响切削热的产生，并进一步影响刀具磨损和已加工表面质量。切削力又是设计和使用机床、刀具、夹具的重要依据。

实际加工中，总切削力的方向和大小都不易直接测定，也没有直接测定的必要。为了适应设计和工艺分析的需要，一般不是直接研究总切削力，而是研究它在一定方向上的分力。

以车削外圆为例，总切削力 F 一般常分解为以下 3 个互相垂直的分力，如图 5-20 所示。

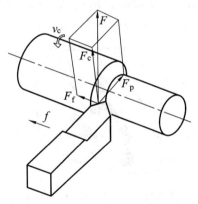

图 5-20　车削时总切削力的分解

(1) 切削力 F_c：总切削力 F 在主运动方向上的分力，大小约占总切削力的 80%～90%。F_c 消耗的功率最多，约占总功率的 90% 左右，是计算机床动力、主传动系统零件和刀具强度及刚度的主要依据。当 F_c 过大时，可能使刀具损坏或使机床发生"闷车"现象。

(2) 进给力 F_f：总切削力 F 在进给运动方向上的分力，是设计和校验进给机构所必需的数据，进给力也做功，但只占总功的 1%～5%。

(3) 背向力 F_p：总切削力 F 在垂直于工作平面方向上的分力。因为切削时这个方向上的运动速度为零，所以 F_p 不消耗功率。但它一般作用在工件刚度较弱的方向上，容易使工件变形，甚至可能产生震动，影响工件的加工精度。因此，应当设法减小或消除 F_p 的影响。

由图 5-20 可知，3 个切削分力与总切削力 F 有如下关系：

$$F = \sqrt{F_c^2 + F_f^2 + F_p^2}$$

2. 切削功率

切削功率(cutting power)P_m 是 3 个切削分力消耗功率的总和，但背向力 F_p 消耗的功率为零，进给力 F_f 消耗的功率很小，一般可忽略不计。因此，切削功率 P_m(单位为 kW)可用下式计算：

$$P_m = 10^{-3} F_c \cdot v_c$$

式中：F_c——切削力(N)；

　　　v_c——切削速度(m/s)。

机床电动机的功率 P_E(单位为 kW)可用下式计算：

$$P_E \geqslant \frac{P_m}{\eta_m}$$

式中：η_m——机床传动效率，一般取 0.75～0.85。

5.3.4　切削热和切削温度

1. 切削热的产生、传出及对加工的影响

在切削过程中，由于绝大部分的切削功都转变成热量，所以有大量的热产生，这些热称为切削热。切削热主要有三个切削热源，如图 5-21 所示。

图 5-21　切削热的产生与传出

(1) 切屑变形所产生的热量，是切削热的主要来源。

(2) 切屑与刀具前刀面之间的摩擦所产生的热量。

(3) 工件与刀具后刀面之间的摩擦所产生的热量。

随着刀具材料、工件材料、切削条件的不同，三个热源的发热量亦不相同。

切削热产生以后，由切屑、工件、刀具及周围的介质(如空气)传出。各部分传导的比例取决于工件材料、切削速度、刀具材料、刀具几何形状、加工方式及是否使用切削液等。用高速钢车刀及与之相适应的切削速度切削钢料时，切削热传出的比例是：切屑传出的热约为 50%～86%；工件传出的热约为 40%～10%；刀具传出的热约为 9%～3%；周围介质传出的热约为 1%。传入切屑及介质中的热量越多，对加工越有利。传入工件的切削热，使工件产生热变形，产生形状和尺寸误差，影响加工精度，特别是加工薄壁零件、细长零件和精密零件时，热变形的影响更大。磨削淬火钢件时，切削温度过高，往往使工件表面产生烧伤和裂纹，影响工件的耐磨性和使用寿命。传入刀具的切削热，比例虽然不大，但由

于刀具切削部分体积小，热容量小，因而刀具的温度可达到很高，高速切削时，切削温度可达 1000℃以上，加速了刀具的磨损。

因此，在切削加工中应采取措施减少切削热的产生，同时改善散热条件以减少高温对刀具和工件的不良影响。

2. 切削温度及其影响因素

切削温度一般是指切削区的平均温度。切削温度的高低除了可用热电偶或其他仪器进行测定外，生产中还常根据切屑的颜色进行大致的判别。如切削碳素结构钢时，切屑呈银白色或淡黄色说明切削温度不高，大约 200℃；切削呈深蓝色或蓝黑色则说明切削温度很高，大约 320℃或更高。

切削温度的高低取决于切削热的产生和传散情况。影响切削温度的主要因素有：

(1) 切削用量。在切削用量三要素中，切削速度对切削温度的影响最大，背吃刀量对切削温度的影响最小。当切削速度增加时，切削功率增加，切削热亦增加；同时由于切屑底层与前刀面强烈摩擦产生的摩擦热来不及向切屑内部传导，而大量积聚在切屑底层，因而使切削温度升高。增大进给量，单位时间内的金属切除量增多，切削热也增加。但进给量对于切削温度的影响，不如切削速度那样显著，这是由于进给量增加，使切屑变厚，切屑的热容量增大，由切屑带走的热量增多，切削区的温升较小。背吃刀量增加，切削热增加，但切削刃参加工作的长度也增加，改善了散热条件，因此切削温度的上升不明显。从降低切削温度、提高刀具寿命的角度来看，选用大的背吃刀量和进给量，比选用高的切削速度有利。

(2) 工件材料。工件材料的强度和硬度越高，切削力和切削功率越大，产生的切削热越多，切削温度越高。即使对同一材料，由于其热处理状态不同，切削温度也不相同。如 45 钢在正火状态、调质状态和淬火状态下，其切削温度相差悬殊。工件材料的导热系数高(如铝、镁合金)，切削温度低。切削脆性材料时，由于塑性变形很小，崩碎切屑与前刀面的摩擦也小，产生的切削热较少。

(3) 刀具角度。前角的大小直接影响切削过程中的变形和摩擦，增大前角，可减少切屑变形，降低切削温度，但当前角过大时，会使刀具的传热条件变差，反而不利于切削温度的降低。减小主偏角，主切削刃的工作长度增加，改善了散热条件，也可降低切削温度。

(4) 切削液。通过改变外部条件来影响和改善切削过程，是提高产品质量和生产率的有效措施之一，其中应用最广泛的是合理选择和使用切削液。切削过程中，喷注足够数量的切削液，能减小摩擦和改善散热条件，带走大量的切削热，可降低切削温度 100～150℃。

切削液具有冷却、润滑、清洗的作用。切削液的冷却作用主要是吸收并带走大量的切削热，从而降低切削温度，提高刀具寿命；减少工件、刀具的热变形，提高加工精度；降低断续切削时的热应力，防止刀具热裂破损等。切削液的润滑作用使它能渗入到切屑、工件与刀面之间，在切屑、工件与刀面之间形成完全的润滑油膜，有效地减小摩擦。

常用的切削液分为：

(1) 水溶液。水溶液的主要成分是水，并加入少量的防锈剂等添加剂，具有良好的冷却作用，可以大大降低切削温度，但润滑性能较差。

(2) 乳化液。乳化液是将乳化油用水稀释而成的，具有良好的流动性和冷却作用，并有一定的润滑作用。低浓度的乳化液用于粗车、磨削，高浓度的乳化液用于精车、精铣、精镗、拉削等。

(3) 切削油。切削油主要采用矿物油，少数采用动植物油或混合油。切削油的润滑作用良好，而冷却作用小，多用以减小摩擦和减小工件表面粗糙度，常用于精加工工序，如精刨、珩磨和超精加工等常使用煤油作为切削液，而攻螺纹、精车丝杠可采用菜油之类的植物油等。

切削液的品种很多，性能各异。通常根据加工性质、零件材料和刀具材料来选择合理的切削液，才能得到良好的效果。加工一般钢材时，需要使用乳化液或硫化切削油，加工铜合金和其他有色金属时，不能用硫化油，以免在零件表面产生黑色的腐蚀斑点；加工铸铁、青铜、黄铜等脆性材料时，一般不使用切削液；但在低速精加工(如宽刀精刨、精铰等)时，可使用煤油作为切削液，以降低表面粗糙度，提高表面质量。高速钢刀具耐热性差，粗加工时，切削用量大，切削热多，应选用以冷却作用为主的切削液，以降低切削温度；在精加工时，主要是改善摩擦条件，抑制积屑瘤的产生，应使用润滑性能好的极压切削油或高浓度的乳化液，以提高加工表面质量。硬质合金刀具由于耐热性好，一般不用切削液。如果要用，必须连续地、充分地供给，切不可断断续续，以免硬质合金刀片因骤冷骤热而开裂。

切削液的使用，目前以浇注法最为普遍。在使用时应注意把切削液尽量注射到切削区，仅仅浇注到刀具上是不恰当的。为了提高其使用效果，可以采用喷雾冷却或内冷却法。

5.3.5　刀具磨损和刀具寿命

在切削过程中，刀具切削部分由于磨损或局部破损而逐渐发生变化，最终失去切削性能。刀具磨损到一定程度后，切削力明显增大，切削温度上升，甚至产生震动，影响工件的加工精度和表面质量。因此刀具磨损到一定程度后，必须重新刃磨，切削刃恢复锋利后，仍可继续使用。这样经过施用—磨钝—刃磨锋利若干个循环以后，刀具切削部分便无法继续使用而完全报废。

1. 刀具磨损形式

刀具正常磨削时，按其发生的部位不同，可分为后刀面磨损、前刀面磨损、前后刀面同时磨损三种形式，如图 5-22 所示。

(1) 后刀面磨损。当切削脆性材料或以较小的背吃刀量切削塑性材料时，由于刀具主后刀面与工件过渡表面间存在着强烈的摩擦，在后刀面毗邻切削刃的部位磨损成小棱面。后刀面磨损量以后刀面上磨损宽度值 VB 表示，如图 5-22(a)所示。

(2) 前刀面磨损。在切削速度较高、背吃刀量较大且不用切削液的情况下加工塑性材料时，切屑将在前刀面磨出月牙洼。前刀面的磨损量以月牙洼的最大深度 KT 表示，如图 5-22(b)所示。

(3) 前后刀面同时磨损。在常规条件下加工塑性金属时，常出现如图 5-22(c)所示的前后刀面同时磨损的形态。

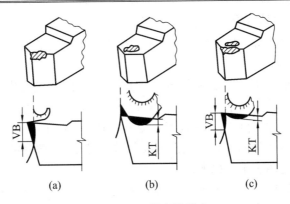

图 5-22　刀具磨损形式

2. 刀具磨损过程

在一定切削条件下，不论何种磨损的形态，其磨损量都将随时间的延长而增大。图 5-23 所示为硬质合金车刀主后刀面磨损量 VB 与切削时间之间的关系，即磨损曲线。

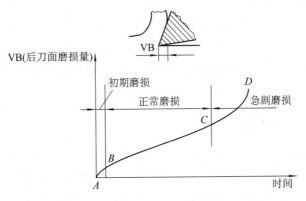

图 5-23　刀具磨损曲线

由图 5-23 可知，刀具磨损过程可分为三个阶段：

AB 段——初期磨损阶段，刀刃锋尖迅速被磨掉，即磨成一个窄面。

BC 段——正常磨损阶段，磨损量随切削时间的延长而近似成比例增加，而磨损速度随时间延长减慢。刀具的使用不应超过这一有效工作阶段的范围。

CD 段——急剧磨损阶段，刀具变钝，切削力增大，切削温度急剧上升，磨损加快，出现震动、噪声，已加工表面质量明显恶化，刀具在使用中应避免进入该阶段。

经验表明，在刀具正常磨损阶段的后期、急剧磨损阶段之前，换刀重磨为最好。这样既可保证加工质量又能充分利用刀具材料。

3. 影响刀具磨损的因素

如前所述，增大切削用量时切削温度随之增高，将加速刀具磨损。在切削用量中，切削速度对刀具磨损的影响最大，进给量 f 次之，背吃刀量 a_p 最小。

此外，刀具材料、刀具几何形状、工件材料以及是否使用切削液等，也都会影响刀具的磨损。譬如，耐热性好的刀具材料，就不易磨损；适当加大刀具前角，由于减小了切削力，可减少刀具的磨损。

4. 刀具耐用度和刀具寿命

国际 ISO 标准统一规定，以 1/2 背吃刀量处后刀面上测定的磨损带宽度 VB，作为刀具磨钝标准。

一把新刀(或重新刃磨过的刀具)从开始使用直至达到磨钝标准所经历的实际切削时间，称为刀具耐用度，以 T 表示。一把新刀从第一次投入使用直至完全报废(经刃磨后亦不可再用)时所经历的实际切削时间，称为刀具寿命。显然，对于不重磨刀具，刀具总寿命即等于刀具寿命；而对可重磨刀具，刀具总寿命则等于其平均寿命乘以刃磨次数。所以，刀具寿命和刀具总寿命是两个不同的概念。

粗加工时，通常以切削时间(min)表示刀具耐用度，如普通车床用的高速钢车刀和硬质合金焊接车刀的耐用度取为 60 min。复杂的、高精度的、多刃的刀具寿命应比简单的、低精度的、单刃的刀具高，如高速钢钻头的耐用度为 80～120 min，硬质合金端铣刀的耐用度为 120～180 min，齿轮刀具的耐用度为 200～400 min。对于机夹可转位刀具，由于换刀时间短，为了充分发挥其切削性能，使切削刃始终处于锋利状态，提高生产效率，刀具耐用度可选得低些，一般取 15～30 min。对于装刀、换刀和调刀比较复杂的多刀机床、组合机床与自动化加工所用刀具，刀具耐用度应选得高些，尤其应保证刀具可靠性。例如多轴铣床上硬质合金端铣刀耐用度 $T = 400～800$ min。大件精加工时，为保证至少完成一次走刀，避免切削时中途换刀，刀具耐用度应按零件精度和表面粗糙度来确定。精加工时，通常以走刀次数或加工零件个数表示刀具耐用度。

5.3.6　切削用量的合理选择

切削用量不仅是在机床调整前必须确定的重要参数，而且其数值是否合理对加工质量、刀具寿命、生产率及生产成本等有着非常重要的影响。当增大切削用量时，可以提高生产率和降低生产成本，但提高切削用量时又会受到切削力、切削功率、刀具寿命及加工质量等许多因素的限制。所谓"合理"的切削用量，是指充分利用切削性能和机床动力性能(功率、扭矩)，在保证质量的前提下，获得高的生产率和低的加工成本的切削用量。

(1) 选择背吃刀量 a_p。背吃刀量应根据工件的加工余量来确定。粗加工时除留下精加工的余量外，尽可能用一次走刀切除全部加工余量，以使走刀次数最少；在毛坯粗大必须切除较多余量时，应考虑机床—刀具—工件系统的刚性和机床的有效功率，选取较大的背吃刀量； 切削表面上有硬皮或切削不锈钢等冷硬材料时，应使背吃刀量超过硬皮或冷硬层厚度。精加工过程采取逐渐减少背吃刀量的方法，逐步提高加工精度与表面质量。超精车和超精镗削加工时，常采用硬质合金、陶瓷或金刚石刀具，当背吃刀量 $a_p = 0.05～0.2$ mm，进给量 $f = 0.01～0.1$ mm/r，切削速度 $v_c = 4～15$ m/s 时，由于切削层公称横截面积极小，可获得 Ra0.32～0.08 μm 和高于尺寸公差等级 IT5。

(2) 选择进给量 f。在背吃刀量 a_p 选定以后，进给量直接决定了切削层横截面积，因而决定了切削力的大小。粗加工时，一般对工件已加工表面质量要求不太高，进给量主要受机床、刀具和工件所能承受的切削力的限制。在半精加工和精加工时，进给量按已加工表面的粗糙度要求选定。一般可通过查阅有关金属切削手册的切削数据表来确定，在有条件的情况下可对切削数据库进行检索和优化。

(3) 选择切削速度 v_c。在选定背吃刀量和进给量后,根据合理的刀具寿命计算或用查表法确定切削速度 v_c 的值。精加工时切削力较小,切削速度主要受刀具耐用度的限制。而粗加工时,由于切削力一般较大,切削速度主要受机床功率的限制。

总之,切削用量选择的基本原则是:粗加工时在保证合理的刀具寿命的前提下,首先选尽可能大的背吃刀量 a_p,其次选尽可能大的进给量 f,最后选取适当的切削速度 v_c;精加工时,主要考虑加工质量,常选用较小的背吃刀量和进给量、较高的切削速度,只有在受到刀具等工艺条件限制、不宜采用高速切削时才选用较低的切削速度。例如用高速钢铰刀铰孔,切削速度受刀具材料耐热性的限制,并为了避免积屑瘤的影响,采用较低的切削速度。

5.4 磨具与磨削过程

5.4.1 磨具

磨削是用带有磨粒的工具(砂轮、砂带、油石等)对工件进行加工的方法。磨具分为砂轮、油石、磨头、砂瓦、砂布、砂纸、砂带、研磨膏等。最重要的磨削工具是砂轮。

砂轮是一种用结合剂把磨粒黏结起来,经压坯、干燥、焙烧及修整而成的,具有很多气孔,用磨粒进行切削的固结磨具。砂轮表面上杂乱地排列着许多磨粒,磨粒以其露在表面部分的尖角作为切削刃(见图 5-24),整个砂轮相当于一把具有无数切削刃的铣刀,磨削时砂轮高速旋转,切下粉末状切屑。砂轮的特性主要由磨料、粒度、结合剂、硬度、组织、形状尺寸等因素决定。

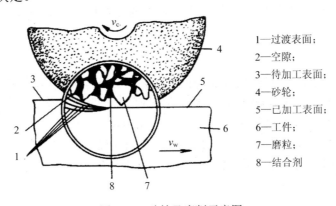

1—过渡表面;
2—空隙;
3—待加工表面;
4—砂轮;
5—已加工表面;
6—工件;
7—磨粒;
8—结合剂

图 5-24 砂轮及磨削示意图

1. 磨料

磨料是制造磨具的主要原料,直接担负着切削工作。目前常用的磨料有三种:刚玉类 (Al_2O_3)、碳化硅类(SiC)和高硬磨料类。

刚玉类磨料中棕刚玉(A)呈棕褐色,硬度较低,韧性较好,用于加工硬度较低的塑性材料,如中、低碳钢,低合金钢,可锻铸铁以及青铜等;白刚玉(WA)呈白色,较棕刚玉硬度高,磨粒锋利,韧性差,用于加工硬度较高的塑性材料,如高碳钢、高速钢和淬硬钢等。

碳化硅类磨料中黑碳化硅(C)呈黑色带光泽，比刚玉类硬度高，导热性好，但韧性差，用于加工硬度较低的脆性材料，如铸铁、黄铜及其他非金属材料等；绿碳化硅(GC)呈绿色带光泽，较黑碳化硅硬度高，导热性好，韧性较差，用于加工高硬度的脆性材料，如硬质合金、宝石、陶瓷和玻璃等。

高硬磨料类中的人造金刚石(SD)硬度最高，耐热性较差，用于加工硬质合金、宝石、玻璃、硅片、大理石以及花岗岩等高硬度材料，由于金刚石磨料与铁元素的亲和力强，故不适于磨削铁族金属。立方氮化硼(CBN)的硬度仅次于人造金刚石，韧性比人造金刚石好，用于加工高温合金、不锈钢、高性能高速钢和耐热钢等难加工的材料。

2. 粒度

粒度是指磨料颗粒的尺寸，其大小用粒度号表示。国标规定了磨料(F4～F220)和微粉(F220～F1200)两种粒度表示方法。一般说，粗磨选用较粗的磨料(粒度号较小)，精磨选用较细的磨料(粒度号较大)，微粉多用于精磨、研磨、珩磨等精密加工和超精密加工。

3. 结合剂

结合剂的作用是将磨料黏合成具有一定强度和形状的砂轮。砂轮的强度、硬度、抗冲击性、耐热性及抗腐蚀能力，主要取决于结合剂的性能。常用的结合剂有陶瓷结合剂(V)、树脂结合剂(B)、橡胶结合剂(R)和金属结合剂(M)等。陶瓷结合剂耐热、耐油、耐酸、耐碱，强度较高，但性较脆，应用最广泛，适用于外圆、内圆、平面、无心磨削和成形磨削的砂轮等；树脂结合剂强度高，富有弹性，具有一定抛光作用，耐热性差，不耐酸碱，用于切断和开槽的薄片砂轮及高速磨削砂轮；橡胶结合剂强度高，弹性更好，抛光作用好，耐热性差，不耐油和酸，易堵塞，适用于无心磨削导轮、抛光砂轮；金属结合剂适用于金刚石砂轮等。金属结合剂砂轮的结合强度高，耐磨性好，能承受较大负荷，故适用于粗磨和成形磨削，也可用于超精密磨削。但是金属结合剂的自锐性较差，容易堵塞，因此应经常修整。

4. 硬度

磨具的硬度与一般材料的硬度概念不同，是指磨具在外力作用下磨粒脱落的难易程度(又称结合度)。磨具的硬度反映了结合剂固结磨粒的牢固程度，磨粒难脱落叫硬度高，反之叫硬度低。国标中对磨具硬度规定了 16 个级别：D，E，F(超软)；G，H，J(软)；K，L(中软)；M，N(中)；P，Q，R(中硬)；S，T(硬)；Y(超硬)。磨未淬硬钢选用 L～N，磨淬火合金钢选用 H～K，高表面质量磨削选用 K～L，刃磨硬质合金刀具选用 H～J。

5. 组织

磨具的组织是指磨具中磨粒、结合剂、气孔三者体积的比例关系，以磨粒率(磨粒占磨具体积的百分率)表示磨具的组织号。磨料所占的体积比例越大，砂轮的组织越紧密；反之，组织越疏松。国标中规定了 15 个组织号：0，1，2，…，13，14。0 号组织最紧密，磨粒率最高为 62%；14 号组织最疏松，磨粒率最低为 34%。普通磨削常用 4～7 号组织的砂轮。

6. 形状与尺寸

根据机床类型和加工需要，将磨具制成各种标准的形状和尺寸。常用的几种砂轮形状、代号和用途如表 5-2 所列。

表 5-2　常用砂轮的形状、代号和用途

砂轮名称	形　状	代号	用　途
平形砂轮		P	磨削外圆、内圆、平面，并用于无心磨削
双斜边砂轮		PSX	磨削齿轮的齿形和螺线
筒形砂轮		N	立轴端面平磨
杯形砂轮		B	磨削平面、内圆及刃磨刀具
碗形砂轮		BW	刃磨刀具，并用于导轨磨
碟形砂轮		D	磨削铣刀、铰刀、拉刀及齿轮的齿形
薄片砂轮		PB	切断和切槽

注：表图中有"▼"者为主要使用面，有"▽"者为辅助使用面。

7. 砂轮标记

砂轮标记的书写顺序是：形状代号、尺寸、磨料、粒度号、硬度、组织号、结合剂和允许的最高线速度。例如：砂轮的标记为

$$P \quad\quad 400 \times 40 \times 127 \quad\quad WA \quad 60 \quad\quad L \quad\quad 5 \quad\quad V \quad\quad 35$$

$$\downarrow \quad\quad\quad \downarrow \quad\quad\quad\quad\quad \downarrow \quad\quad \downarrow \quad\quad\quad \downarrow \quad\quad \downarrow \quad\quad \downarrow \quad\quad\quad\quad \downarrow$$

平行砂轮　外径×厚度×孔径　磨料　粒度　硬度　组织号　结合剂　最高工作线速度(m/s)

砂轮选择的主要依据是被磨材料的性质、要求达到的工件表面粗糙度和金属磨除率。选择的原则是：磨削钢时，选用刚玉类砂轮；磨削硬铸铁、硬质合金和非铁金属时，选用碳化硅砂轮；磨削软材料时，选用硬砂轮；磨削硬材料时，选用软砂轮；磨削软而韧的材料时，选用粗磨料(如 $12^{\#}\sim36^{\#}$)；磨削硬而脆的材料时，选用细磨料(如 $46^{\#}\sim100^{\#}$)；磨削表面的粗糙度值要求较低时，选用细磨粒；磨削金属磨除率要求高时，选用粗磨粒；要求加工表面质量好时，选用树脂或橡胶结合剂的砂轮；要求最大金属磨除率时，选用陶瓷结合剂砂轮。

珩磨、超精加工及钳工使用的磨具为油石，常见的油石形状如图 5-25 所示。

正方油石　　长方油石　　三角油石　　圆柱油石　　半圆油石
(SF)　　　　(SC)　　　　(SJ)　　　　(SY)　　　　(SB)

图 5-25　油石的形状

油石的标记为

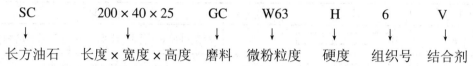

SC	200 × 40 × 25	GC	W63	H	6	V
↓	↓	↓	↓	↓	↓	↓
长方油石	长度×宽度×高度	磨料	微粉粒度	硬度	组织号	结合剂

5.4.2　磨削过程中磨粒的作用

　　磨料的切削加工方法有磨削、珩磨、研磨、抛光等，其中以磨削加工应用最为广泛。磨削所用砂轮表面上的每个磨粒，可以近似地看成一个微小刀齿，突出的磨粒尖棱，可以认为是微小的切削刃。因此，砂轮可以看做是具有极多微小刀齿的铣刀。由于砂轮磨粒的几何形状差异甚大，在砂轮表面上排列极不规则，间距和高低均为随机分布。因此磨削时各个磨粒表现出来的磨削作用有很大的不同，如图 5-26 所示。

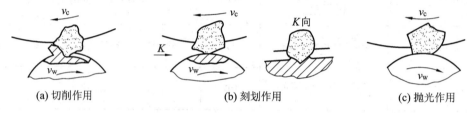

(a) 切削作用　　　　　　　(b) 刻划作用　　　　　　　(c) 抛光作用

图 5-26　磨粒的磨削作用

　　砂轮上比较凸出的和比较锋利的磨粒起切削作用。这些磨粒在开始接触工件时，由于切入深度极小，磨粒棱尖圆弧的负前角很大，在工件表面上仅产生弹性变形；随着切入深度增大，磨粒与工件表层之间的压力加大，工件表层产生塑性变形并被刻划出沟纹；当切深进一步加大，被切的金属层才产生明显的滑移而形成切屑。这是磨粒的典型切削过程，其本质与刀具切削金属的过程相同(见图 5-26(a))。

　　砂轮上凸出高度较小或较钝的磨粒起刻划作用。这些磨粒的切削作用很弱，与工件接触时由于切削层的厚度很薄，磨粒不是切削，而是在工件表面上刻划出细小的沟纹，工件材料被挤向磨粒的两旁而隆起(见图 5-26(b))。

　　砂轮上磨钝的或比较凹下的磨粒起抛光作用。这些磨粒既不切削也不刻划工件，而只是与工件表面产生滑擦，起摩擦抛光作用(见图 5-26(c))。

　　即使比较锋利且凸出的单个磨粒，其磨削过程大致也可分为三个阶段(见图 5-27)。在第一阶段，磨粒从工件表面滑擦而过，只有弹性变形而无切屑。第二阶段，磨粒切入工件表层，刻划出沟痕并形成隆起。第三阶段，切削层厚度增大到某一临界值，切下切屑。

　　综上所述，磨削过程实际上是无数磨粒对工件表面进行错综复杂的切削、刻划、滑擦三种作用的综合过程。一般来说，粗磨时以切削作用为主；精磨时既有切削作用，也有摩擦抛光作用；超精磨和镜面磨削时摩擦抛光作用更为明显。

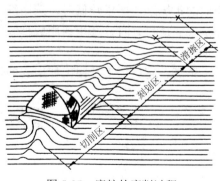

图 5-27　磨粒的磨削过程

5.5 材料的切削加工性

工件材料的切削加工性(machinability)是指某种材料被切削加工成合格零件的难易程度。它有一定的相对性,具体的加工条件和要求不同,加工的难易程度也有很大差异。因此,在不同的情况下要用不同的指标来衡量和比较材料的切削加工性。

5.5.1 衡量材料切削加工性的指标

(1) 一定刀具寿命下的切削速度 v_T:v_T 是指刀具耐用度为 T(min)时切削某种材料所允许的切削速度。v_T 越高,材料的切削加工性越好。当 T 为 60 min、30 min、15 min 时,v_T 可分别写成 v_{60}、v_{30} 或 v_{15}。

(2) 切削力或切削温度:在相同的切削条件下,凡切削力小的材料,其切削加工性较好,反之较差。在粗加工中,当机床刚度或动力不足时,常以此作为衡量指标。

(3) 已加工表面质量:凡较容易获得好的表面质量的材料,其切削加工性较好,反之较差。精加工时,常以此为衡量指标。

(4) 切屑控制或断屑的难易:凡切屑较容易控制或易于断屑的材料,其切削加工性较好,反之较差。在自动机床或自动线上加工时,常以此为衡量指标。

(5) 相对加工性 K_r:一般以抗拉强度 $\sigma_b = 735$ MPa 的 45 钢的 v_{60} 作基准,写作 $(v_{60})_j$,而把各种被切削材料的 v_{60} 与之相比,这个比值 K_r 即为其相对加工性,即

$$K_r = \frac{v_{60}}{(v_{60})_j}$$

相对加工性 K_r 实际上反映了材料对刀具磨损和寿命的影响。K_r 值越大,表示在相同切削条件下允许的切削速度越高,其相对加工性越好;同时表明刀具不易磨损,即刀具耐用度高。

常用材料的相对加工性 K_r 分为 8 级,见表 5-3。凡 K_r 大于 1 的材料比 45 钢容易切削,加工性比 45 钢好,例如有色金属;K_r 小于 1 的材料比 45 钢难切削,加工性比 45 钢差,例如高锰钢、钛合金均属难加工材料。

表 5-3 材料相对加工性等级

加工性等级	名称及种类		相对加工性 K_r	代表性材料
1	很容易切削材料	一般非铁金属	> 3.0	铝铜合金,铝镁合金
2	容易切削材料	易切削钢	2.5～3.0	退火 15Cr ($\sigma_b = 375～441$ MPa)
3		较易切削钢	1.6～2.5	正火 30 钢 ($\sigma_b = 441～549$ MPa)
4	普通材料	一般钢及铸铁	1.0～1.6	45 钢,灰铸铁
5		稍难切削材料	0.65～1.0	2Cr13 调质 ($\sigma_b = 834$ MPa)
6	难切削材料	较难切削材料	0.5～0.65	45Cr 调质 ($\sigma_b = 1030$ MPa)
7		难切削材料	0.15～0.5	50CrV 调质,1Cr18Ni9Ti
8		很难切削材料	< 0.15	某些钛合金,铸造镍基高温合金

5.5.2　常用材料的切削加工性

碳素钢是应用最广泛的金属材料，其中低碳钢($w_C < 0.25\%$)中的金相组织以铁素体为主，硬度约为 140HBS，性软而韧。粗加工时不易断屑而影响操作过程，精加工时表面不光洁，故低碳钢的切削加工性较差；中碳钢在 w_C 为 0.3%～0.6%的金相组织中，珠光体的量增加，硬度约为 180HBS，有较好的综合力学性能，其切削加工性较好；高碳钢在 w_C 为 0.6%～0.8%时，其金相组织以珠光体为主，正火后硬度为 230～280HBS，其切削加工性次于中碳钢；当 $w_C > 0.8\%$ 时，其组织为珠光体和网状渗碳体，其性硬而脆，切削时刀具易磨损，故其切削加工性不好。合金结构钢的切削加工性一般低于含碳量相近的碳素结构钢。

普通铸铁的金相组织是金属基体加游离态石墨。石墨不但降低了铸铁的塑性，切屑易断，而且在切削过程中还有润滑作用。铸铁与具有相同基体组织的碳素钢相比，具有较好的切削加工性。但另一方面，由于切削加工后表面石墨易脱落，使已加工表面粗糙。切削铸铁时形成崩碎切屑，造成切屑与前刀面的接触长度非常短，使切削力、切削热集中在刃区，最高温度在靠近切削刃的后刀面上。铝、镁等非铁合金硬度较低，且导热性好，故具有良好的切削加工性。

从以上分析不难看出，化学成分和金相组织对工件材料的切削加工性影响很大，故主要应从这两方面着手改善切削加工性。

(1) 调整材料的化学成分。在不影响材料使用性能的前提下，可在钢中适当添加一种或几种可以明显改进材料切削加工性的合金元素，如 S、Pb、Ca、P 等，获得易切钢。易切钢的良好切削加工性表现在：切削力小、易断屑、刀具寿命长、加工表面质量好。

(2) 热处理改变金相组织。生产中常对工件材料进行预先热处理，其目的在于通过改变工件材料的硬度来改善切削加工性。例如：低碳钢经正火处理或冷拔处理，使塑性减少，硬度略有提高，从而改善切削加工性。高碳钢通过球化退火使硬度降低，有利于切削加工。铸铁件在切削加工前进行退火可降低表层硬度，特别是白口铸铁，在 950～1000℃的温度下长时间退火，变成可锻铸铁，能使切削加工较易进行。

5.5.3　难加工材料的切削加工性

一般认为，当材料的相对加工性 K_r 小于 0.65 时，就属于难加工材料。难加工材料包括难切金属材料和难切非金属材料两大类。通常把高锰钢、高强度钢、不锈钢、高温合金、钛合金、高熔点金属及其合金以及喷涂(焊)材料等称为难切金属材料。所谓切削困难，主要表现为：刀具寿命短，刀易破损；难以获得所要求的加工表面质量，特别是表面粗糙度；断屑、卷屑、排屑困难。

切削难切金属材料的主要措施有：

(1) 改善切削加工条件。此法要求机床有足够大的功率，并处于良好的技术状态；加工工艺系统应具有足够的强度和刚性，装夹要可靠；在切削过程中，要求均匀地机械进给，切忌手动进给，不允许刀具中途停顿。

(2) 选用合适的刀具材料。根据金属材料的性质、不同的加工方法和加工要求选用刀具材料。

(3) 优化刀具几何参数和切削用量。合理设计刀具结构和几何参数，选用最佳切削用量以及提高刀齿强度和散热条件，对最大限度提高刀具寿命和加工表面质量至关重要。

(4) 对材料进行适当的热处理。只要加工工艺允许，用此法可改变材料的金相组织和性质，以改善材料的可加工性。

(5) 选用合适的切削液。此法可减小刀具的磨损和破损；切削液供给要充足，且不要中断。

(6) 重视切屑控制。根据加工要求控制切屑的断屑、卷屑、排屑并有足够的容屑空间，以提高刀具寿命和加工质量。

非金属硬脆材料的硬度高而且脆性大，也有些材料硬度不高但很脆，故精密加工有一定难度。工程陶瓷包括电子与电工器件陶瓷和工具材料陶瓷，具有硬度高、耐磨、耐热和脆性大等特点。因此，只有金刚石和立方氮化硼刀具才能胜任陶瓷的切削。传统的加工方法是用金刚石砂轮磨削，还有研磨和抛光；但磨削效率低，加工成本高。随着烧结金刚石刀具的出现，易切陶瓷和高刚度机床的开发，陶瓷材料切削加工的效率越来越高，而成本相对降低。复合材料制件在成形后需要整理外形和协调装配，必需的机械加工也是难以避免的，如用螺栓连接和铆接时都需要钻孔。但复合材料的切削加工比较困难，这是由材料的物理力学性能所决定的。当不同复合材料钻孔时，要用不同刀具材料和结构的钻头。

※※※ 复习思考题 ※※※

5.1 试说明下列加工方法的主运动和进给运动：

a. 车端面；　　　　　b. 在钻床上钻孔；　　c. 在铣床上铣平面；

d. 在牛头刨床上刨平面；　　　　　e. 在外圆磨床上磨外圆。

5.2 试说明车削时的切削用量三要素，并简述粗、精加工时切削用量的选择原则。

5.3 车外圆时，已知工件转速 $n = 320$ r/min，车刀进给速度 $v_f = 64$ mm/min，其他条件如题图 5-1 所示，试求切削速度 v_c、进给量 f、背吃刀量 a_p、切削层公称横截面积 A_D、切削层公称宽度 b_D 和厚度 h_D。

5.4 弯头车刀刀头的几何形状如题图 5-2 所示，试分别说明车外圆、车端面(由外向中心进给)时的主切削刃、刀尖、前角 γ_0、主后角 α_0、主偏角 κ_r 和副偏角 κ_r'。

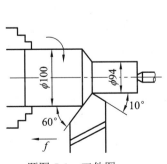

题图 5-1 工件图

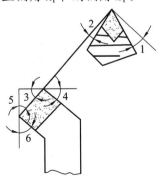

题图 5-2 弯头车刀刀头

5.5　简述车刀前角、后角、主偏角、副偏角和刃倾角的作用及选择原则。

5.6　机夹可转位式车刀有哪些优点？

5.7　刀具切削部分材料应具备哪些基本性能？常用的刀具材料有哪些？

5.8　高速钢和硬质合金在性能上的主要区别是什么？各适合做哪些刀具？

5.9　切屑是如何形成的？常见的切屑有哪几种？

5.10　积屑瘤是如何形成的？它对切削加工有哪些影响？生产中最有效的控制积屑瘤的方法是什么？

5.11　切削热对切削加工有什么影响？

5.12　背吃刀量和进给量对切削力和切削温度的影响是否一样？如何运用这一规律指导生产实践？

5.13　切削液的主要作用是什么？常根据哪些主要因素选用切削液？

5.14　刀具的磨损形式有哪几种？在刀具磨损过程中，一般分为几个磨损阶段？刀具寿命的含义和作用是什么？

5.15　试分析砂轮磨削金属与刀具切削金属的过程及原理有何异同？原因何在？

5.16　如何评价材料切削加工性的好坏？最常用的衡量指标是什么？如何改善材料的切削加工性？

第6章　零件表面的常规加工方法

　　任何复杂的零件都是由简单的几何表面(如外圆面、孔、平面、成形表面等)组成的，而某一种表面又可以采用多种方法加工，但可以根据零件具体表面的加工要求、零件的结构特点及材料的性质等因素来选用相应的加工方法。选择的基本原则是在保证加工质量的前提下，使生产成本较低。因此，选择各表面的加工方法时，一般应遵循下述几个基本原则：

　　(1) 首先选定它的最终加工方法，然后再逐一选定各前道工序的加工方法。

　　(2) 按各种加工方法的应用特点选择各表面的加工方法，即所选择的加工方法的经济精度及表面粗糙度与加工表面的精度要求和表面粗糙度要求相适应。

　　(3) 所选加工方法要保证加工表面的形状精度要求和位置精度要求。

　　(4) 所选加工方法要与零件材料的切削加工性相适应。

　　(5) 所选加工方法要与生产类型相适应。

　　(6) 所选加工方法要结合本企业的实际生产条件。

　　本章将通过对零件表面加工方法的综合分析，为合理选择表面的加工方法和加工顺序打下基础。

6.1　金属切削机床的基本知识

　　金属切削机床是对金属工件进行切削加工的机器。由于它是用来制造机器的，也是唯一制造机床自身的机器，故又称为"工作母机"，习惯上简称为机床。机床是机械制造业的基本加工装备，它的品种、性能、质量和技术水平直接影响着其他机电产品的性能、质量、生产技术和企业的经济效益。机械工业为国民经济各部门提供技术装备的能力和水平，在很大程度上取决于机床的水平，所以机床属于基础机械装备。

6.1.1　机床的分类

　　机床的品种规格繁多，为便于设计、制造、使用和管理，需要加以分类。机床按其加工原理分为 11 大类，即车床(C)、钻床(Z)、镗床(T)、磨床(M)、齿轮加工机床(Y)、螺纹加工机床(S)、铣床(X)、刨插床(B)、拉床(L)、锯床(G)和其他机床(Q)等。

按机床的通用性程度，机床可分为通用机床、专门化机床和专用机床。通用机床的工艺范围宽、通用性好，能加工一定尺寸范围的多种类型零件，如卧式车床、卧式升降台铣床和万能外圆磨床等。通用机床的结构比较复杂，生产率低，适用于单件小批量生产。专门化机床只能加工一定尺寸范围的某一类或几类零件，完成其中的某些特定工序，如曲轴车床、凸轮轴车床、花键铣床等。专用机床的工艺范围最窄，通常只能完成某一特定零件的特定工序，如车床主轴箱的专用镗床、车床导轨的专用磨床等。组合机床也属于专用机床。

　　按照加工零件的大小和机床重量，机床可分为仪表机床、中小型机床、大型机床(10～30 t)、重型机床(30～100 t)和超重型机床(100 t 以上)。按照机床的工作精度，机床可分为普通机床(P 级)、精密机床(M 级)和高精度机床(G 级)。按照自动化程度，机床可分为手动机床、半自动机床和自动机床 3 种。按照机床的自动控制方式，机床可分为仿形机床、数控机床、加工中心等。

6.1.2　金属切削机床的型号

　　机床的型号是机床产品的代号，用以表明机床的类型、通用和结构特性、主要技术参数等。GB/T15375—2008《金属切削机床型号编制方法》规定，我国的机床型号由汉语拼音字母和阿拉伯数字按一定规律组合而成，如图 6-1 所示。

图 6-1　金属切削机床的型号

　　注：① 有"( )"的代号或数字，当无内容时，不表示，若有内容，则不带括号。

　　② 有"○"符号者，为大写的汉语拼音字母。

　　③ 有"△"符号者，为阿拉伯数字。

　　④ 有"△""○"符号者，为大写的汉语拼音字母或阿拉伯数字或两者兼有之。

1. 机床的类别代号

　　我国的机床分为 11 大类，如有分类则在其类代号前加数字表示，如 2 M。机床的类代号和分类代号见表 6-1。

表 6-1　机床类代号和分类代号

类别	车床	钻床	镗床	磨床	齿轮加工机床	螺纹加工机床	铣床	刨插床	拉床	锯床	其他机床
代号	C	Z	T	M 2M 3M	Y	S	X	B	L	G	Q
读音	车	钻	镗	磨 二磨 三磨	牙	丝	铣	刨	拉	割	其

2. 机床的通用特性代号

当某类型机床除有普通形式外，还具有表 6-2 所列的通用特性时，则在类代号之后，用大写的汉语拼音予以表示。

表 6-2　机床通用特性代号

通用特性	代号	读音	通用特性	代号	读音
高精度	G	高	仿形	F	仿
精密	M	密	轻型	Q	轻
自动	Z	自	加重型	C	重
半自动	B	半	数显	X	显
数控	K	控	柔性加工单元	R	柔
加工中心（自动换刀）	H	换	高速	S	速

3. 结构特性代号

结构特性代号是为了区别主参数相同而结构不同的机床，在型号中用汉语拼音字母区分。例如，CA6140 型普通车床型号中的 "A"，可理解为：CA6140 型普通车床在结构上区别于 C6140 型普通车床。

4. 机床的组别、系别代号

每类机床按其作用、性能、结构等分为若干组，每组又可以分为若干系。在机床型号中用两位阿拉伯数字表示，前者表示组，后者表示系。在同一类机床中，凡主要布局或使用范围基本相同的机床，即为同一组。凡在同一组机床中，其主参数、主要结构及布局形式相同的机床，即为同一系。

5. 机床的主参数、设计顺序号和第二参数

型号中机床主参数代表机床规格的大小。在机床型号中，用数字给出主参数的折算数值(1/10 或 1/100)，位于机床的组别、系别代号之后。

设计顺序号是指当无法用一个主参数表示时，则在型号中用设计顺序号表示。

第二主参数在主参数后面，一般是主轴数、最大跨距、最大工作长度、工作台工作面长度等，它也用折算值表示。

6. 机床的重大改进顺序号

当机床性能和结构布局有重大改进和提高时，在原机床型号尾部，按其设计改进的次序，分别加重大改进顺序号 A，B，C，…。

7. 其他特性代号

其他特性代号用汉语拼音字母或阿拉伯数字或二者的组合来表示，主要用以反映各类机床的特性，如对数控机床，可反映不同的数控系统；对于一般机床可反映同一型号机床的变形等。

例如：CA6140

C——类别代号(车床类)；

A——结构特性代号；

6——组别代号(落地及卧式车床组)；

1——系列代号(卧式车床系)；

40——主参数代号(最大工件回转直径 400 mm)。

6.2　外圆面的加工

6.2.1　外圆面的技术要求

外圆面是轴类、套筒类、盘类零件的主要表面，同时也可能是这些零件的辅助表面。外圆面的加工在零件的加工中占有很大的比重。不同零件上的外圆面或同一零件上不同的外圆面往往具有不同的技术要求，在对这些表面进行加工时需要结合具体的生产条件，拟定较合理的加工方案。

外圆面的技术要求包括：

(1) 尺寸精度：包括外圆面直径和长度的尺寸精度。

(2) 形状精度：包括外圆面的圆度、圆柱度和轴线的直线度等。

(3) 位置精度：包括与其他外圆面(或孔)之间的同轴度、径向圆跳动和与端面的垂直度等。

(4) 表面质量：主要是指表面粗糙度，也包括有些零件要求的表面层硬度、残余应力大小及方向和金相组织变化等。

6.2.2　外圆面的车削

车削加工是指在车床上利用工件的旋转和刀具的移动，从工件表面切除多余材料，使其成为符合一定形状、尺寸和表面质量要求的零件的一种切削加工方法。其中工件的旋转为主运动，车刀的移动为进给运动。

车削比其他的加工方法应用更普遍，一般机械加工车间中，车床往往占总机床的 20%～50%，甚至更多。车床主要用来加工各种回转表面(内外圆柱面、圆锥面及成形回转表面)和回转体的端面，有些车床可以加工螺纹面。图 6-2 所示为适宜在车床上加工的零件举例。

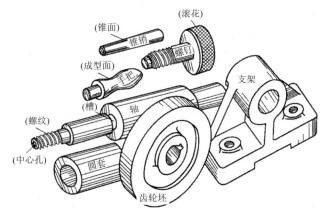

图 6-2 适宜在车床上加工的零件举例

车外圆可以在不同类型的车床上进行加工。单件小批次生产中，各种轴、盘、套类的中小型零件多在卧式车床上加工；生产率要求高、变更频繁的中小型零件，可选用数控车床加工；大型圆盘类零件(如火车轮、大型齿轮的轮坯等)多用立式车床加工；成批次或大批次生产中，小型轴、套类零件，则广泛使用转塔车床、多刀半自动车床及自动车床进行加工。

在车床上安装工件时，应使被加工表面的回转中心与车床主轴的轴线重合，同时要保证有足够的夹紧力。车床上常用装夹工件的附件有三爪自定心卡盘、四爪单动卡盘、顶尖、心轴、中心架、跟刀架、花盘和弯板等。

各种车刀车削中小型零件外圆的方法如图 6-3(a)～(e)所示，图 6-3(f)所示为立式车床车削重型零件外圆的方法。在粗车铸件、锻件时，因表面有硬皮，可先倒角或车出端面，然后用大于硬皮厚度的背吃刀量粗车外圆，使刀尖避开硬皮，以防刀尖磨损过快或被硬皮打坏。用高速钢车刀低速精车钢件时采用乳化液润滑，用高速钢车刀低速精车铸铁件时采用煤油润滑可降低工件表面的粗糙度数值。

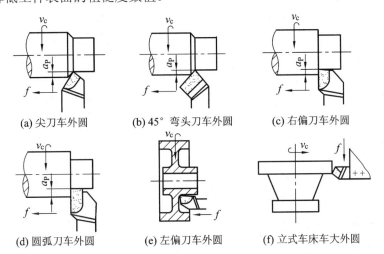

(a) 尖刀车外圆   (b) 45° 弯头刀车外圆   (c) 右偏刀车外圆

(d) 圆弧刀车外圆   (e) 左偏刀车外圆   (f) 立式车床车大外圆

图 6-3 外圆面的车削方法

由于车刀的角度不同和切削用量不同，车削的精度和表面粗糙度也不同。为了提高生产率及保证加工质量，车削分为粗车、半精车、精车和精细车。

粗车的目的是从毛坯上切去大部分余量,为精车作准备。粗车时采用较大的背吃刀量 a_P、较大的进给量 f 以及中等或较低的切削速度 v_c,以达到高的生产率。粗车也可作为低精度表面的最终工序。粗车后的尺寸公差等级一般为 IT13~IT11,表面粗糙度 Ra 值为 50~12.5 μm。

半精车的目的是提高精度和减小表面粗糙度,可作为中等精度外圆的终加工,亦可作为精加工外圆的预加工。半精车的背吃刀量和进给量较粗车时小。半精车的尺寸公差等级可达 IT10~IT9,表面粗糙度 Ra 值为 6.3~3.2 μm。

精车的目的是保证工件所要求的精度和表面粗糙度,作为较高精度外圆面的终加工,也可作为光整加工的预加工。精车一般采用小的背吃刀量($a_p<0.15$ mm)和进给量($f<0.1$ mm/r),可以采用高的切削速度,以避免积屑瘤的形成。精车的尺寸公差等级一般为 IT8~IT7,表面粗糙度 Ra 值为 1.6~0.8 μm。

精细车一般用于技术要求高的、韧性大的有色金属零件的加工。精细车所用机床应有很高的精度和刚度,多使用仔细刃磨过的金刚石刀具。精细车削时采用小的背吃刀量($a_p \leqslant 0.03$~0.05 mm)、小的进给量($f = 0.02$~0.2 mm/r)和高的切削速度($v_c>2.6$ m/s)。精细车的尺寸公差等级可达 IT6~IT5,表面粗糙度 Ra 值为 0.4~0.1 μm。

车削的工艺特点如下:

(1) 易于保证零件各加工表面的相互位置精度。对于轴、套筒、盘类等零件,车削时工件绕某一固定轴线回转,各表面具有同一回转轴线。因此,在一次安装中加工出同一零件不同直径的外圆面、孔及端面时,易于保证各外圆面之间的同轴度、各外圆面与内圆面之间的同轴度以及端面与轴线的垂直度。

(2) 生产率高。车削的切削过程是连续的(车削断续外圆表面例外),而且切削面积保持不变(不考虑毛坯余量的不均匀),所以切削力变化小。与铣削和刨削相比,车削过程平稳,又由于车削的主运动为工件回转,避免了惯性力和冲击力的影响,所以车削允许采用较大的切削用量进行强力切削和高速切削,生产率高。

(3) 生产成本低。车刀是刀具中最简单的一种,制造、刃磨和安装方便,刀具费用低。车床附件多,装夹及调整时间较短,生产准备时间短,加之切削生产率高,生产成本低。

(4) 应用范围广。车削除了经常用于车外圆、端面、孔、切槽和切断等加工外,还用来车螺纹、锥面和成形表面。同时车削加工的材料范围较广,可车削黑色金属、有色金属和某些非金属材料,特别是适合于有色金属零件的精加工。车削既适于单件小批量生产,也适于中、大批量生产。

6.2.3　外圆面的磨削

磨削是外圆面精加工的主要方法,多作为半精车外圆后的精加工工序。对精密铸造、精密模锻、精密冷轧的毛坯,因加工余量小,也可不经车削直接磨削加工。

1. 常用的外圆面磨削方法

外圆面磨削既可在外圆磨床上进行,也可在无心磨床上进行。

1) 在外圆磨床上磨削

在外圆磨床上磨削外圆的方法常用的有纵磨法、横磨法、混合磨法和深磨法(见图 6-4)。

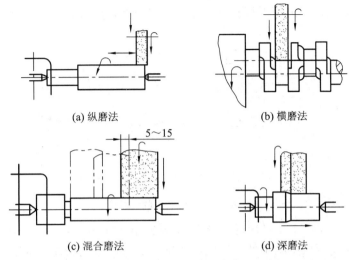

(a) 纵磨法   (b) 横磨法

(c) 混合磨法   (d) 深磨法

图 6-4 在外圆磨床上磨外圆

(1) 纵磨法。砂轮高速旋转为主运动，工件旋转为圆周进给运动，工件随工作台一起往复直线运动为纵向进给运动，工件每转一周的纵向进给量为砂轮宽度的三分之二，致使磨痕互相重叠。每当工件一次往复行程终了时，砂轮作周期性的横向进给(背吃刀量)。每次磨削的深度很小，经多次横向进给磨去全部磨削余量。

纵磨法由于背吃刀量小，所以磨削力小，产生的磨削热少，散热条件较好；还可以利用最后几次无背吃刀量的光磨行程进行精磨，因此加工精度和表面质量较高。此外，纵磨法具有较大的适应性，可以用一个砂轮加工不同长度的工件。但是，其生产率较低，故广泛适用于单件、小批次生产及精磨，特别适用于细长轴的磨削。

(2) 横磨法。横磨法又称切入法，磨削时工件不作纵向往复移动，而由砂轮以慢速作连续的横向进给，直至磨去全部磨削余量。

横磨法生产率高，但由于砂轮和工件接触面积大，磨削力大，发热量多，磨削温度高，散热条件差，工件容易产生热变形和烧伤现象，且因背向力 F_P 大，工件易产生弯曲变形。由于无纵向进给运动，磨痕明显，因此工件表面粗糙度 Ra 值较纵磨法大。横磨法一般用于成批次及大量生产中，磨削刚性较好、长度较短的外圆以及两端都有台阶的轴颈及成形表面，尤其是工件上的成形表面，只要将砂轮修正成形，就可以直接磨出。

(3) 混合磨法。混合磨法是先用横磨法将工件表面分段进行粗磨，相邻两段间有 5～10 mm 的搭接，工件上留有 0.01～0.03 mm 的余量，然后用纵磨法进行精磨的加工方法。混合磨法综合了横磨法和纵磨法的优点，既提高了加工效率，又保证了加工精度。

(4) 深磨法。磨削时采用较小的纵向进给量(一般取 1～2 mm/r)、较大的背吃刀量(一般为 0.3 mm 左右)，在一次行程中磨去全部余量。磨削用的砂轮前端修磨成锥形或阶梯形，直径大的圆柱部分起精磨和修光作用。锥形或其余阶梯面起粗磨或半精磨作用。深磨法的生产率约比纵磨法高一倍，但修整砂轮较复杂，只适用于大批量生产刚度大并允许砂轮越出加工面两端较大距离的工件。

2) 在无心外圆磨床上磨削

无心外圆磨削是一种生产率很高的精加工方法，其工作原理如图 6-5 所示。磨削时工件放在两个砂轮之间，下方用托板托住，不用顶尖支持，所以称为无心磨。

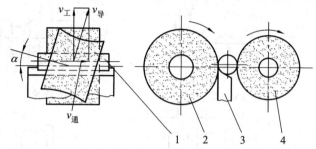

1—工件；2—磨削轮；3—托板；4—导轮

图 6-5　无心外圆磨削示意图

两个砂轮中，较小的一个是用橡胶结合剂做的，磨粒较粗，以 0.16～0.5 m/s 速度回转，此为导轮；另一个是用来磨削工件的砂轮，以 30～40 m/s 速度回转，称为磨削轮。磨削时，导轮和磨削轮同向旋转，工件轴线略高于砂轮与导轮轴线，以避免工件在磨削时产生圆度误差。工件与导轮之间摩擦较大，所以工件由导轮带动作低速旋转，并由高速旋转着的砂轮进行磨削。

导轮轴线相对于工件轴线倾斜一个角度 $\alpha(10°～50°)$，以使导轮与工件接触点的线速度 $v_导$ 分解为两个速度，一个是沿工件圆周切线方向的 $v_工$，另一个是沿工件轴线方向的 $v_通$。因此，工件一方面旋转作圆周进给，另一方面作轴向进给运动。工件从两个砂轮间通过后，即完成外圆磨削。导轮倾斜 α 角后，为了使工件表面与导轮表面保持线接触，应当将导轮母线修整成双曲线形。

无心外圆磨削时，工件两端不需预先打中心孔，安装也比较方便，不需用夹具，操作技术要求不高，并且机床调整好之后，可连续进行磨削，易于实现自动化，生产率高。工件被夹持在两个砂轮之间，不会因背向磨削力大而被顶弯，有利于保证工件的直线性，工件尺寸稳定，尤其是对于细长轴类零件的磨削，优点更为突出。但是无心外圆磨削要求工件外圆面在圆周上必须是连续的，若圆柱面上有键槽或小平面，导轮将无法带动工件连续旋转，故不能磨削。对于套筒类零件不能保证内、外圆的同轴度要求，机床的调整比较费时。这种方法适用于成批次、大量生产光滑的销、轴类零件的磨削。如果采用切入磨法，也可以加工阶梯轴、锥面和成形面等。

2. 磨削工艺的特点

磨削的工艺特点如下：

(1) 精度高、表面粗糙度值小。磨削所用的砂轮的表面有极多的、具有锋利的切削刃的磨粒，而每个磨粒又有多个刀刃，磨削时能切下薄到几微米的磨屑。磨床比一般切削加工机床精度高，刚性及稳定性好，并且具有控制小背吃刀量的微量进给机构，可以进行微量磨削，从而保证了精密加工的实现。磨削时，磨削速度高，如普通外圆磨削 $v_c \approx 30～35$ m/s，高速磨削 $v_c > 50$ m/s。一般磨削的尺寸公差等级可达 IT7～IT6，表面粗糙度 Ra 值为 0.2～0.8 μm；当采用小粒度砂轮磨削时，Ra 可达到 0.008～0.1 μm。

(2) 砂轮有自锐作用。磨削过程中，磨钝了的磨粒会自动脱落而露出新鲜锐利的磨粒，这就是砂轮的自锐作用。砂轮由于本身的自锐性，使得磨粒能够以较锋利的刃口对工件进行切削。实际生产中，有时就利用这一原理进行强力磨削，以提高磨削加工的生产率。

(3) 磨削温度高。磨削时的切削速度为一般切削加工的 10～20 倍，磨粒多为负前角切削，挤压和摩擦较严重，磨削时消耗功率大，产生的切削热多。而砂轮本身的传热性很差，大量的磨削热在短时间内传散不出去，在磨削区形成瞬时高温，有时高达 800～1000℃。大部分磨削热将传入工件，降低零件的表面质量和使用寿命。因此在磨削过程中，向磨削区加注大量的切削液，不仅可以降低磨削温度，还可以冲掉细碎的切屑和碎裂及脱落的磨粒，避免堵塞砂轮空隙，提高砂轮的寿命。

(4) 磨削的背向力大。与车外圆时切削力的分解类似，磨削外圆时，总磨削力分解为磨削力 F_c、进给力 F_f 和背向力 F_p 3 个相互垂直的分力(见图 6-6)。磨削力 F_c 决定磨削时消耗功率的大小，在一般切削加工中，切削力 F_c 比背向力 F_p 大得多；而在磨削时，背向磨削力 F_p 大于磨削力 F_c(一般 2～4 倍)，进给力最小，一般可忽略不计。

背向力 F_p 不消耗功率，但它作用在工艺系统(机床-夹具-工件-刀具所组成的系统)刚性较差的方向上，会使工件产生水平方向的弯曲变形，直接影响工件的加工精度。例如纵磨细长轴的外圆时，由于工件的弯曲而产生腰鼓形(见图 6-7)。

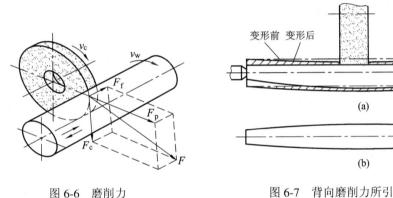

图 6-6 磨削力   图 6-7 背向磨削力所引起的加工误差

6.3 孔 的 加 工

6.3.1 孔的技术要求

孔是箱体、支架、套筒、环、盘类零件上的重要表面，也是机械加工中经常遇到的表面。与外圆面加工相比，孔加工的条件差，主要是因为：① 刀具的尺寸受到被加工孔的尺寸的限制，故刀具的刚性差，不能采用大的切削用量。② 刀具处于被加工孔的包围中，散热条件差，切屑排出困难，切削液不易进入切削区，切屑易划伤加工表面。所以，在加工精度和表面粗糙度要求相同的情况下，加工孔比加工外圆面困难，生产率低，成本高。

与外圆面相似，孔的技术要求大致有：① 尺寸精度，主要指孔径和长度的尺寸精度。② 形状精度，主要指孔的圆度、圆柱度及轴线的直线度。③ 位置精度，主要指孔与孔或孔与外圆面的同轴度，孔与孔或孔与其他表面之间的尺寸精度、平行度、垂直度等。④ 表面质量，主要指表面粗糙度、表层加工硬化和表层物理力学性能要求等。

孔的加工方法很多，主要有钻孔、扩孔、铰孔、镗孔、拉孔、磨孔和孔的光整加工等。

6.3.2　钻孔、扩孔、铰孔

1. 钻孔

1) 简介

钻孔(drilling)是用钻头在工件的实体部位加工孔的工艺过程。钻孔可以在钻床、车床或镗床上进行，也可以在铣床上进行。

回转体零件上的孔多在车床上加工，钻孔所用的刀具为麻花钻，工件的回转运动为主运动，尾座上的套筒推动钻头所作的纵向移动为进给运动。车床钻孔前先车平工件端面，以便于钻头定心，防止钻偏。然后用中心孔钻在工件中心处先钻出麻花钻定心孔，或用车刀在工件中心处车出定心小坑。最后选择与所钻孔直径对应的麻花钻，麻花钻工作部分长度略长于孔深。如果是直柄麻花钻，则用钻夹头装夹后插入尾座套筒。锥柄麻花钻用过渡锥套或直接插入尾座套筒。钻孔时，松开尾座锁紧装置，移动尾座直至钻头接近工件，开始钻削时进给要慢一些，然后以正常进给量进给，并应经常将钻头退出，以利于排屑和冷却钻头。钻削钢件时，应加注切削液。

在钻床上钻孔时，工件固定不动，钻头旋转(主运动)并作轴向移动(进给运动)。钻孔的尺寸公差等级为 IT10 以下，表面粗糙度值为 12.5 μm，作为孔的粗加工或要求不高孔的终加工。

钻头是钻孔用的刀具。常见的孔加工刀具有麻花钻、中心钻、锪钻和深孔钻等，其中应用最广泛的是麻花钻。钻头大多用高速钢制成，经过淬火和回火处理，其工作部分硬度达 62HRC 以上。

麻花钻是应用最广泛的孔的加工刀具，特别适合于直径 30 mm 以下的实体工件的孔的粗加工，有时也可以用于扩孔。麻花钻根据其制造材料分为整体式高速钢麻花钻和焊接式硬质合金麻花钻。标准高速钢麻花钻由工作部分、颈部、柄部组成，如图 6-8 所示。柄部用来把钻头装夹在钻夹头上或装在钻床主轴孔内。钻头有直柄和锥柄之分。一般直径小于 12 mm 的钻头是直柄钻头，它的切削扭矩小；直径大于 12 mm 的钻头多为锥柄钻头，它的切削扭矩大。锥柄的扁尾是使钻头从主轴锥孔中退出时供楔铁敲击之用。颈部是柄部和工作部分的连接部分，刻有钻头的规格和商标。钻头的工作部分包括切削部分和导向部分。切削部分有横刃和两个对称的主切削刃，起着主要切削作用；导向部分起着引导钻头的作用。导向部分由螺旋槽、刃带、齿背和钻芯组成。钻头有两条螺旋槽，其功能是形成切削刃和前角，并起着向孔外排屑和向孔内输送冷却液的作用。刃带是沿螺旋槽两条对称分布的窄带，切削时棱刃起修光孔壁的作用(也就是副切削刃)。钻头的直径靠近切削部分比靠近柄部要大些，两条棱边(刃带)每 100 mm 长度内直径往柄部减小 0.03～0.12 mm，这叫"倒锥"，从而形成了副偏角 k_r'，目的是减小钻削时刃带与孔壁的摩擦发热。钻头的实心部分叫钻芯，它用来连接两个刃瓣以保持钻头强度和刚度。

螺旋槽的螺旋面为前刀面，与工件过渡表面(孔底)相对的端部两曲面为主后刀面，与工件的加工表面(孔壁)相对的两条棱边为副后刀面。螺旋槽与主后刀面的两条交线为主切削刃，棱边与螺旋槽的两条交线为副切削刃。麻花钻的横刃为两后刀面在钻芯处的交线。

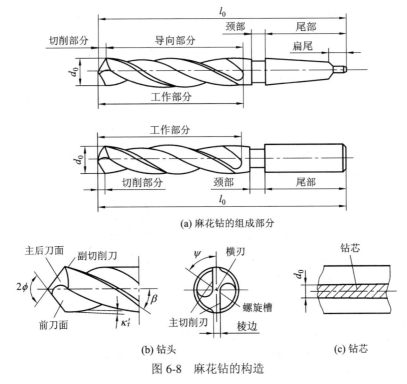

(a) 麻花钻的组成部分

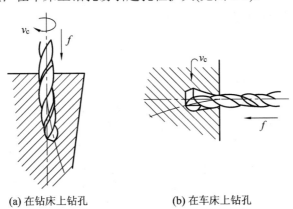

(b) 钻头　　　　　　　　　　　　　　　(c) 钻芯

图 6-8　麻花钻的构造

2) 钻孔的工艺特点

(1) 容易产生引偏。引偏是指加工时由于钻头弯曲而引起孔径扩大、孔不圆或孔轴线偏移、不直的现象。钻孔时产生引偏，主要是由于钻头最常用的是麻花钻，其直径和长度受所加工孔的限制，呈细长状，刚性差。为形成切削刃和容纳切屑，必须指出两条较深的螺旋槽，使钻芯变细，进一步削弱了钻头的刚度。为减少导向部分与已加工孔壁的摩擦，钻头仅有两条很窄的棱边与孔壁接触，接触刚度和导向作用也很差。此外，钻头横刃定心不准，两个主切削刃也很难磨得完全对称，加上工件材料的不均匀性，钻孔时的背向力不可能完全抵消。因此，在钻削力的作用下，刚性和导向作用较差的钻头，切入时易偏移、弯曲，使钻出的孔产生引偏，降低了孔的加工精度，甚至造成废品。在钻床上钻孔易引起孔的轴线偏移和不直；在车床上钻孔易引起孔径扩大(见图 6-9)。

(a) 在钻床上钻孔　　　　　　　　　　　　　(b) 在车床上钻孔

图 6-9　钻孔引偏

在实际生产中为了提高孔的加工精度，可采取如下措施：仔细刃磨钻头，使两个切削刃的长度相等和顶角对称，从而使径向切削力互相抵消，减少钻孔时的歪斜；在钻头上修磨出分屑槽，将宽的切屑分成窄条，以利于排屑；用顶角 $2\phi = 90° \sim 100°$ 的短钻头，预钻一个锥形坑可以起到钻孔时的定心作用(见图 6-10(a))；用钻模为钻头导向，可减少钻孔开始时的引偏，特别是在斜面或曲面上钻孔时更有必要(见图 6-10(b))。

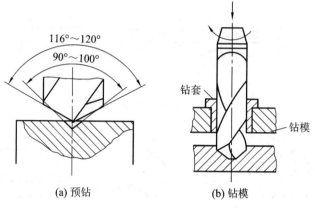

(a) 预钻　　　　　　　　　(b) 钻模

图 6-10　减少引偏的措施

　　(2) 排屑困难。钻孔的切屑较宽，容屑槽尺寸又受到限制，因此在排屑过程中切屑在孔内被迫卷成螺旋状，流出时与孔壁发生剧烈摩擦，挤压、拉毛和刮伤已加工表面，降低已加工表面质量；有时切屑可能会阻塞在钻头的容屑槽中，甚至会卡死或折断钻头。因此，排屑问题成为钻孔时要妥善解决的重要问题之一。尤其是用标准麻花钻加工较深的孔时，要反复多次把钻头退出排屑，很麻烦。为了改善排屑条件，可在钻头上修出分屑槽，将宽的切屑分成窄条，以利于排屑。当钻深孔($L/D > 5 \sim 10$)时，应采用合适的深孔钻。

　　(3) 切削温度高、刀具磨损快。钻孔时产生的热量虽然也由切屑、工件、刀具和周围介质传出，但它们之间的比例却和车削大不相同。如用标准麻花钻不加切削液钻钢料时，工件吸收的热量占52.5%，钻头约占14.5%，切屑约占28%，介质约占5%左右。

　　钻孔时产生的切削热多，加之钻削为半封闭切削，切屑不易排出，切削热不易传出，切削液难以注入切削区，切屑、刀具和工件之间的摩擦很大，使切削区温度很高，致使刀具磨损加快，限制了钻削用量和生产效率的提高。

　　2. 扩孔

　　扩孔(core drilling)是用扩孔钻对工件上已有的孔进一步扩大孔径并提高孔质量的加工方法。

　　扩孔加工一般尺寸公差等级可达 IT10～IT9，表面粗糙度 Ra 值为 6.3～3.2 μm。对技术要求不太高的孔，扩孔可作为终加工；对精度要求高的孔，扩孔常作为铰孔前的预加工。由于是在已有孔上扩孔加工，所以其切削量小，进给量大，生产率较高。

　　扩孔可在钻床、车床或镗床上进行。扩孔钻(见图 6-11)直径范围为 10～80 mm，与麻花钻相比，扩孔钻切削刃不必自外圆延续到中心，切削部分无横刃，避免了横刃和由横刃所引起的一些不良影响，切削时轴向力较小，改善了切削条件。扩孔钻的刀齿数(一般为 3～

4个)和棱边比麻花钻多，排屑槽浅，扩孔钻的强度和刚度较高，工作时导向性好，切削平稳，扩孔加工的质量比钻孔高。扩孔对孔的形状误差有一定的校正能力，大大提高了切削效率和加工质量，是孔的一种半精加工方法。

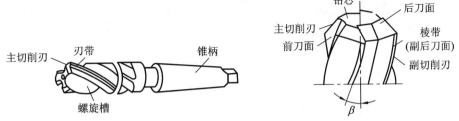

图 6-11 扩孔钻

考虑到扩孔比钻孔有较多的优越性，在钻直径较大的孔(一般 $D \geq 30$ mm)时，可先用小钻头(直径为孔径的 0.5～0.7 倍)预钻孔，然后再用原尺寸的大钻头扩孔。实践表明，这样虽分两次钻孔，生产效率也比用大钻头一次钻出时高。若用扩孔钻扩孔，则效率将更高，精度也比较高。

在成批或大量生产时，为提高钻削孔、铸锻孔或冲压孔的精度和降低表面粗糙度值，也常使用扩孔钻扩孔。

3. 铰孔

铰孔是用铰刀对孔进行最后精加工。铰孔的尺寸公差等级可达 IT9～IT7，表面粗糙度 Ra 值可达 1.6～0.4 μm。铰孔的加工余量很小，粗铰为 0.15～0.25 mm，精铰为 0.05～0.15 mm。

铰孔的方式有机铰和手铰两种，铰刀类型如图 6-12 所示。

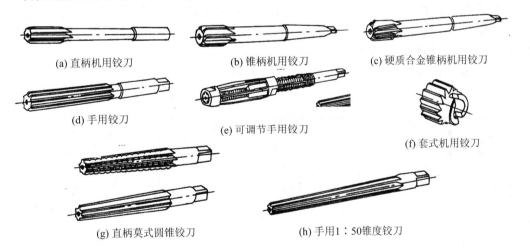

(a) 直柄机用铰刀   (b) 锥柄机用铰刀   (c) 硬质合金锥柄机用铰刀

(d) 手用铰刀   (e) 可调节手用铰刀   (f) 套式机用铰刀

(g) 直柄莫式圆锥铰刀   (h) 手用1∶50锥度铰刀

图 6-12 铰刀类型

铰孔加工质量较高的原因，除了具有扩孔的优点之外，还由于铰刀结构和切削条件比扩孔更为优越。铰刀(见图 6-13)一般有 6～12 个切削刃，制造精度高；铰刀具有修光部分，其作用是校准孔径、修光孔壁；铰刀容屑槽小，心部直径大，刚度好。铰孔时的加工余量小(粗铰为 0.15～0.35 mm，精铰为 0.05～0.15 mm)、切削力较小、铰孔时的切速度较低(v_c＝1.5～10 m/min)，产生的切削热较少，因此工件的受力变形和受热变形小，可避免积屑瘤的不利影响，使得铰孔质量比较高。

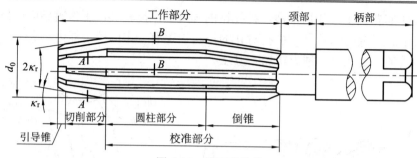

图 6-13　铰刀的结构

　　钻头、扩孔钻和铰刀都是标准刀具。对于中等尺寸以下较精密的标准孔，在单件小批乃至大批次大量生产中均可采用钻—扩—铰这种典型加工方案进行加工。但是，钻、扩、铰只能保证孔本身的精度，而不易保证孔与孔之间的尺寸精度及位置精度。为此，可以利用钻模进行加工，或者采用镗孔。

6.3.3　镗孔

　　镗削是在大型工件或形状复杂的工件上加工孔及孔系的基本方法。对于直径较大的孔、内成形面或孔内环槽等，镗削是唯一合适的加工方法。其优点是能加工大直径的孔，而且能修正上一道工序形成的轴线歪斜的缺陷。

　　镗孔的质量(主要指几何精度)主要取决于机床精度，镗床上镗孔精度可达 IT7 级，表面粗糙度 Ra 值为 $(0.8\sim0.1)\mu m$。由于镗床与镗刀的调整复杂，技术要求高，生产率较低。在大批量生产中为提高生产率并保证加工质量，通常使用镗模。

　　镗削可以在镗床、车床及钻床上进行。卧式镗床用于箱体、机架类零件上的孔或孔系(即要求相互平行或垂直的若干个孔)的加工；钻床或铣床用于单件小批次生产；车床用于回转体零件上轴线与回转体轴线重合的孔的加工。

　　镗刀主要分单刃镗刀和浮动式镗刀，如图 6-14 所示。

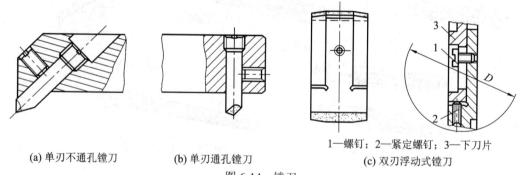

1—螺钉；2—紧定螺钉；3—下刀片

(a) 单刃不通孔镗刀　　　　(b) 单刃通孔镗刀　　　　(c) 双刃浮动式镗刀

图 6-14　镗刀

　　单刃镗刀的结构与车刀类似，使用时用螺钉将其装夹在镗刀杆上。其中图 6-14(a)为不通孔镗刀，刀头倾斜安装；图 6-14(b)为通孔镗刀，刀头垂直安装。单刃镗刀刚度差，镗孔时孔的尺寸是由操作者调整镗刀头来保证的。双刃浮动式镗刀(见图 6-14(c))，在对角线的方位上有两个对称的切削刃，两个切削刃间的距离可以调整，刀片不需固定在镗刀杆上，而是插在镗杆的槽中并能沿径向自由滑动，依靠作用在两个切削刃上的径向力自动平衡其位置，因此可消除因镗刀安装或镗杆摆动所引起的不良影响，以提高加工质量，同时能简化操作，提高生产率。但它与铰刀类似，只适用于精加工，保证孔的尺寸公差，不能校正原孔轴线偏斜或位置偏差。

在车床上镗孔(见图 6-15)，工件旋转作主运动，镗刀在刀架带动下作进给运动。镗孔时镗刀杆应尽可能粗一些，镗刀伸出刀架的长度应尽量短些，以增加镗刀杆的刚性，减少震动，但伸出长度不得小于镗孔深度；镗孔时选用的切削用量要比车外圆小些，其调整方法与车外圆基本相同，只是横向进刀方向相反。开动机床镗孔前要将镗刀在孔内手动试走一遍，确认无运动干涉后再开车切削。

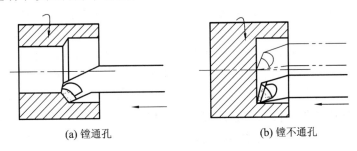

(a) 镗通孔　　　　　　　　　　　　　　(b) 镗不通孔

图 6-15　镗孔

在卧式镗床上利用不同的刀具和附件，还可以进行钻孔、车端面、铣平面或车螺纹等，如图 6-16 所示。在镗床上镗孔时，镗刀装在主轴上作主运动，工作台作纵向进给运动。对于浅孔的加工，镗杆短而粗，刚性好，镗杆可悬臂安装进行加工(见图 6-16(a))；若加工深孔或距主轴端面较远的孔，一般使用后立柱上的尾架来支承镗杆，以提高刚度(见图 6-16(b))。

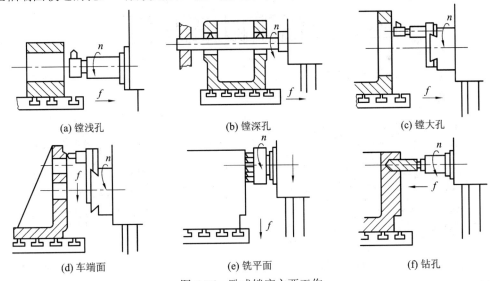

(a) 镗浅孔　　　　　　　(b) 镗深孔　　　　　　　(c) 镗大孔

(d) 车端面　　　　　　　(e) 铣平面　　　　　　　(f) 钻孔

图 6-16　卧式镗床主要工作

镗孔特点：镗孔不像钻孔、扩孔、铰孔需要许多尺寸不同的刀具，一把镗刀可以加工出不同尺寸的孔，而且可以保证孔中心线的准确位置及相互位置精度。镗孔的生产率低，要求较高的操作技术，这是因为镗孔的尺寸精度要依靠调整刀具位置来保证，对工人技术水平的依赖性也较大。在成批次生产中通常采用专用镗床，孔与孔之间的位置精度靠镗模的精度来保证。一般镗孔的尺寸公差等级为 IT8～IT7，表面粗糙度 Ra 值为 1.6～0.8 μm；精细镗时，尺寸公差等级可达 IT7～IT6，表面粗糙度 Ra 值为 0.8～0.2 μm。镗孔主要用于加工机座、箱体、支架等大型零件上孔径较大、尺寸精度和位置精度要求高的孔系。

6.3.4　拉孔

　　拉孔加工是在拉床上用拉刀加工工件的内表面或外表面的工艺方法。拉削时，拉刀的直线移动是主运动。拉削无进给运动，其进给运动是靠拉刀的每齿升高来实现的，所以拉削可以看做是按高低顺序排列的多把刨刀来进行的刨削的过程。

　　圆孔拉刀是一种多刃的专用工具，其结构如图 6-17 所示。拉削时，拉刀以切削速度 v_c 作主运动，进给运动是由后一个刀齿高出前一个刀齿(齿升量 a_f)来完成的，从而能在一次行程中一层一层地从工件上切去多余的金属层，使表面达到较高的精度和较小的粗糙度值，获得所要求的表面，如图 6-18 所示。一把拉刀只能加工一种形状和尺寸规格的表面。加工时，若刀具所受的力不是拉力而是推力，则称为推削，所用刀具为推刀，推削大多在压力机上进行。

　　拉孔时，工件通常不夹持，但必须有经过半精加工的预孔，以便拉刀穿过。工件端面要求平整，并装在球面垫圈上(见图 6-19)。球面垫圈有自位作用，可保证在拉力作用下工件的轴线与刀具的轴线能调整一致，不致撇刀。

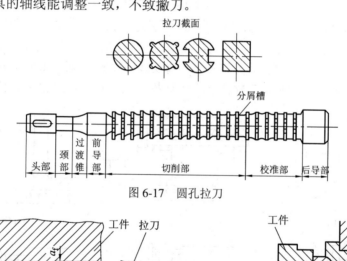

图 6-17　圆孔拉刀

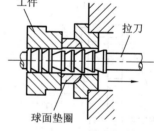

图 6-18　拉削过程　　　　　图 6-19　球面垫圈

拉削加工的工艺特点：

　　(1) 生产率高。虽然拉削加工的切削速度一般并不高，但由于拉刀是多齿刀具，同时工作的刀齿多，同时参与切削的切削刃较长，而且一次行程能够完成粗加工、半精加工、精加工，大大缩短了基本工艺时间和辅助时间。尤其是加工形状特殊的内外表面时，效果更显著。一般情况下，班产可达 100～800 件，自动拉削时班产可达 3000 件。

　　(2) 拉刀耐用度高。拉削速度低，每齿切削厚度很小，切削力小，切削热也少，刀具磨损慢，耐用度高。

(3) 加工精度高、表面粗糙度值较小。拉刀具有校准部分，其作用是校准尺寸，修光表面，并可作为精切齿的后备刀齿。校准刀齿的切削量很小，仅切去工件材料的弹性回复量。另外，拉削的切削速度较低(目前低于 18 m/min)，切削过程比较平稳，并可避免积屑瘤的产生。拉削的尺寸公差等级一般可达 IT8～IT7，表面粗糙度 Ra 值为 0.8～0.4 μm。

(4) 拉床结构和操作比较简单。拉床只有一个主运动(拉刀的直线运动)，进给运动是由拉刀的后一个刀齿高出前一个刀齿(齿升量 a_f)来完成的，结构简单，操作方便。

(5) 加工范围广。内拉削可以加工圆孔、方孔、多边形孔、花键孔等形状复杂的通孔和内齿轮，还可以加工多种形状的沟槽，如键槽、T 形槽、燕尾槽和涡轮盘上的榫槽等。外拉削可以加工平面、成形面、外齿轮和叶片的榫头等，但不能加工台阶孔、不通孔和薄壁孔，如图 6-20 所示。

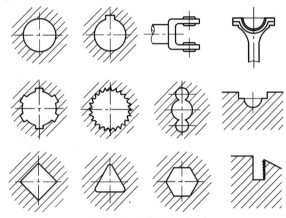

图 6-20 拉削加工表面

(6) 拉刀价格昂贵。由于拉刀的结构和形状复杂，精度和表面质量要求较高，故制造成本高。但拉削时切削速度较低，刀具磨损较慢，刃磨一次可以加工数以千计的工件，加之一把拉刀又可以重磨多次，所以拉刀寿命长。当加工零件的批量很大时，分摊到每个零件上的刀具成本并不高。由于拉刀刃磨复杂，而且一把拉刀只适宜加工一种规格尺寸的孔或键槽，因此除标准化和规格化的零件外，在单件小批次生产中很少应用。

6.3.5 磨孔

磨孔是孔的精加工方法之一，可达到的尺寸公差等级为 IT8～IT6，表面粗糙度 Ra 值为 1.6～0.4 μm。磨孔可以在内圆磨床或万能外圆磨床上进行。目前应用的内圆磨床是卡盘式的，它可以加工圆柱孔、圆锥孔和成形内圆面等。

内圆磨削的方法也有纵磨法和横磨法两种，其操作方法和特点与磨削外圆相似。纵磨法应用最为广泛。磨削内圆时，工件大多数以外圆和端面作为定位基准。通常采用三爪自定心卡盘、四爪单动卡盘、花盘及弯板等夹具安装工件。其中最常用的是用四爪单动卡盘通过找正安装工件(见图 6-21)。磨孔时，砂轮旋转为主运动，工件低速旋转为圆周进给运动(其方向与砂轮旋转方向相反)，砂轮直线往返为轴向进给运动，切深运动为砂轮周期性的

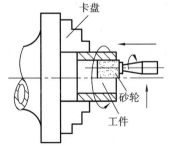

图 6-21 内圆磨示意图

径向进给运动。

磨孔与铰孔、拉孔比较，有如下特点：

(1) 可磨削淬硬的工件孔。

(2) 不仅能保证孔本身的尺寸精度和表面质量，还可以提高孔轴线的直线度。

(3) 同一个砂轮，可以磨削不同直径的孔，灵活性较大。

(4) 生产率比铰孔低，比拉孔更低。

磨内圆(孔)与磨外圆相比，存在如下问题：

(1) 表面粗糙度值较大。磨孔的砂轮直径受工件孔径的限制，一般较小(为孔径的 $0.5\sim$ 0.9 倍)，即使转速很高，其线速度也很难达到正常的磨削速度(>30 m/s)，再加上切削液不易注入磨削区，工件易发热变形，磨内圆所达到的表面粗糙度值较磨外圆时大。

(2) 生产率较低。由于受工件孔径的限制，砂轮轴细，且悬伸长度较长，刚度差，磨削时易产生弯曲变形和震动，不宜采用较大的进给量，故磨削量小，所以生产率较低；又因为砂轮易堵塞，需要经常修整和更换砂轮，增加了辅助时间，使磨孔的生产率进一步降低。

因此，磨内圆时，为了提高生产率和加工精度，应尽可能选用较大的直径砂轮和砂轮轴，砂轮轴的悬伸长度越短越好。

作为孔的精加工，成批次生产中常用铰孔，大量生产中常用拉孔。由于磨孔具有万能性，不需要成套的刀具，故在单件小批次生产中应用较多。特别是对于淬硬的工件，磨孔仍是孔精加工的主要方法。

6.4　平面的加工

平面是箱体、滑轨、机架、床身、工作台及回转体等类零件的主要表面。根据平面所起的作用不同，大致可以分为非接合面、接合面、导向平面和精密测量工具的工作面等。由于平面的作用不同，其技术要求也不同，故应采取不同的加工方案。

6.4.1　平面的技术要求

与外圆面和孔不同，一般平面本身的尺寸精度要求不高，其技术要求主要有：

(1) 几何形状精度，如平面度、直线度。

(2) 位置精度，包括平面与其他平面或孔之间的位置尺寸精度、平行度和垂直度等。

(3) 表面质量，如表面粗糙度、表面加工硬化、残余应力及金相组织变化等。

6.4.2　车平面

平面车削适用于回转体零件的端面加工，如盘套、齿轮、阶梯轴的端面。轴类、盘套类工件的端面经常用来作为轴向定位和测量的基准。车削加工时，一般都先将端面车出。这些零件的端面大多数与其外圆面、内孔有垂直度和其他端面间有平行度要求，车削能保证这些要求。

单件小批量生产的中小型零件在普通车床上进行，重型零件可在立式车床上进行。车削后两平面间的尺寸公差等级一般可达 IT8～IT7 级，表面粗糙度 Ra 值为 6.3～1.6 µm。

6.4.3 刨平面

在刨床上用刨刀加工工件的过程称为刨削。刨平面加工是平面加工常用的方法，刨削时的主运动为直线往复运动，进给运动是间歇的。

刨削类机床一般指牛头刨床、龙门刨床等。牛头刨床是刨削类机床中应用较广的一种。在牛头刨床上刨削时，刨刀的往复直线运动是主运动，工作台带动工件作间歇的进给运动。它适宜刨削长度不超过 1000 mm 的中、小型工件。

刨刀的形状与车刀相似，只是因为刨刀在切入工件时要承受很大的冲击力，所以刨刀刀杆截面较粗大，以增加刀杆的刚性和防止折断。直杆刨刀刨削时，如果加工余量不均匀会造成切削深度突然增大，或切削刃遇到硬质点时切削力突然增大，此时将使刨刀弯曲变形，使之绕 O 点画一圆弧，如图 6-22 所示，造成切削刃切入已加工表面，降低已加工表面的质量和尺寸精度，同时也容易损坏切削刃。为避免上述情况的发生，可采用弯杆刨刀，当切削力突然增大时，刀杆产生的弯曲变形会使刀尖离开工件，避免了刀尖扎入工件。

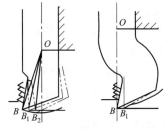

图 6-22 刨刀

刨刀的种类很多，其中平面刨刀用来刨平面；偏刀用来刨垂直面或斜面；角度偏刀用来刨燕尾槽和角度；弯切刀用来刨 T 形槽及侧面槽；切刀及割槽刀用来切断工件或刨沟槽。此外，还有成形刀，用来刨特殊形状的表面。刨削的主要工艺如图 6-23 所示。

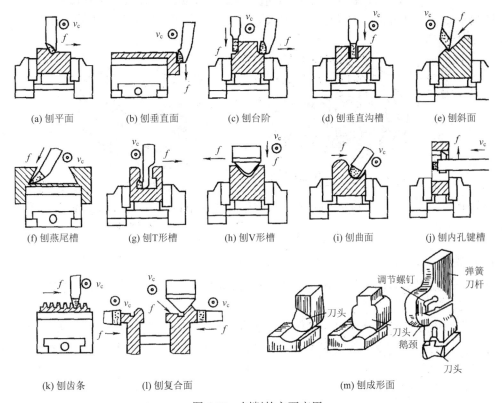

(a) 刨平面　　(b) 刨垂直面　　(c) 刨台阶　　(d) 刨垂直沟槽　　(e) 刨斜面

(f) 刨燕尾槽　　(g) 刨T形槽　　(h) 刨V形槽　　(i) 刨曲面　　(j) 刨内孔键槽

(k) 刨齿条　　(l) 刨复合面　　(m) 刨成形面

图 6-23 刨削的主要应用

刨削加工的特点：

(1) 成本低。刨床结构简单，调整操作方便。刨刀为单刃刀具，制造方便，容易刃磨出合理的几何角度，所以机床、刀具的费用低。

(2) 适应性广。刨削可以适应多种表面的加工，如平面、V形槽、燕尾槽、T形槽及成形表面等。在刨床上加工床身、箱体等平面，易于保证各表面之间的位置精度。

(3) 生产率较低。因为刨削的主运动是往复直线运动，回程时不切削，加工是不连续的，增加了辅助时间。同时，采用单刃刨刀进行加工时，刨刀在切入、切出时产生较大的冲击、震动，反向时受惯性力的影响，限制了切削速度的提高。因此，刨削生产率低于铣削，一般用在单件小批次或修配生产中。但是，当加工狭长平面如导轨、长直槽时，由于减少了进给次数，或在龙门刨床上采用多工件、多刨刀刨削时，刨削生产率可能高于铣削。

(4) 加工质量较低。精刨平面的尺寸公差等级一般可达 IT9～IT8 级，表面粗糙度 Ra 值为 6.3～1.6 μm，刨削的直线度较高，可达 0.04～0.08 mm/m。

6.4.4　铣平面

在铣床上用铣刀对工件进行切削加工的方法叫铣削，铣削也是平面的主要加工方法之一。铣削时，铣刀的旋转运动是主运动，工件随工作台的运动是进给运动。铣削可以分为粗铣和精铣，对有色金属还可以采用高速铣削，以进一步提高加工质量。铣平面的尺寸公差等级一般可达 IT9～IT7 级，表面粗糙度 Ra 值为 6.3～1.6 μm，直线度可达 0.12～0.08 mm/m。

铣削平面加工既可以用周铣法，也可以用端铣法，所用的铣刀分为周铣刀和端铣刀(见图 6-24)。

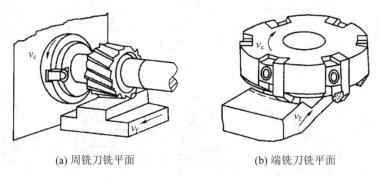

(a) 周铣刀铣平面　　　　　　　　　　　　(b) 端铣刀铣平面

图 6-24　铣削加工方法

1. 周铣法

周铣法是指用铣刀的圆周刀齿加工平面(包括成形面)的方法。周铣法有逆铣法和顺铣法(见图 6-25)。

在切削部位刀齿的旋转方向与工件的进给方向相反的铣削为逆铣。逆铣(见图 6-25(a))时，每个刀齿的切削厚度是从零增大到最大值。因此，刀齿在开始切削时，要在工件表面上挤压滑移一段距离后，才真正切入工件，从而增加了表面层的硬化程度，不但加速了后刀面的磨损，而且也影响了工件的表面粗糙度。此外，切削力会使工件向上抬起，有可能产生震动。

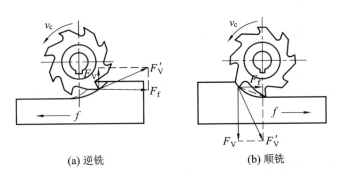

图 6-25　逆铣和顺铣

顺铣(见图 6-24(b))时，每个刀齿的切削厚度是由最大减小到零，如果工件表面有硬皮，易打刀；切削力的方向使工件紧压在工作台上，所以加工比较平稳。

因此，从保证工件夹持稳固，提高刀具耐用度和减小表面粗糙度等方面考虑，以采用顺铣法为宜。但是，顺铣时忽大忽小的水平切削分力 F_f 与工件的进给方向是相同的，工作台进给丝杠与固定螺母之间一般都存在间隙(见图 6-26)，间隙在进给方向的前方。由于水平切削分力 F_f 的作用，会使工件连同工作台和丝杠一起，向前窜动，造成进给量突然增大，甚至引起打刀。而逆铣时，F_f 与进给方向相反，铣削过程中工作台丝杠始终压向螺母，不会因为间隙的存在而引起工件窜动。目前，一般铣床上没有消除工作台丝杠与螺母之间间隙的机构，所以，在生产中仍多采用逆铣法。另外，加工表面硬度较高的工件(如铸件毛皮表面)，也应当采用逆铣法。

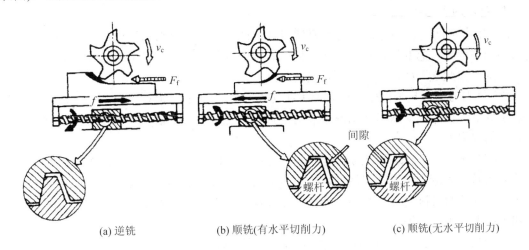

图 6-26　逆铣和顺铣时丝杠与螺母的间隙

2. 端铣法

用端铣刀的端面刀齿加工平面，称为端铣法。端铣与周铣不同的是，周铣铣刀切削刃形成已加工表面，而端铣铣刀只有刀尖才形成已加工表面，端面切削刃是副切削刃，主要的切削工作由分布在外表面上的主切削刃完成。根据铣刀和工件之间相对位置的不同，端铣可分为对称铣削和不对称铣削(见图 6-27)。对称铣削是指刀齿切入工件与切出工件的切削厚度相同。不对称铣削是指刀齿切入时的切削厚度小于或大于切出时的切削厚度。

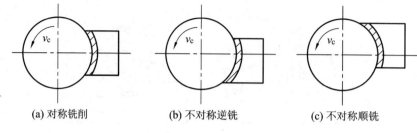

(a) 对称铣削　　　　　(b) 不对称逆铣　　　　　(c) 不对称顺铣

图 6-27　端铣的方式

3. 周铣法与端铣法的比较

(1) 端铣的加工质量比周铣好。周铣时，同时参加工作的刀齿一般只有 1～2 个，而端铣时同时参加工作的刀齿多，切削力变化小，因此，端铣的切削过程比周铣时平稳；端铣刀的刀齿切入和切出工件时，虽然切削厚度较小，但不像周铣时切削厚度变为零，从而改善了刀具后刀面与工件的摩擦状况，提高了刀具耐用度，并可减小表面粗糙度；端铣时还可以利用修光刀齿修光已加工表面，因此，端铣可达到较小的表面粗糙度。

(2) 端铣的生产率比周铣高。端铣刀一般直接安装在铣床的主轴端部，悬伸长度较小，刀具系统的刚性好，而圆柱铣刀安装在细长的刀轴上，刀具系统的刚性远不如端铣刀；端铣刀可以方便地镶装硬质合金刀片，而圆柱铣刀多采用高速钢制造。所以，端铣时可以采用高速铣削，大大地提高了生产率，同时还可以提高已加工表面的质量。

(3) 周铣的适应性好于端铣。周铣便于使用各种结构形式的铣刀铣削斜面、成形表面、台阶面、各种沟槽和切断等。

4. 铣削的工艺特点

(1) 生产率高。铣刀是典型的多刀齿刀具，铣削时有几个刀齿同时参加切削，参与切削的切削刃较长，总的切削面积较刨削时大，而且主运动是连续的旋转运动，有利于采用高速切削，因此铣平面比刨平面有较高的生产率。

(2) 铣刀刀齿散热条件好。铣刀刀齿在切离工件的一段时间内，可以得到一定的冷却，散热条件好。但是，切入和切出时热和力的冲击将加速刀具的磨损，甚至可能引起硬质合金刀片的碎裂。

(3) 铣削过程不平稳。铣削过程中，铣刀的刀齿切入和切出时产生冲击，同时参加工作的刀齿数的增减以及每个刀齿的切削厚度的变化，都将引起切削层横截面积和切削力的变化，从而使得铣削过程不平稳，容易产生震动。铣削过程的不平稳，限制了铣削加工质量和生产率的进一步提高。

(4) 铣床加工范围广，可加工各种平面、沟槽和成形面。

6.4.5　磨平面

磨平面是在平面磨床上对平面进行精加工的方法，常用的平面磨床有卧轴、立轴矩台磨床和卧轴、立轴圆台平面磨床，其主运动都是砂轮的高速旋转，进给运动是砂轮、工作台的移动。根据磨削时砂轮工件表面的不同，平面磨削的方式有两种，即周磨法和端磨法，如图 6-28 所示。

(1) 周磨法。周磨法(见图 6-28(a))是用砂轮圆周面磨削平面的。周磨时，砂轮与工件接触面积小，排屑及冷却条件好，工件发热量少，因此磨削易翘曲变形的薄片工件能获得较好的加工质量，但磨削效率较低，在单件小批次生产中应用较广。

(2) 端磨法。端磨法(见图 6-28(b))是用砂轮端面磨削平面的。端磨时，砂轮轴立式安装，由于砂轮轴伸出较短，而且主要是受轴向力，因而刚性较好，能采用较大的磨削用量。此外，砂轮与工件接触面积大，因而磨削效率高。在成批次、大量生产时，如一般箱体类零件、床身导轨等平面常用端磨。但端磨的精度较周磨差，磨削热较大，切削液进入磨削区较困难，易使工件受热变形，且砂轮磨损不均匀，影响加工精度，故加工质量较周磨低。

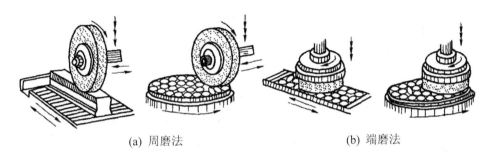

(a) 周磨法　　　　　　　　　　　　　　(b) 端磨法

图 6-28　磨平面的方法

平面磨削常作为刨削或铣削后的精加工，特别是用于磨削淬硬工件，以及具有平行表面的零件(如滚动轴承环、活塞环等)。经磨削两平面间的尺寸公差等级可达 IT6～IT5 级，表面粗糙度 Ra 值为 0.8～0.2 μm。

6.5　齿轮齿形的加工

齿轮(gears)是机械传动中传递运动和动力的重要零件，目前在各种机械和仪器中应用非常普遍。产品的工作性能、承载能力、使用寿命及工作精度等都与齿轮本身的质量有着密切的关系。

齿轮的结构形式多样，应用广泛，常见齿轮传动中直齿齿轮传动、斜齿齿轮传动和人字齿轮传动用于平行轴之间；螺旋齿轮传动和蜗轮与蜗杆的传动常用于两交错轴之间；内齿轮传动可实现平行轴之间的同向转动；齿轮与齿条传动可实现旋转运动和直线运动的转换；直齿锥齿轮传动用于相交轴之间的传动。在这些齿轮传动中，直齿圆柱齿轮是最基本的，应用也最为广泛。

6.5.1　齿轮的技术要求

为了保证齿轮传动运动精确、工作平稳可靠，必须选择合适的齿形轮廓曲线。目前齿轮齿形轮廓曲线有渐开线、摆线和圆弧线型等，其中因渐开线型齿形的齿轮具有加工和安装方便、强度高、传动平稳等优点，所以应用最广。

国家标准 GB/T 10095—2001《渐开线齿轮精度》规定，齿轮及齿轮副分为 12 个精度等级，精度由高至低依次为 1、2、…、12 级。其中 1、2 级为远景级，目前尚难以制出。6、

7、8 级为中等精度级，7 级精度为实际生产中普遍应用的基本级，9、10、11、12 级为低级精度。根据对传动性能影响的情况，标准将每个精度等级中的各项公差分为三个组别：第 I 公差组影响传动性能的准确性；第 II 公差组影响传动的平稳性；第 III 公差组影响载荷的分布均匀性。

　　齿轮的精度等级应根据传动的用途、使用条件、传动功率、圆周速度等条件选择。例如分度机构、控制系统中的齿轮传动，其传递运动的准确性要求高一些；机床和汽车等的变速箱中速度较高的传动齿轮，主要要求传动的平稳性；受力大的一些重型机械中的齿轮传动，载荷的分布均匀性则有较高要求。常用传动齿轮精度等级选择范围见表 6-3。

表 6-3　常用传动齿轮精度等级选择范围

机械产品	使用条件		传动性能主要要求	精度等级
减速器	圆周速度	$v \leqslant 12$ m/s	载荷分布均匀性	887[①]
		$v > 12 \sim 18$ m/s		877
汽车	载重车、越野车变速箱的齿轮		传动的平稳性	877
	小轿车变速箱的齿轮			766
车床、钻床、镗床、铣床的变速箱的齿轮	直齿齿轮	斜齿齿轮	传动的平稳性	877
	$v < 3$ m/s	$v < 5$ m/s		
	$v = 3 \sim 15$ m/s	$v = 5 \sim 30$ m/s		766
	$v > 15$ m/s	$v > 30$ m/s		655
卧式车床	进给系统齿轮		传递运动准确性	778 或 7
精密车床				677 或 6
运输机械	一般传动齿轮		载荷分布均匀性	988 或 8
农业机械	传动齿轮		载荷分布均匀性	9

　　注：① 表示第 I、II、III 公差组的精度等级分别为 8、8、7。

　　齿轮加工一般分为齿坯加工和齿形加工两个阶段。齿坯加工主要是孔、外圆和端面的加工，是齿形加工时的基准，所以要有一定的精度和表面质量。而齿形加工是齿轮加工的核心和关键。目前制造齿轮主要是用切削加工，也可以用铸造、精锻、辗压(热轧、冷轧)和粉末冶金等方法。辗压齿轮生产率高、材料损耗少、成本低、力学性能好，铸造齿轮的精度低、表面粗糙，所以尚未被广泛采用。

　　用切削加工的方法加工齿轮齿形，按加工原理可分为两类：

　　(1) 成形法加工。成形法加工是用与被切齿轮的齿槽形状相符的成形刀具切出齿形的方法，如铣齿、成形法磨齿等。

　　(2) 展成法(范成法)加工。展成法加工是利用齿轮的啮合原理加工齿轮的方法，如滚齿、插齿、剃齿和展成法磨齿等。

　　齿轮齿形加工方法的选择，主要取决于齿轮精度、齿面粗糙度的要求以及齿轮的结构、形状、尺寸和热处理状态等。表 6-4 所列出的 4～9 级精度圆柱齿轮常用的最终加工方法，可作为选择齿形加工方法的依据和参考。

表 6-4　4～9 级精度圆柱齿轮常用的最终加工方法

精度等级	齿面粗糙度 Ra/μm	齿面最终加工方法
4(特别精密)	≤0.2	精密磨齿，对于大齿轮，精密滚齿后研齿或剃齿
5(高精密)	≤0.2	精密磨齿，对于大齿轮，精密滚齿后研齿或剃齿
6(高精密)	≤0.4	磨齿，精密剃齿，精密滚齿、插齿
7(精密)	0.8～1.6	滚、剃或插齿，对于淬硬齿面，磨齿、珩齿或研齿
8(中等精度)	1.6～3.2	滚齿、插齿
9(低精度)	3.2～6.3	铣齿、粗滚齿

6.5.2　铣齿

铣齿(gear milling)属于成形法加工，是用成形齿轮铣刀在万能铣床上进行齿轮齿形加工，如图 6-29 所示。铣齿时，当模数 $m \leq 10$ 时，用盘状铣刀；当模数 $m > 10$ 时，用指状铣刀，如图 6-30 所示。

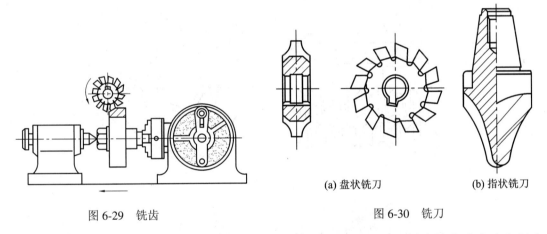

图 6-29　铣齿　　　　　　　　　　　　(a) 盘状铣刀　　　　　(b) 指状铣刀

图 6-30　铣刀

铣齿时铣刀装在刀杆上旋转作主运动，工件紧固在心轴上，心轴安装在分度头和尾座顶尖之间随工作台作直线进给运动。每铣完一个齿槽，铣刀沿齿槽方向退回，用分度头对工件进行分度，然后再铣下一个齿槽，直至加工出整个齿轮。

铣齿的工艺特点：

(1) 成本较低。同其他齿轮刀具相比较，成形齿轮铣刀结构简单，制造方便，而且在普通铣床上即可完成铣齿工作，因此铣齿的设备和刀具的费用较低。

(2) 生产率低。铣齿过程不是连续的，每铣一个齿槽，都要重复消耗切入、切出、退刀和分度的辅助时间。

(3) 加工精度低。铣齿的精度主要取决于铣刀的齿形精度。模数相同而齿数不同的齿轮的渐开线的形状是不一样的。因此，从理论上讲，为了获得准确的渐开线齿形，应该对同一模数的每种齿数的齿轮都准备一把专用的成形铣刀，这就需要很多规格的铣刀，使生产成本大为增加，因此使用这么多的铣刀既不方便也不经济。实际生产中，为了降低生产成本，把同一模数的齿轮按齿数划分成若干组，通常分为 8 组或 15 组，同一组只用一个刀号的铣刀加工。表 6-5 为分成 8 组时，各号铣刀加工的齿数范围。而且为了保证铣出的齿轮在啮合时不致卡住，各号铣刀的齿形是按该组范围内最小齿数齿轮的齿形轮廓设计和制作的，而加工其他齿数的齿轮时，只能获得近似的齿形，产生齿形误差。另外铣床所用分度头是通用附件，分度精度不高。所以，铣齿的加工精度较低。

铣齿的加工精度为 9 级或 9 级以下，齿面粗糙度 Ra 值为 6.3～3.2 μm。

表 6-5　齿轮铣刀的分号

刀　号	1	2	3	4	5	6	7	8
加工的齿数范围	12～13	14～16	17～20	21～25	26～34	35～54	55～134	135 以上

铣齿不但可以加工直齿、斜齿和人字齿圆柱齿轮，还可以加工齿条、锥齿轮及涡轮等。但它仅适用于单件小批次生产或维修工作中加工精度不高的低速齿轮。

6.5.3　滚齿

滚齿是利用齿轮滚刀(见图 6-31)在滚齿机(见图 6-32)上加工齿轮的轮齿，其滚切原理是齿轮刀具和工件按一对交错轴螺旋齿轮相啮合的原理作对滚运动进行切削加工(见图 6-33)。

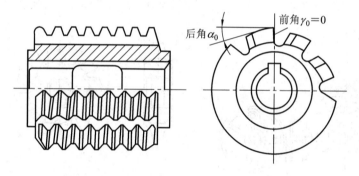

图 6-31　齿轮滚刀

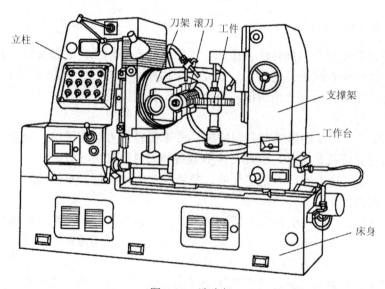

图 6-32　滚齿机

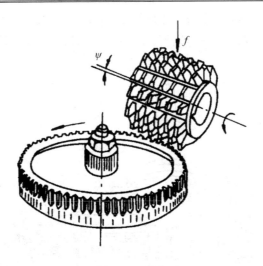

图 6-33　滚齿

滚切直齿圆柱齿轮的切削运动：

主运动：滚刀的旋转运动，用转速 n_0(r/min)表示。

分齿运动(展成运动)：滚刀与齿坯之间强制保持一对螺旋齿轮啮合关系的运动，即

$$\frac{n_\mathrm{w}}{n_0} = \frac{z_0}{z_\mathrm{w}}$$

式中： n_0，n_w——滚刀和被切齿坯的转速(r/min)；

　　　　z_0，z_w——滚刀与被切齿轮的齿数。

分齿运动由滚齿机的传动系统来实现，滚刀刀齿的切削刃包络形成齿轮的齿廓，并且连续地进行分度。

垂直进给运动：为切出整个齿宽，滚刀需要沿工件的轴向作进给移动，即为垂直进给运动。每分钟滚刀沿齿坯轴向移动的距离(mm/min)称为垂直进给量。

滚齿与铣齿比较有如下特点：

(1) 滚刀的通用性好。一把滚刀可以加工与其模数、压力角相同而齿数不同的齿轮。

(2) 齿形精度及分度精度高。滚齿的精度一般可达 IT8～IT7 级，用精密滚齿可以达到 IT6 级精度，表面粗糙度 Ra 值为 3.2～1.6 μm。

(3) 生产率高。滚齿的整个切削过程是连续的，效率高。

(4) 设备和刀具费用高。滚齿机为专用齿轮加工机床，其调整费时。滚刀较齿轮铣刀的制造、刃磨要困难。

滚齿应用范围较广，可加工直齿、斜齿圆柱齿轮和蜗轮等，但不能加工内齿轮和相距太近的多联齿轮。

6.5.4　插齿

插齿(gear shaping)是在插齿机(见图 6-34)上用插齿刀加工齿形的过程。其原理是刀具和工件按照一对圆柱齿轮相啮合原理进行加工。

插齿刀实际上是一个用高速钢制造并磨出切削刃的齿轮。强制插齿刀与齿坯间啮合运

动的同时，使插齿刀作上下往复运动，即可在工件上加工出轮齿来。其刀齿侧面运动轨迹所形成的包络线，即为被切齿轮的渐开线齿形。完成插齿所需要的切削运动如图 6-35 所示。

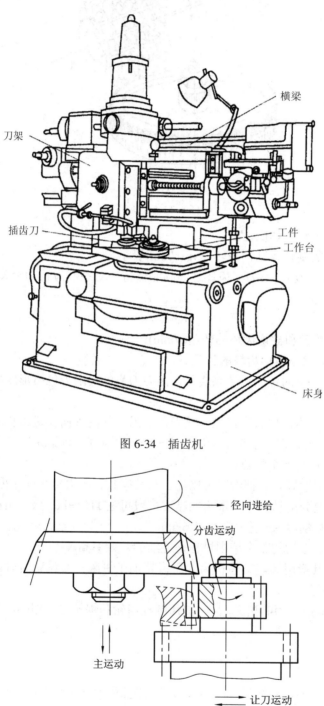

图 6-34　插齿机

图 6-35　完成插齿所需要的切削运动

插直齿圆柱齿轮时，用直齿插齿刀，其运动如下：

主运动：即插齿刀的上下往复直线运动。向下为切削行程，向上的返回行程是空行程。主运动以单位时间(每分钟或每秒)内往复行程次数 n_r 表示，单位为 str/min(或 str/s)。

分齿运动(展成运动)：即插齿刀和齿坯之间被强制的啮合运动，保持一对传动齿轮的速比关系，即

$$\frac{n_w}{n_0} = \frac{z_0}{z_w}$$

式中：n_0，n_w——插齿刀和齿坯的转速；

z_0，z_w——插齿刀和被切齿轮的齿数。

径向进给运动：插齿时，插齿刀不能一开始就切到轮齿的全齿深。因此，在分齿的同时插齿刀要逐渐向工件中心移动，以切出全齿高。插齿刀每往复一次径向移动的距离，称为径向进给量(mm/str)。当进给到要求的深度时，径向运动停止，分齿运动继续进行，直到加工完成。

让刀运动：为了避免插齿刀在返回行程中刀齿的后刀面与工件的齿面发生摩擦，插齿刀返回时，齿坯沿径向让开一段距离；当切削行程开始前，齿坯恢复原位，这种运动称为让刀运动。

插齿与滚齿、铣齿比较有如下特点：

(1) 齿面粗糙度小。插齿时，插齿刀沿齿宽连续地切下切屑，而在滚齿和铣齿时，轮齿齿宽是由刀具多次断续切削而成的。在插齿的过程中，包络齿形的切线数量比较多，所以插齿的齿面粗糙度小，一般可达 1.6 μm。

(2) 插齿和滚齿的精度相当，且都比铣齿高。一般条件下，插齿和滚齿能保证 IT7～IT8 级精度，若采用精密插齿或滚齿，可以达到 IT6 级精度。而铣齿只能达到 IT9 级精度。

插齿刀的制造、刃磨及检验均比滚刀方便，容易制造得较精确。但插齿机的分齿传动链较滚齿机复杂，增加了传动误差，综合结果，插齿和滚齿的精度相当。

由于插齿机和滚齿机都是加工齿轮的专门化机床，其结构和传动机构都是按加工齿轮的特殊要求而设计和制造的，分齿精度高于万能分度头的分齿精度。滚刀和插齿刀的精度也比齿轮铣刀的精度高，不存在像齿轮铣刀那样的齿形误差，因此插齿和滚齿的精度都比铣齿高。

(3) 插齿和滚齿同属于展成法加工，所以选择刀具时只要求刀具的模数和压力角与被切齿轮一致，与齿数无关(最少齿数 $z \geqslant 17$)。不像铣齿那样，每个刀号的铣刀只能加工一定齿数范围的齿轮。

(4) 插齿的生产率低于滚齿而高于铣齿。因为滚齿为连续切削，插齿不仅有返回空行程，而且插齿刀的往复运动，使切削速度的提高受到冲击和惯性力的限制，插齿机和插齿刀的刚性比较差。所以，滚齿的切削速度高于插齿，插齿的生产率低于滚齿。由于插齿和滚齿的分齿运动是在切削过程中连续进行的，省去了铣齿那样的单独分度时间，所以插齿和滚齿的生产率都高于铣齿。

插齿多用于加工滚齿难以加工的内齿轮、多联齿轮、带台阶齿轮、扇形齿轮、齿条及人字齿轮、端面齿盘等，但不能加工蜗轮。

尽管插齿和滚齿所使用的刀具和机床比铣齿复杂，成本高，但由于加工质量高，生产率高，在成批次和大量生产中仍可收到很好的经济效益。即使在单件小批次生产中，为了保证加工质量也常采用插齿或滚齿加工。

6.5.5　齿轮齿形的其他加工方法

滚齿和插齿一般加工中等精度的(IT8～IT7 级)的齿轮。对于精度高于 IT7 级、表面粗糙度 Ra 值小于 0.8 μm 或齿面需要淬火的齿轮，滚、插齿以后还需进行精加工。常用的齿形精加工的方法有剃齿、珩齿、磨齿。

1. 剃齿

剃齿是齿轮精加工的方法，用来加工已经经过滚齿或插齿但未经淬火的直齿和斜齿圆柱齿轮。

剃齿是利用一对交错轴斜齿轮啮合原理，在剃齿机上"自由啮合"的展成加工方法。剃齿所用的刀具称为剃齿刀(见图 6-36)。剃齿刀的形状类似于一个斜齿圆柱齿轮，齿形作得非常精确，并且每一个齿的两侧，沿渐开线方向开有许多小槽，以形成切削刃，材料一般为高速钢。在与已经滚齿或插齿的齿轮啮合过程中，剃齿刀齿面上的许多切削刃，从工件齿面上剃下细丝状的切屑，以提高齿形精度和减小表面粗糙度值。

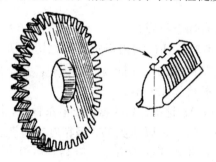

图 6-36　剃齿刀

图 6-37 所示为剃削直齿圆柱齿轮的加工简图。工件用心轴装在机床工作台的两顶尖之间，可以自由转动；剃齿刀装在机床主轴上并与工件相啮合，带动工件时而正转，时而反转，正转时剃削轮齿的一个侧面，反转时剃削轮齿的另一个侧面。剃齿刀轴线与工件轴线间的夹角为 β_0。剃齿刀在啮合点 A 的圆周速度 v_0 可分解为沿工件圆周切线方向的分速度 v_w(使工件旋转)和沿工件轴线方向的分速度 v(使齿面间产生相对滑动)，使剃齿刀从工件上切下发丝状的极细切屑，从而提高齿形精度和降低表面粗糙度值。为了能沿齿的全长进行剃削，工件还应由工作台带动作直线往复运动。在工作台一次往复行程结束时，工件相对剃齿刀还要作径向进给，以便继续进行剃削。

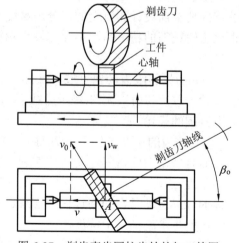

图 6-37　剃齿直齿圆柱齿轮的加工简图

剃齿主要用来对调质和淬火前的直、斜齿圆柱齿轮进行精加工。剃齿的精度取决于剃齿刀的精度。剃齿精度可达 IT7～IT6 级，齿面粗糙度 Ra 值为 0.8～0.2 μm。

剃齿生产率高，一般 2～4 min 便可加工好一个齿轮。剃齿机结构简单，操作方便，也可把铣床等设备改装成剃齿机使用。剃齿刀制造较困难，剃齿不便于加工双联或多联齿轮的小齿轮等，使剃齿的应用受到一定限制。剃齿通常用于大批次大量生产中的齿轮齿形精加工，在汽车、拖拉机及机床制造等行业中应用很广泛。

2. 珩齿

珩齿是齿轮光整加工的方法。珩齿是用珩磨轮在珩齿机上进行齿形精加工的方法，其原理和方法与剃齿相同。若没有珩齿机，可用剃齿机或改装的车床、铣床代替。

珩磨轮是将金刚砂或白刚玉磨料与环氧树脂等材料合成后浇铸或热压在钢制轮坯上的斜齿轮(见图 6-38)。珩齿时，珩磨轮高速旋转(1000～2000 r/min)，同时沿齿向和渐开线方向产生滑动进行切削。珩齿过程具有剃削、磨削和抛光的精加工的综合作用，刀痕复杂、细密。

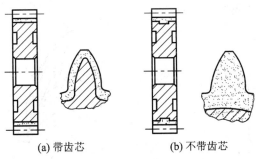

(a) 带齿芯   (b) 不带齿芯

图 6-38　珩磨轮

珩齿适用于消除淬火后的氧化皮和轻微磕碰而产生的齿面毛刺与压痕，可有效地降低表面粗糙度，对齿形精度改善不大。珩齿后的表面粗糙度值 Ra 为 0.4～0.2 μm。

因珩齿余量很小，约为 0.01～0.02 mm，可以一次切除，加工时生产率很高。一般珩磨一个齿轮只需 1 min 左右。

3. 磨齿

磨齿是用砂轮在磨齿机上对齿轮进行精加工的方法，既可以加工未淬硬的轮齿，又可以加工淬硬的轮齿。按加工原理，磨齿分为成形法磨齿和展成法磨齿。

1) 成形法磨齿

成形法磨齿与铣齿相似，将砂轮靠外圆处的两侧修整成与工件齿间相吻合的形状，对已切削过的齿间进行磨削(见图 6-39)，加工方法与用齿轮铣刀铣齿相似，每磨完一齿后，进行分度，再磨下一个齿。

成形法磨齿可在花键磨床或工具磨床上进行，设备费用较低。此法生产率较高，比展成法磨齿高近 10 倍。但砂轮修整较复杂，且也存在一定的误差。由于在磨齿过程中砂轮磨损不均以及机床的分度误差的影响，它的加工精度只能达到 IT6 级，在实际生产中应用

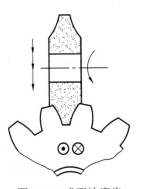

图 6-39　成形法磨齿

较少。

2) 展成法磨齿

生产中常用的展成法磨齿有锥形砂轮(双斜边砂轮)磨齿和双碟形砂轮磨齿两种。展成法磨齿生产率低，但加工精度高，一般可达 IT4 级，表面粗糙度 Ra 值在 0.4～0.2 μm。所以实际生产中它是齿面要求淬火的高精度齿轮常采用的一种加工方法。

(1) 锥形砂轮磨齿。它是指把砂轮修整成锥形，以构成假想齿条的齿形。其原理是使砂轮与被磨齿轮强制保持齿条和齿轮的啮合关系，并使被磨齿轮沿假想的固定齿条作往复纯滚动的运动，边转动边移动，砂轮的磨削部分即可包络出渐开线齿形。磨削时，砂轮作高速旋转，同时沿工件轴向作往复直线运动，以便磨出全齿宽。每磨完一个齿槽，砂轮自动退离工件，工件自动进行分度(见图 6-40)。

(2) 双碟形砂轮磨齿。它是指两个碟形砂轮倾斜一定角度，其端面构成假想齿条两个(或一个)齿不同侧的两个齿面，同时对齿槽的侧面 1 和侧面 2 进行磨削。工作时，两个砂轮同时磨一个齿间的两个齿面或两个不同齿间的左右齿面。此外，为了磨出全齿宽，被磨齿轮需沿齿向作往复直线运动(见图 6-41)。

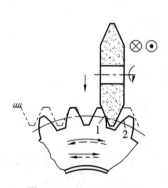

图 6-40　锥形砂轮磨齿

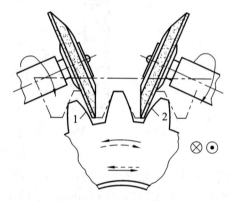

图 6-41　双碟形砂轮磨齿

展成法磨齿的齿面是由齿根至齿顶逐渐磨出，而不是成形法一样磨齿一次成形，故生产率低于成形法磨齿。但其加工精度一般可达 IT4 级，表面粗糙度 Ra 值在 0.4～0.2 μm。所以，实际生产中它是齿面要求淬火的高精度齿轮常采用的一种加工方法。

※※※　复习思考题　※※※

6.1　加工要求精度高、表面粗糙度小的紫铜或铝合金轴外圆时，应选用哪种加工方法？为什么？

6.2　外圆粗车、半精车和精车的作用、加工质量和技术措施有何不同？

6.3　外圆磨削前为什么只进行粗车和半精车，而不需要精车？

6.4　磨削为什么能达到较高的精度和较小的表面粗糙度？

6.5　无心磨的导轮轴线为什么要与工作砂轮轴线斜交 α 角？导轮周面的母线为什么是双曲线？工件的纵向进给速度如何调整？

6.6　加工相同材料、尺寸、精度和表面粗糙度的外圆面和孔，哪一个更困难些？为什么？

6.7　在车床上钻孔和在钻床上钻孔产生的"引偏"，对所加工的孔有何不同影响？在随后的精加工中，哪一种比较容易纠正？为什么？

6.8　扩孔、铰孔为什么能达到较高的精度和较小的表面粗糙度？

6.9　镗床镗孔与车床镗孔有何不同？各适合于什么场合？

6.10　拉孔为什么无须精确的预加工？拉削能否保持孔与外圆的同轴度要求？

6.11　内圆磨削的精度和生产率为什么低于外圆磨削，表面粗糙度 Ra 值为什么也略大于外圆磨削？

6.12　牛头刨床和龙门刨床的应用有何区别？

6.13　为什么刨削、铣削只能得到中等精度和表面粗糙度？

6.14　插削适合于加工什么表面？

6.15　用周铣法铣平面，从理论上分析，顺铣比逆铣有哪些优点？实际生产中，目前多采用哪种铣削方式？为什么？

6.16　试述成形法和展成法的齿形加工原理有何不同？

6.17　为什么插齿和滚齿的加工精度和生产率比铣齿高？滚齿和插齿的加工质量有什么差别？

6.18　哪种磨齿方法生产率高？哪一种的加工质量好？为什么？

第7章　特种加工

　　传统的机械加工已有很久的历史，它对人类的生产和物质文明起了极大的作用。例如18世纪70年代就发明了蒸汽机，但苦于制造不出高精度的蒸汽机汽缸，无法推广应用。直到有人创造出和改进了汽缸镗床，解决了蒸汽机主要部件的加工工艺，才使蒸汽机获得广泛应用，引起了世界性的第一次产业革命。这一事实充分说明了加工方法对新产品的研制、推广和社会经济的发展等起着多么重大的作用。随着新材料、新结构的不断出现，情况将更是这样。

　　但是从第一次产业革命以来，一直到第二次世界大战以前，长达150多年都靠机械切削加工(包括磨削加工)的漫长年代里，并没有产生对特种加工的迫切要求，也没有发展特种加工的充分条件，人们的思想一直还局限在18世纪以来传统的用机械能量和切削力来除去多余的金属，以达到加工要求。直到1943年，苏联拉扎连柯夫妇研究电器开关触点遭受火花放电腐蚀损坏的现象和原因，发现电火花的瞬时高温可使局部的金属熔化、气化而被蚀除掉，发明了电火花加工方法。用铜丝在淬硬钢上加工出小孔，可用软的工具加工任何硬度的金属材料，首次摆脱了传统的切削加工方法，直接利用电能和热能来去除金属，获得"以柔克刚"的效果。

　　第二次世界大战后，随着科学技术、工业生产的发展及各种新兴产业的涌现，工业产品内涵和外延都在扩大；正向着高精度、高速度、高温、高压、大功率、小型化、环保(绿色)化及人本化方向发展，制造技术本身也应适应这些新的要求而发展，传统机械制造技术和工艺方法面临着更多、更新、更难的问题。这主要体现在以下几个方面：

　　(1) 新型材料及传统的难加工材料，如碳素纤维增强复合材料、工业陶瓷、硬质合金、钛合金、耐热钢、镍合金、钨钼合金、不锈钢、金刚石、宝石、石英以及锗、硅等各种高硬度、高强度、高韧性、高脆性、耐高温的金属或非金属材料的加工。

　　(2) 各种特殊复杂表面，如喷气涡轮机叶片、整体涡轮、发动机机匣和锻压模的立体成形表面，各种冲模冷拔模上特殊断面的异型孔，炮管内膛线，喷油嘴、栅网、喷丝头上的小孔、窄缝、特殊用途的弯孔等的加工。

　　(3) 各种超精、光整或具有特殊要求的零件，如对表面质量和精度要求很高的航天、航空陀螺仪，伺服阀，以及细长轴、薄壁零件、弹性组件等低刚度零件的加工。

　　上述工艺问题仅仅依靠传统的切削加工方法很难、甚至根本无法解决。特种加工就是在这种前提条件下产生和发展起来的。但是，特种加工之所以能产生和发展，在于它具有常规切削加工所不具有的本质和特点。

　　切削加工的本质和特点：一是靠刀具材料比工件更硬；二是靠机械能把工件上多余的

材料切除。一般情况下这是行之有效的方法。但是，当工件材料愈来愈硬，零件结构愈来愈复杂的情况下，原来行之有效的方法转化为限制生产率和影响加工质量的不利因素。于是人们开始探索用软的工具来加工硬的材料，即用机械能甚至电、化学、光、声等能量来加工材料。到目前为止，已经找到了多种加工方法，为区别于现有的金属切削加工，这类新加工方法统称为特种加工。它们与常规切削加工的不同点亦即特种加工的特点是：

(1) 主要依靠机械能以外的能量(如电、化学、光、声、热等)去除材料。

(2) 工具硬度可以低于被加工材料的硬度，即能做到"以柔克刚"。

(3) 加工过程中工具和工件之间不存在显著的机械切削力。

(4) 主运动的速度一般都较低。理论上，某些方法可能成为"纳米加工"的重要手段。

特种加工又被称为非传统或非常规加工(Non-traditional(conventional) Machining)。特种加工方法种类很多，而且还在继续研究和发展中。目前在生产中应用的特种加工方法很多，它们的基本原理、特性及适用范围见表 7-1。本章着重讲述其中几种特种加工方法。

表 7-1 常用特种加工方法

特种加工方法	加工所用能量	可加工的材料	工具损耗率/(%)	金属去除率/(mm³·min⁻¹)	尺寸精度/mm	表面粗糙度 Ra/μm	主要适用范围
			最低/平均	平均/最高	平均/最高	平均/最高	
电火花加工	电热能	任何导电的金属材料，如硬质合金、耐热钢、不锈钢、淬火钢等	1/50	30/3000	0.05/0.005	10/0.16	各种冲、压、锻模及三维成形曲面的加工
电火花线切割	电热能		极小(可补偿)	5/20	0.02/0.005	5/0.63	各种冲模及二维曲面的成形截割
电化学加工	电、化学能		无	100/10 000	0.1/0.03	2.5/0.16	锻模及各种二维、三维成形表面加工
电化学机械	电、化、机械能		1/50	1/100	0.02/0.001	1.25/0.04	硬质合金等难加工材料的磨削
超声加工	声、机械能	任何脆硬的金属及非金属材料	0.1/10	1/50	0.03/0.005	0.63/0.16	石英、玻璃、锗、硅、硬质合金等脆硬材料的加工、研磨
激光加工	光、热能	任何材料	不损耗	瞬时去除率很高，受功率限制，平均去除率不高	0.01/0.001	10/1.25	加工精密小孔、小缝及薄板材成形切割、刻蚀
电子束加工	电、热能						
离子束加工	电、热能			很低	0/0.01	0.05/0.01	表面超精、超微量加工、抛光、刻蚀、材料改性、镀覆

7.1 电火花加工

电火花加工又称放电加工、电蚀加工(Electro-Discharge Machining，EDM)，是一种利用脉冲放电产生的热能进行加工的方法。其加工过程为：使工具和工件之间不断产生脉冲性的火花放电，靠放电时局部、瞬时产生的高温把金属熔解、气化而蚀除材料。放电过程可见到火花，故称之为电火花加工，日本、英、美称之为放电加工，其发明国家——原苏联称之电蚀加工。

7.1.1 电火花加工的原理

电火花加工的原理是基于工具和工件(正、负电极)之间脉冲性火花放电时的电腐蚀现象来蚀除多余的金属，以达到对零件的尺寸、形状及表面质量的加工要求。图 7-1 所示是电火花加工系统图。工件 1 与工具 4 分别与脉冲电源 2 的两输出端相连接。自动进给调节装置 3 使工具和工件间经常保持一个很小的放电间隙。当脉冲电压加到两极之间时，便在当时条件下某一间隙最小处或绝缘强度最低处击穿介质，产生火花放电，瞬时高温使工具和工件表面都蚀除掉一小部分金属，形成一个小凹坑，如图 7-2 所示。其中图(a)表示单个脉冲放电后的电蚀坑，图(b)表示多次脉冲放电后的电极表面。脉冲放电结束后，经过一段间隔时间(即脉冲间隔 t_0)，工作液恢复绝缘，第二个脉冲电压又加到两极上，又会在当时极间距离相对最近或绝缘强度最弱处击穿放电，又电蚀出一个小凹坑。这样连续不断地重复放电，工具电极不断地向工件进给，就可将工具的形状复制在工件上，加工出所需要的零件。整个加工表面是由无数个小凹坑所组成的。

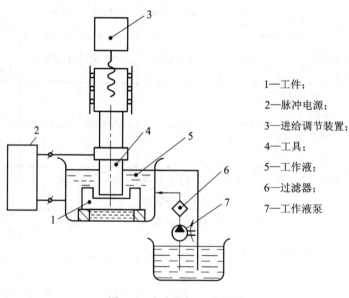

1—工件；

2—脉冲电源；

3—进给调节装置；

4—工具；

5—工作液；

6—过滤器；

7—工作液泵

图 7-1　电火花加工系统图

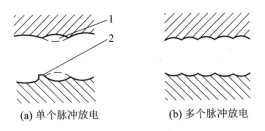

(a) 单个脉冲放电 (b) 多个脉冲放电

1—电蚀坑；2—被蚀除的液体

图 7-2 电火花加工表面局部

每次电火花腐蚀的微观过程是电场力、磁力、热力、流体动力、电化学和胶体化学等综合作用的过程。这一过程大致可分为以下四个连续的阶段：极间介质的电离、击穿，形成放电通道；介质热分解、电极材料熔化、气化热膨胀；蚀除产物的抛出；极间介质的消电离。

电极与工件之间距离小到数微米时，(工件及电极表面不是绝对平的)首先距离最短的地方电场强度最大，在电场作用下阴极表面产生电子向阳极发射。阴极电子向阳极产生高速运动并相互碰撞，使介质(火花油)产生电离。介质击穿放电，电子和电离相互运动，即产生放电通道。电压到达引弧高度，电流开始产生。脉冲电源通过放电通道瞬时释放能量，放电点和放电通道温度急剧上升，中心温度高达 10 000℃，瞬时压力高达 10 MPa。在高温的作用下放电点的金属物被爆炸熔化或气化，电压及电流达到加工设定值。金属物被熔化或气化的同时，10 MPa 的压力将金属颗粒抛离工件表面，此时电压及电流开始下降。当脉冲电流结束时，极间的放电通道迅速消失，极间瞬间高温也迅速消失，进入休止期，介质恢复绝缘，等待下一次放电。此时电压及电流均消失。此时一个电火花放电周期完成，被加工表面产生一个凹坑。像这样的电火花放电周期每秒钟将重复几十万到几百万次，即形成电火花放电加工。

研究结果表明，电火花腐蚀的主要原因是：电火花放电时火花通道中瞬时产生大量的热，达到很高的温度，足以使任何金属材料局部熔化、气化而被蚀除掉，形成放电凹坑。要利用电腐蚀现象对金属材料进行尺寸加工应具备以下条件：

(1) 必须使工具电极和工件被加工表面之间经常保持一定的放电间隙，这一间隙由加工条件而定，通常约为几微米至几百微米。如果间隙过大，极间电压不能击穿极间介质，因而不会产生火花放电；如果间隙过小，很容易形成短路接触，同样也不能产生火花放电。为此，在电火花加工过程中必须具有工具电极的自动进给和调节装置，使其和工件保持某一放电间隙。

(2) 两极之间应充入有一定绝缘性能的介质。对导电材料进行加工时，两极间为液体介质；进行材料表面强化时，两极间为气体介质。液体介质又称为工作液，它们必须具有较高的绝缘强度($10^3 \sim 10^7 \ \Omega \cdot cm$)，如煤油、皂化液或去离子水等，以有利于产生脉冲性的火花放电。同时，液体介质还能把电火花加工过程中产生的金属小屑、炭黑等电蚀产物从放电间隙中悬浮排除出去，并且对电极和工件表面有较好的冷却作用。

(3) 火花放电必须是瞬时的脉冲性放电，放电延续一段时间后($1 \sim 1000 \ \mu s$)，需停歇一段时间($50 \sim 100 \ \mu s$)。这样才能使放电所产生的热量来不及传导扩散到其余部分，把每一次的放电蚀除点分别局限在很小的范围内；否则，会形成电弧放电，使工件表面烧伤而无法用作尺寸加工。为此，电火花加工必须采用脉冲电源。图 7-3 为脉冲电源的电压波形，图中 t_i 为脉冲宽度，t_0 为脉冲间隔，t_p 为脉冲周期，u_i 为脉冲峰值电压或空载电压。

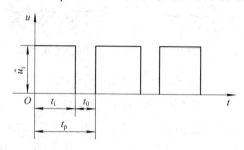

图 7-3　脉冲电源的电压波形

7.1.2　电火花加工的特点

在电火花加工过程中，工件的加工性能主要取决于其材料的导电性及热学特性(如熔点、沸点、比热容及电阻率等)，而与工件材料的力学特性(硬度、强度等)几乎无关。另外加工时的宏观力，远小于传统切削加工时的切削力，所以在加工相同规格的尺寸时，电火花机床的刚度和主轴驱动功率要求比机械切削机床低得多。

由于电火花加工时工件材料是靠一个个火花放电予以蚀除的，加工速度相对切削加工而言是很低的，所以，从提高生产率、降低成本方面考虑，一般情况下凡能采用切削加工工艺时，就尽可能不要采用电火花加工工艺。

归纳起来，电火花加工有以下几方面的特点。

1. 电火花加工的优点

(1) 适合于难切削材料的加工。电火花加工可以突破传统切削加工对刀具的限制，实现用软的工具加工硬韧的工件，甚至可以加工像聚晶金刚石、立方氮化硼一类超硬材料。目前电极材料多采用紫铜或石墨，因此工具电极较容易加工。

(2) 可以加工特殊及复杂形状的零件。由于加工中工具电极和工件不直接接触，没有机械加工的切削力，因此适宜加工低刚度工件及微细加工。由于可以简单地将工具电极的形状复制到工件上，因此特别适用于复杂表面形状工件的加工，如复杂型腔模具加工等。数控技术电火花加工可用简单形状的电极加工出复杂形状的零件。

(3) 主要用于加工金属等导电材料，一定条件下也可以加工半导体和非导体材料。

(4) 直接利用电能进行加工，因此易于实现加工过程的自动控制及实现无人化操作；并可减少机械加工工序，加工周期短，劳动强度低，使用维护方便。

(5) 加工过程中工具和工件之间不存在显著的机械力，工具电极并不回转，有利于小孔、窄槽、曲线孔及薄壁零件加工。

(6) 脉冲参数可任意调节，加工中只要更换工具电极或采用阶梯形工具电极就可以在同一机床上连续进行粗、半精及精加工。

2. 电火花加工的局限性

(1) 一般加工速度较慢。安排工艺时可采用机械加工去除大部分余量，然后再进行电火花加工以求提高生产率。最近新的研究成果表明，采用特殊水基不燃性工作液进行电火花加工，其生产率甚至高于切削加工。

(2) 存在电极损耗和二次放电。电极损耗多集中在尖角或底面，最近的机床产品已能将电极相对损耗比降至 0.1%，甚至更小；电蚀产物在排除过程中与工具电极距离太小时会引起二次放电，形成加工斜度，影响成形精度，如图 7-4 所示。二次放电甚至会使得加工无法继续。

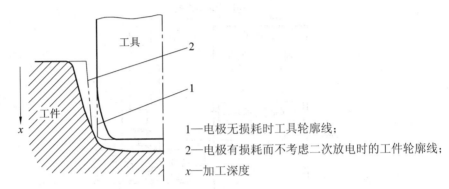

图 7-4　电火花加工时的加工斜度

(3) 最小角部半径有限制。一般电火花加工能得到的最小角部半径等于加工间隙(通常为 0.02～0.3 mm)，若电极有损耗或采用平动、摇动加工则角部半径还要增大，如图 7-5 所示。

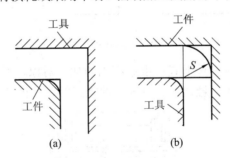

图 7-5　电火花加工时的尖角变圆

与传统的机械加工一样，机床本身的各种误差，工件和工具电极的定位、安装误差都会影响到电火花加工的精度。另外，与电火花加工工艺有关的主要因素是放电间隙的大小及其一致性、工具电极的损耗及其稳定等。电火花加工时工具电极与工件之间放电间隙大小实际上是变化的，电参数对放电间隙的影响非常显著，精加工放电间隙一般只有 0.01 mm (单面)，而粗加工时则可达 0.5 mm 以上。目前，电火花加工的精度为 0.01～0.05 mm。

影响表面粗糙度的因素主要有：脉冲能量越大，加工速度越高，Ra 值越大；工件材料越硬、熔点越高，Ra 值越小；工具电极的表面粗糙度越大，工件的 Ra 值越大。

7.1.3　电火花加工的应用

电火花加工是一种电、热能加工方法，是一种使用较早、较普遍的特种加工方法。按加工特点又分为电火花成形加工与电火花线切割加工两种。它具有许多传统切削加工所无法比拟的优点，其应用领域日益扩大，主要用以解决难加工材料及复杂形状零件的加工问题。

1. 电火花成形加工的应用

1) 电火花成形加工机床

电火花成形加工是通过工具电极相对于工件作进给运动，将工件电极的形状和尺寸复制在工件上，从而加工出所需要的零件。电火花加工机床主要由机床主体、脉冲电源、自动进给调节系统、工作液过滤和循环系统、数控系统等部分组成，如图 7-6 所示。

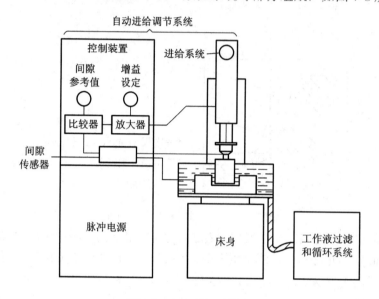

图 7-6　电火花加工机床

电火花成形机床结构有多种形式，根据不同的加工对象，通用机床的结构形式有：框形立柱式、龙门式、滑枕式、悬臂式、台式、便携式等，如图 7-7 所示。

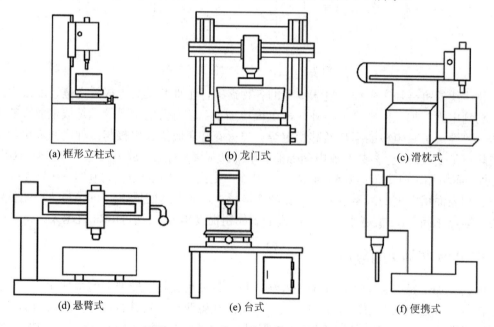

(a) 框形立柱式　　　　　(b) 龙门式　　　　　(c) 滑枕式

(d) 悬臂式　　　　　(e) 台式　　　　　(f) 便携式

图 7-7　电火花成形机床的结构形式

机床主体主要由床身、立柱、主轴头及附件和工作台等部分组成，是用以实现工件和工具电极的装夹固定和运动的机械系统。床身、立柱、坐标工作台是电火花机床的骨架，起着支撑、定位和便于操作的作用。因为电火花加工宏观作用力极小，所以对机械系统的强度无严格要求，但为了避免变形和保证精度，要求具有必要的刚度。

坐标工作台安装在床身上，主轴头安装在立柱上，要求机床的工作面与立柱导轨面具有一定的垂直度，导轨应耐磨和充分消除内应力。

2) 穿孔加工

电火花穿孔成形加工主要是用于冲模(包括凸凹模及卸料板、固定板)、粉末冶金模、挤压模和型孔零件等的加工，如图 7-8、图 7-9 所示。

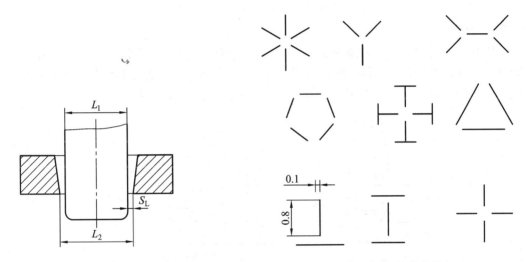

图 7-8 凹模的电火花加工   图 7-9 异型孔的电火花加工

穿孔加工的尺寸精度主要取决于工具电极的尺寸和放电间隙。工具电极的尺寸精度和表面粗糙度比工件高一级，一般精度不低于 IT7，具有足够的长度，若加工硬质合金时，由于电极损耗较大，电极还应适当加长。工具电极的截面轮廓尺寸除考虑配合间隙外，还要比预定加工的型孔尺寸均匀地缩小一个加工时的火花放电间隙。

对于硬质合金、耐热合金等特殊材料的小孔加工，采用电火花加工是首选的办法。小孔电火花加工适用于深径比(小孔深度与直径的比)小于 20、直径大于 0.01 mm 的小孔，还适用于精密零件的各种型孔(包括异型孔)的单件和小批次生产。

小孔加工由于工具电极截面积小，容易变形，不易散热，排屑又困难，因此电极损耗大。这将使端面变形大而影响加工精度。因此小孔电火花加工的电极材料应选择消耗小、杂质少、刚性好、容易矫直和加工稳定的金属丝。

近年来，在电火花穿孔加工中发展了高速小孔加工，解决了小孔加工中电极截面小、易变形、孔的深径比大、排屑困难等问题，取得了良好的社会经济效益。加工时，一般采用管状电极，内通以高压工作液。工具电极在回转的同时作轴向进给运动(见图 7-10)。这种方式适合 0.3～3 mm 的小孔，其加工速度可远远高于小直径麻花钻头钻孔，而且避免了小直径钻头容易折断的问题。这种方法还可以用于在斜面和曲面上打孔，且孔的尺寸精度和形状精度较高。

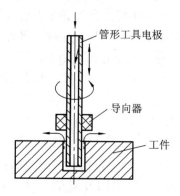

图 7-10　电火花高速小孔加工示意图

3) 型腔加工

型腔加工主要用于加工各类热锻模、压铸模、挤压模、塑料模和胶木模的型腔。这类型腔多为盲孔，内形复杂，各处深浅不同，加工较为困难。为了便于排除加工产物和冷却，以提高加工的稳定性，有时在工具电极中间开有冲油孔，如图 7-11 所示。

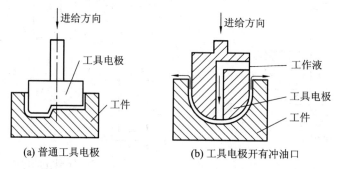

(a) 普通工具电极　　　　　　　(b) 工具电极开有冲油口

图 7-11　电火花型腔加工

由于复杂的型腔各处深浅、圆角大小不一，且使工具电极损耗不匀，对加工影响很大，目前型腔的电火花加工主要有单极平动法、多电极更换法和分解电极加工法等，这些方法均可提高加工速度，加大蚀除量，并能保证精度。

2. 电火花线切割加工

电火花线切割加工(Wire Cut EDM，简称 WCEDM)是在电火花加工基础上，上世纪 50 年代末在原苏联发展起来的一种新的工艺形式，是用线状电极(钼丝或铜丝)靠火花放电对工件进行切割，故称为电火花线切割，有时简称线切割。线切割加工技术已经得到了迅速发展，逐步成为一种高精度和高自动化的加工方法，在模具、各种难加工材料、成形刀具和复杂表面零件的加工等方面得到了广泛应用，目前国内外线切割机床已占电加工机床的 60% 以上。

1) 线切割加工的工作原理与装置

图 7-12(a)、(b)为高速走丝电火花线切割工艺及装置的示意图。利用细钼丝或铜丝 4 作工具电极进行切割，贮丝筒 7 使钼丝作正反向交替移动，加工能源由脉冲电源 3 供给。在电极丝和工件之间浇注工作液介质，工作台在水平面两个坐标方向各自按预定的控制程序，根据火花间隙状态作伺服进给移动，从而合成各种曲线轨迹，把工件切割成形。

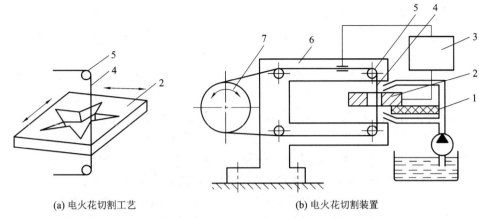

(a) 电火花切割工艺　　　　　　　　(b) 电火花切割装置

1—绝缘底板；2—工件；3—脉冲电源；4—钼丝；5—导向轮；6—支架；7—贮丝筒

图 7-12　电火花线切割原理及设备构成

根据电极丝的运行速度，电火花线切割机床通常分为两大类：一类是高速走丝电火花线切割机床(WEDM—HS)，这类机床的电极丝作高速往复运动，一般走丝速度为 8～10 m/s，这是我国生产和使用的主要机种，也是我国独有的电火花线切割加工模式；另一类是低速走丝电火花线切割机床(WEDM—LS)，如图 7-13 所示。这类机床的电极丝作低速单向运动，走丝速度低于 0.2 m/s，这是国外生产和使用的主要机种。此外，电火花线切割机床还可按控制方式分为：靠模仿型控制、光电跟踪控制、数字过程控制等；按加工尺寸范围分：大、中、小型以及普通型与专用型等。目前国内外 95% 以上的线切割机床都采用不同水平的微机数控系统，从单片机、单板机到微型计算机系统，有的还具有自动编程功能。目前的线切割加工机多数都具有锥度切割、自动穿丝和找正功能。

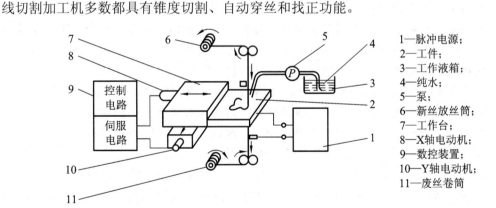

1—脉冲电源；
2—工件；
3—工作液箱；
4—纯水；
5—泵；
6—新丝放丝筒；
7—工作台；
8—X轴电动机；
9—数控装置；
10—Y轴电动机；
11—废丝卷筒

图 7-13　低速走丝线切割加工设备组成

2) 线切割加工的特点

电火花线切割加工过程的工艺和机理与电火花穿孔成形加工有很多共同的地方，又有它独特的地方。

电火花线切割加工与电火花成形加工的共性如下：

(1) 线切割的电压、电流波形与电火花加工基本相似。

(2) 线切割加工的加工机理、生产率、表面粗糙度等工艺规律，材料的可加工性等也都与电火花加工的基本相似，可以加工硬质合金等一切导电材料。

线切割加工与电火花成形加工的不同点如下：

(1) 电极丝直径小，脉冲电源的加工电流较小，脉宽较窄，属于中、精正极性电火花加工。

(2) 采用水或水基工作液，很少使用煤油，不易引燃起火，容易实现安全无人操作运行。

(3) 一般没有稳定的电弧放电状态，因为电极丝与工件始终存在相对运动。

(4) 电极与工件之间存在着"疏松接触"式轻压放电现象，即电极丝与工件接近到通常认为的放电间隙时，并不发生正常的火花放电，甚至电极丝已接触到工件相时，也常常看不到火花，只有当工件将电极丝顶弯，偏移一段距离才发生正常的放电现象。

(5) 省掉了成形的工具电极，大大降低了成形工具的设计和制造费用。

(6) 由于电极丝比较细，可以加工微细异形孔、窄缝和复杂形状的工件。

(7) 由于采用移动的长电极丝进行加工，使单位长度电极丝的损耗较少，从而对加工精度的影响比较小。

正因为有许多突出的长处，电火花线切割加工在国内外发展很快，得到广泛的应用。

3) 线切割加工的应用范围

线切割加工为新产品试制、精密零件加工及模具制造等开辟了一条新的工艺途径，主要应用于以下几个方面：

(1) 试制新产品及零件加工。在新产品开发过程中需要单件的样品，使用线切割直接切割出零件，例如试制切割特殊微电机硅钢片定转子铁芯，由于不需另行制造模具，可大大缩短制造周期、降低成本。又如在冲压生产时，未制造落料模时，先用线切割加工的试样进行成形等后续加工，得到验证后再制造落料模。另外修改设计、变更加工程序比较方便，加工薄件时还可多片叠在一起加工。在零件制造方面，可用于加工品种多，数量少的零件，特殊难加工材料的零件，材料试验件，各种型孔、型面、特殊齿轮、凸轮、样板、成形刀具。有些具有锥度切割的线切割机床，可以加工出"天圆地方"等上下异型面的零件。同时还可进行微细加工，异型槽和标准缺陷的加工等。

(2) 加工特殊材料。切割某些高硬度、高熔点的金属时，使用机加工的方法几乎是不可能的，而采用线切割加工既经济又能保证精度。电火花成形加工用的电极、一般穿孔加工用的电极、带锥度型腔加工用的电极以及铜钨、银钨合金之类的电极材料，用线切割加工特别经济，同时也适用于加工微细复杂形状的电极。

(3) 加工模具零件。电火花线切割加工主要应用于冲模、挤压模、塑料模、电火花型腔模的电极加工等。由于电火花线切割加工机床加工速度和精度的迅速提高，目前已达到可与坐标磨床相竞争的程度。例如，中小型冲模，材料为模具钢，过去用分开模和曲线磨削的方法加工，现在改用电火花线切割整体加工的方法，制造周期可缩短 3/4～4/5，成本降低 2/3～3/4，配合精度高，不需要熟练的操作工人。因此，一些工业发达国家的精密冲模的磨削等工序，已被电火花和电火花线切割加工所代替。

3. 其他电火花加工

随着生产的发展，电火花加工领域不断扩大，根据电火花加工过程中工具电极与工件相对运动方式和主要加工用途的不同，电火花加工工艺大致可粗略分为：电火花成形加工、电火花线切割加工、电火花磨削、电火花高速小孔加工、电火花表面加工及电火花复合加工六大类。其中，应用十分普遍的是电火花成形加工及电火花线切割加工，约占电火花加工的90%。表7-2所示为其他电火花加工方法的图示及说明。

表7-2 其他电火花加工方法图示及说明

图 示	说 明	图 示	说 明
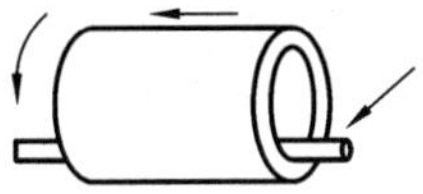	内圆磨削工件旋转、轴向运动并作径向进给运动		刃磨工具电极旋转运动，刀具横向往复运动，纵向直线进给运动
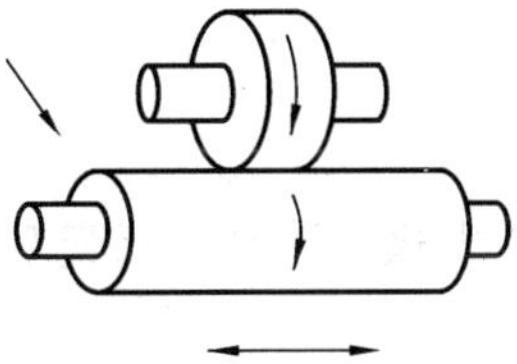	外圆磨削工具电极旋转和直线进给运动，工件旋转和往复运动	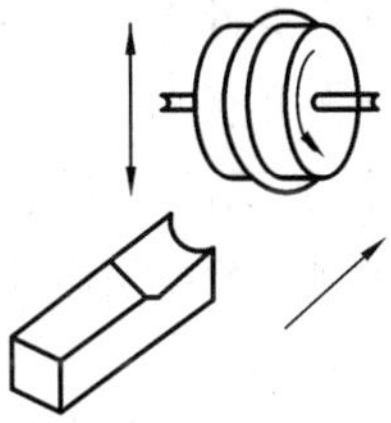	成形刀具的刃磨工具电极旋转和直线运动，工件直线进给运动
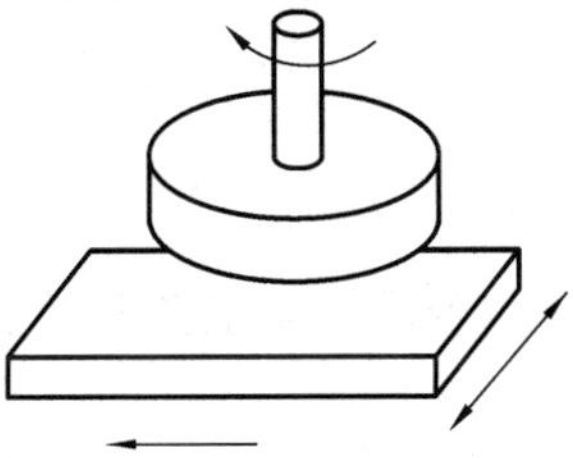	平面磨削工具电极旋转运动，工件三个互相垂直方向直线进给运动	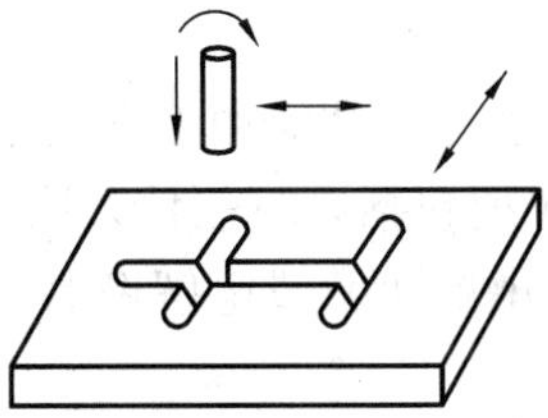	电火花展成铣工具电极旋转和一个方向直线运动，工件两个互相垂直方向直线进给运动
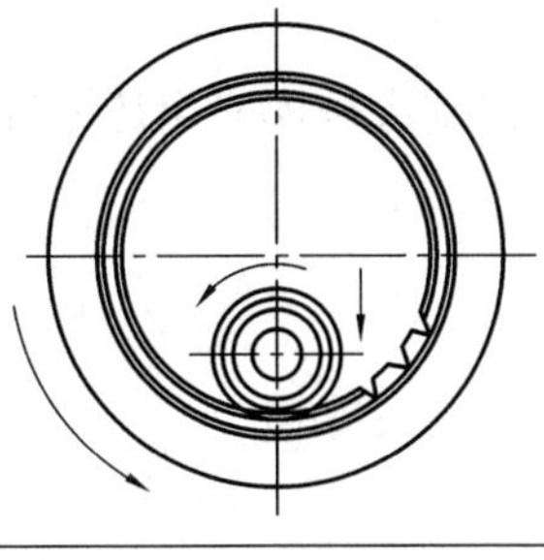	回转齿轮加工工具电极与工件作共轭范成运动，工具电极作径向进给运动	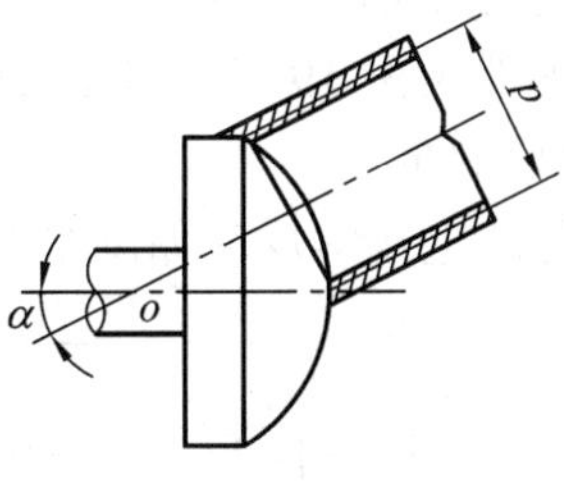	双轴回转展成式电火花磨削工具电极和工件成一夹角反向旋转和沿轴向直线进给运动
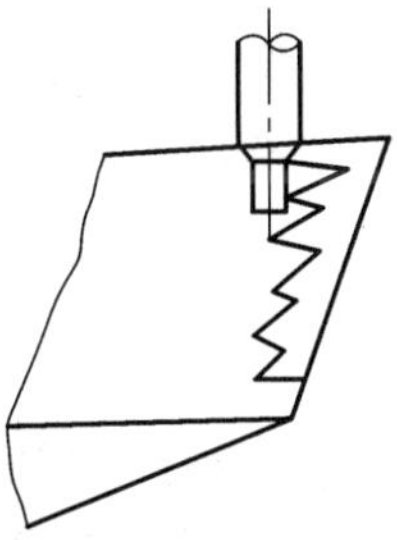	金属表面强化电极震动，并沿金属表面作进给运动	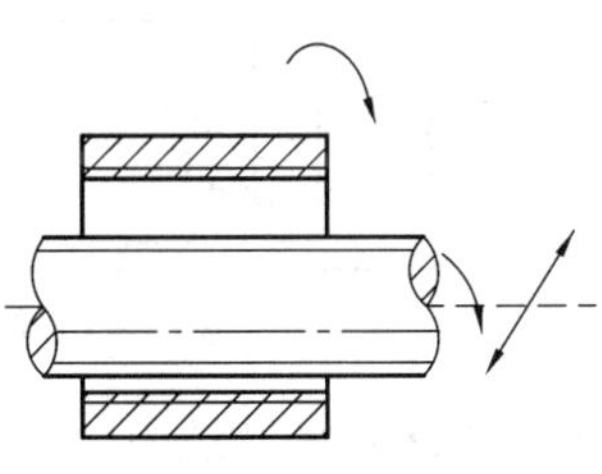	共轭回转螺纹加工工具电极与工件同步旋转运动，工件作径向进给运动

7.2 电解加工

电化学加工(Electrochemical Machining，ECM)是特种加工的一个重要分支，目前已成为一种较为成熟的特种加工工艺，被广泛应用于众多领域。根据加工原理，电化学加工可分为以下三大类：

(1) 利用电化学阳极溶解的原理去除工件材料。

这一类加工属于减材加工，主要包括以下两类：

① 电解加工：可用于尺寸和形状加工，如炮管膛线、叶片、整体叶轮、模具、异型孔及异型零件等成形加工，也可用于倒棱和去毛刺。

② 电解抛光：可用于工件表面处理。

(2) 利用电化学阴极沉积的原理进行镀覆加工。

这一类加工属于增材加工，主要包括以下三种方法：

① 电铸：可用于复制紧密、复杂的花纹模具，制造复杂形状的电极、滤网、滤膜及元件等。

② 电镀：可用于表面加工、装饰。

③ 电刷镀：可用于恢复磨损或加工超差零件的尺寸和形状精度，修补表面缺陷，改善表面性能等。

(3) 利用电化学加工与其他加工方法相结合的电化学复合加工。

这一类种方法主要包括以下三种方法：

① 电解磨削、电解研磨或电解珩磨：可用于尺寸和形状加工、表面光整加工和镜面加工。

② 电解电火花复合加工：可用于尺寸和形状加工。

③ 电化学阳极机械加工：可用于尺寸和形状加工，高速切割。

虽然有关的基本理论在 19 世纪末已经建立，但真正在工业上得到大规模应用还是 20 世纪 30～50 年代以后的事。

电化学加工过程的电化学反应如图 7-14 所示。

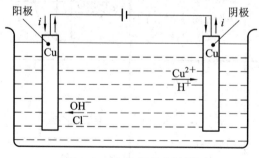

图 7-14　电化学反应过程

如果将两铜片插入 $CuCl_2$ 水溶液中，由于溶液中含有 OH^- 和 Cl^- 负离子及 H^+ 和 Cu^{2+} 正离子，当两铜片分别连接直流电源的正、负极时，即形成导电通路，有电流流过溶液和导线。在外电场的作用下，金属导体及溶液中的自由电子定向运动，铜片电极和溶液的界面上将发生得失电子的电化学反应。其中，溶液中的 Cu^{2+} 正离子向阴极移动，在阴极表面得到电子而发生还原反应，沉积出铜。在阳极表面，Cu 原子失去电子而发生氧化反应，成为 Cu^{2+} 正离子进入溶液。在阴、阳极表面发生得失电子的化学反应即称为电化学反应，利用这种电化学反应作用加工金属的方法就是电化学加工。其中，阳极上为电化学溶解，阴极上为电化学沉积。

任意两种金属放入任意两种导电的水溶液中，在电场的作用下，都会有类似上述情况发生。决定反应过程的因素是电解质溶液，电极电位，电极的极化、钝化、活化等。

7.2.1 电解加工的原理

图 7-15 所示为电解加工实施原理图。加工时，工件接直流电源的正极，工具接电源的负极。工具向工件缓慢进给，使两极之间保持较小的间隙(0.1～1 mm)，具有一定压力(0.5～2 MPa)的电解液从间隙中高速(5～50 m/s)流过，这时阳极工件的金属被逐渐电解腐蚀，电解产物被电解液带走。在加工刚开始时，阴极与阳极距离较近的地方通过的电流密度较大，电解液的流速也常较高，阳极溶解速度也就较快。工具相对工件不断进给，工件表面就不断被电解，电解产物不断被电解液冲走，直至工件表面形成与阴极工作面基本相似的形状为止。

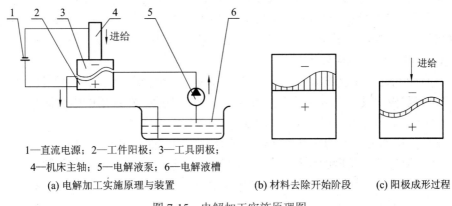

1—直流电源；2—工件阳极；3—工具阴极；
4—机床主轴；5—电解液泵；6—电解液槽
(a) 电解加工实施原理与装置　　　(b) 材料去除开始阶段　　(c) 阳极成形过程

图 7-15　电解加工实施原理图

7.2.2 电解加工的特点

(1) 电解加工与其他加工方法相比较，具有下述优点：

① 加工范围广，不受金属材料本身硬度、强度以及加工表面复杂程度的限制，可以加工硬质合金、淬火钢、不锈钢、耐热合金等高硬度、高强度及高韧性金属材料，并可加工叶片、锻模等各种复杂型面。

② 加工生产率较高，约为电火花加工的 5～10 倍，在某些情况下，比切削加工的生产率还高，且加工生产率不直接受加工精度和表面粗糙度的限制。

③ 加工质量好，可获得一定的加工精度和较好的表面粗糙度。

加工精度(mm)：型面和型腔加工精度误差为±(0.05～0.20)mm；型孔和套料加工精度误差为±(0.03～0.05)mm。

表面粗糙度(μm)：对于一般中、高碳钢和合金钢，可稳定地达到 1.6～0.4 μm；对于某些合金钢可达到 0.1 μm。

④ 加工过程不存在机械切削力，不会产生切削力引起的残余应力和变形，没有飞边毛刺。

⑤ 加工过程中阴极工具理论上不会耗损，可长期使用。

(2) 电解加工的主要弱点和局限性为：

① 不易达到较高的加工精度和加工稳定性，这一方面是由于阴极的设计、制造和修正都比较困难，阴极本身的精度难保证。另一方面是影响电解加工间隙稳定性、流场和电场的均匀性的参数很多，控制比较困难。

② 电解加工的附属设备比较多，占地面积较大，机床需有足够的刚性和防腐蚀性能，造价较高，因此单件小批次生产时的成本比较高。加工后，工件需净化处理。

③ 电解产物需进行妥善处理，否则可能污染环境。

7.2.3　电解加工的应用

1. 常用电解液种类

电解液是电解加工的工作液，对电解加工的各项工艺指标有很大影响。对电解液的基本要求有：

(1) 具有足够的蚀除速度。这就要求电解质在溶液中有较高的溶解度和离解度。例如 NaCl 在水溶液中几乎能完全离解为 Na^+、Cl^- 离子，并能与水中的 H^+、OH^- 离子共存。另外，电解液中所含的阴离子应具有较正的标准电位，如 Cl^-，ClO_3^- 等，以免在阳极上产生析氧等副反应，降低电流效率。

(2) 具有较高的加工精度和表面质量。电解液中的金属阳离子不应在阴极上产生放电反应而沉积到阴极工具上，以免改变工具形状尺寸。因此，在选用的电解液中所含金属阳离子必须具有较负的标准电极电位，如 Na^+、K^+ 等活泼金属离子。

(3) 阳极反应的最终产物应是不溶性的化合物。一方面，最终产物不再进入加工区域，而影响后续电解过程和精度的保持，另一方面是便于收集处理，且不会使阳极溶解下来的金属阳离子在阴极上沉积，通常被加工工件的主要组成元素的氢氧化物大都难溶于中性盐溶液，故这一要求容易满足。

另外，还希望电解液性能稳定，操作安全，对设备的腐蚀性小以及价格便宜。最常使用的三种电解液是：

① NaCl 电解液。NaCl 是强电解质，在水溶液中几乎完全电离，导电能力强；电解液中含有活性 Cl^- 离子，阳极工件表面不易生成钝化膜，所以具有较大的蚀除速度，而且没有或很少有析氧等副反应，电流效率高，表面粗糙度也小；价格便宜，货源充足，所以是应用最广泛的一种电解液。NaCl 电解液的蚀除速度高，但其复制精度较差。

② $NaNO_3$ 电解液。$NaNO_3$ 电解液是一种钝化型电解液。非加工区由于处于钝化状态受到钝化膜的保护，可以减少杂散腐蚀，提高加工精度。

③ $NaClO_3$ 电解液。正如以上所介绍的，$NaClO_3$ 电解液也具有散蚀小，加工精度高的特点。某些资料介绍，当加工间隙达 1.25 mm 以上时，阳极溶解几乎完全停止，而且有较小的加工表面粗糙度。$NaClO_3$ 的另一特点是具有很高的溶解度，在 20℃时达 49%，(此时

NaCl 为 26.5%)，因而其导电能力强，可达到与 NaCl 相近的生产率。另外，它对机床、管道、水泵等的腐蚀作用很小。NaClO$_3$ 的弱点是价格较贵(为 NaCl 的 5 倍)，而且由于它是一种强氧化剂，使用时要注意安全防火。

(4) 在电解液中使用添加剂。在电解液中使用添加剂是改善其性能的重要途径。例如，为了减少 NaCl 电解液的散蚀能力，可加入少量磷酸盐等缓冲剂，使阳极表面产生钝化性抑制膜，以提高成形精度。NaNO$_3$ 电解液虽有成形精度高的优点，但其生产率低，可添加少量 NaCl，使其加工精度及生产率均较高。为改善加工表面质量，可添加络合剂、光亮剂等，如 NaF 可改善表面粗糙度。为减轻电解液的腐蚀性，可添加缓蚀剂等。

2. 电解加工机床

电解加工设备包括机床本体、整流电源、电解液系统三个主要实体以及相应的控制系统。电解加工机床设计制造的原则是有利于实现机床的主要功能，满足工艺的需要，能以最简便的方式达到所要求的机床刚度、精度，同时还要可操作性好，便于维护，安全可靠，性能价格比高。因此，要考虑机床运动系统的组成和布局对机床通用性、可操作性、刚性和加工精度的影响；考虑总体布局与机床刚度、电源和电解液泵容量之间的关系；总体布局与机床加工精度的关系；总体布局与机床操作、维护的关系。电解加工机床的主要类型见表 7-3。

表 7-3 电解加工机床的主要类型

类别	名称	示意图		主轴进给方式	工作台运动形式	应用范围
立式机床	框型			主轴在上部，向下进给式；主轴在下部，向上进给式	固定式：X、Y 双向可调整式；旋转分度式	中大型模具型腔，大型叶片型面，大型轮盘腹板，大型链轮齿形，大型花键孔，电解车
	C 型		中型	主轴在上部，向下进给式；主轴在下部，向上进给式	固定式：X、Y 双向可调整式；旋转分度式	中小型模具型腔，整体叶轮型面套料、中型孔、异型孔
			小型	主轴在上部，向下进给式	固定式	小型孔、小异型孔
卧式机床	卧式单头			主轴水平进给	固定式旋转分度式	机匣内外环底型面、凸台、型孔、筒型零件内孔、大型煤球轧辊型腔、深孔、炮管膛线、深花键孔

3. 电解加工的应用

国内自 20 世纪中期将电解加工成功地应用在膛线加工方面以来，对电解加工应用领域进行了较大程度的拓展，现在电解加工工艺在各种膛线、花键孔、深孔、内齿轮、链轮、叶片、异形零件及模具等方面获得了广泛的应用。

1) 型腔加工

目前对锻模、辊锻模等型腔模，大多采用电火花加工，其加工精度较容易控制，但生产率较低。因此对模具消耗量较大，精度要求一般的矿山机械、汽车拖拉机等制造厂，近年来逐渐采用电解加工。目前实际电解加工采用的主要方法有：非线性电解液、反向流动加工；线性电解液、低压混气加工；非线性电解液、高压混气加工；脉冲电流、振动进给加工等。

2) 叶片加工

叶片是发动机的重要零件，叶身型面形状比较复杂，精度要求较高，加工批量大，在发动机和汽轮机制造中占有相当大的比重。叶片采用机械加工困难较大、生产率低、加工周期长；而采用电解加工，则不受叶片材料硬度和韧性的限制，在一次行程中可加工出复杂的叶身型面，生产率高、表面粗糙度值小。

叶片加工的方式有单面加工和双面加工两种。机床也有立式和卧式两种，立式大多用于单面加工，卧式大多用于双面加工，叶片加工大多采用侧流法供液，加工是在工作箱中的夹具中进行的。我国目前叶片加工多数采用硝酸钠与氯化钠混合电解液的混气电解加工法，也有采用加工间隙易于控制的氯酸钠电解液，阴极采用反拷贝方法制造。

电解加工整体叶轮在我国已得到普遍应用，如图 7-16 所示。叶轮上的叶片是逐个加工的，采用套料法加工，加工完一个叶片，退出阴极，分度后再加工下一个叶片。在采用电解加工以前，叶片是经精密铸造，机械加工，抛光后镶到叶轮轮缘的榫槽中，再焊接而成，加工量大、周期长，面且质量不易保证。电解加工整体叶轮时，只要把叶轮毛坯加工好后，直接在轮坯上加工叶片，加工周期大大缩短，叶轮强度高、质量好。

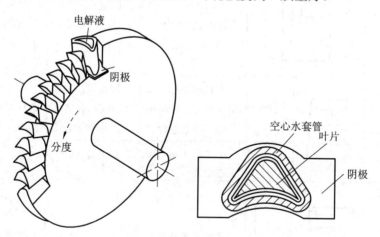

图 7-16　整体叶轮电解加工示意图

3) 电解去毛刺

机械加工中去毛刺的工作量很大，尤其是去除硬而韧的金属毛刺，需要占用很多人力。电解倒棱去毛刺可以大大提高工效和节省费用，图 7-17 所示为齿轮的电解去毛刺装置。工件齿轮套在绝缘柱上，环形电极工具也靠绝缘柱定位安放在齿轮上，保持约 3～5 mm 间隙(根据毛刺大小而定)，电解液在阴极端部和齿轮的端面齿面间流过，阴极和工件间通上 20 V以上的电压(电压高些，间隙可大些)，约 1 min 就可去除毛刺。

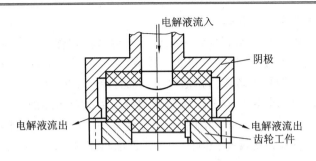

图 7-17 齿轮的电解去毛刺装置

电解加工还在深孔扩孔加工、套料加工等方面有着广泛的用途,其他主要应用类别见表 7-4 所示。

表 7-4 电解加工的应用类别

序号	名　称	应用说明
1	深孔扩孔加工	按阴极的运动分为:固定式和移动式加工两种
2	型孔加工	适合实体材料上加工型孔、方孔、椭圆孔、半圆孔、多棱形孔等异型孔;弯曲电极可加工各类孔的弯孔
3	型腔加工	适合压铸模、锻压模等型腔加工; 常用硝酸钠、氯酸钠等钝性电解液; 阴极的拐角处常开设增液孔或槽以保持流速均匀
4	套料加工	适合大面积的异型孔或圆孔的下料、平面凸轮的成形电解加工
5	叶片加工	适合发动机、汽轮机等的整体叶片加工
6	电解倒棱、去毛刺	特别适合于齿轮渐开线端面、阀组件交叉孔去毛刺和倒棱
7	电解蚀刻	适合于已淬硬后的零件表面或模具打标记、刻商标等刻字
8	电解抛光	适合大间隙、低电流密度对工件表面微加工、抛光
9	数控电解加工	与数控技术和设备的有机结合,加工型腔、型面和复杂表面

7.3　超声波加工

超声波加工(Ultrasonic Machining,USM),又叫超声加工,特别适合对导体、非导体的脆硬材料进行有效加工,是对特种加工工艺的有益补充,目前主要的工艺有:打孔、切割、清洗、焊接和探伤等。

7.3.1　超声波加工的原理

超声波是一种频率超过 16 000 Hz 的纵波, 它具有很强的能量传递能力,能够在传播方向上施加压力;在液体介质传播时能形成局部"伸""缩"冲击效应和空化现象;通过不同介质时,产生波速突变,形成波的反射和折射;一定条件下能产生干涉、共振。利用超声波特性来进行加工的工艺称为超声波加工。

　　超声波加工是利用工具端面进行超声频振荡，再将这种超声频振荡通过磨料悬浮液传递到一定形状的工具头上，加工脆硬材料的一种成形方法。超声波加工原理示意图如图 7-18 所示。加工时，工具 1 的超声频振荡将通过磨料悬浮液 6 的作用，剧烈冲击位于工具下方工件的被加工表面，使部分材料被击碎成细小颗粒，由磨料悬浮液带走。加工中的振动还强迫磨料液在加工区工件和工具的间隙中流动，使变钝了的磨粒能及时更新。随着工具沿加工方向以一定速度移动，实现有控制的加工，逐渐将工具形状"复印"在工件上(成形加工时)。

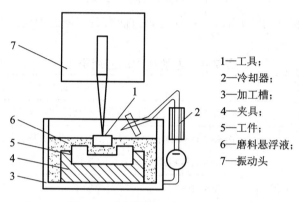

1—工具；
2—冷却器；
3—加工槽；
4—夹具；
5—工件；
6—磨料悬浮液；
7—振动头

图 7-18　超声波加工原理示意图

　　在工作中，工具头的振动还使悬浮液产生空腔，空腔不断扩大直至破裂，或不断被压缩至闭合。这一过程时间极短，空腔闭合压力可达几百兆帕，爆炸时可产生水压冲击，引起加工表面破碎，形成粉末。同时悬浮液在超声振动下，形成的冲击波还使钝化的磨料崩碎，产生新的刃口，进一步提高加工效率。

　　由此可见，超声波加工是磨粒在超声振动作用下的机械撞击和抛磨作用以及超声空化作用的综合结果，其中磨粒的撞击作用是主要的。

　　既然超声波加工是基于局部撞击作用，因此就不难理解，越是脆硬的材料，受撞击作用遭受的破坏越大，越易超声加工。相反，脆性和硬度不大的韧性材料，由于它的缓冲作用而难以加工。根据这个道理，人们可以合理选择工具材料，使之既能撞击磨粒，又不致使自身受到很大破坏，例如用 45 钢作工具即可满足上述要求。

7.3.2　超声波加工的特点

　　超声波加工的特点有：

　　(1) 适合脆性材料工件加工：材料越脆，加工效率越高，可加工脆性非金属材料，如：玻璃、陶瓷、玛瑙、宝石和金刚石等。对于导电的硬质金属材料如淬火钢、硬质合金等，也能进行加工，但加工生产率较低。对于橡胶则不可进行加工。

　　(2) 加工精度较高。由于去除加工材料是靠磨料对工件表面撞击作用，故工件表面的宏观切削力很小，切削应力、切削热很小，不会引起变形及烧伤，表面粗糙度也较好，公差可达 0.008 mm 之内，表面粗糙度 Ra 值一般在 0.1～0.4 μm 之间。

　　(3) 由于工具和工件不做复杂相对运动，工具与工件不用旋转，因此易于加工出各种与工具形状相一致的复杂形状内表面和成形表面。超声波加工机床的结构也比较简单，只需一个方向轻压进给，操作、维修方便。

(4) 超声波加工面积不大，工具头磨损较大，故生产率较低。

7.3.3　超声波加工的应用

1. 超声波加工设备

超声波加工设备，它们的功率大小和结构形状虽有所不同，但其组成部分基本相同，一般包括超声波发生器、超声振动系统、磨料工作液及循环系统和机床本体四部分。

1) 超声波发生器

超声波发生器也称超声频发生器，其作用是将 50 Hz 的交流电转变为有一定功率输出的 16 000 Hz 以上的超声高频电振荡，以提供工具端面往复振动和去除被加工材料的能量。其基本要求是输出功率和频率在一定范围内连续可调，最好能具有对共振频率自动跟踪和自动微调的功能，此外要求结构简单、工作可靠、价格便宜、体积小等。

超声波发生器有电子管和晶体管两种类型。前者不仅功率大，而且频率稳定，在大中型超声波加工设备中用得较多。后者体积小，能量损耗小，因而发展较快，并有取代前者的趋势。

2) 超声振动系统

超声振动系统的作用是把高频电能转变为机械能，使工具端面作高频率小振幅的振动，并将振幅扩大到一定范围(0.01～0.15 mm)以进行加工。它是超声波加工机床中很重要的部件，由换能器、变幅杆(振幅扩大棒)及工具组成。

换能器的作用是将高频电振荡转换成机械振动，目前实现这一目的可利用压电效应和磁致伸缩效应两种方法。

变幅杆又称振幅扩大棒。超声机械振动振幅很小，一般只有 0.005～0.01 mm，不足以直接用来加工，因此必须通过一个上粗下细的棒杆将振幅加以扩大，此杆称为振幅扩大棒或变幅杆。通过变幅杆可以增大到 0.01～0.15 mm，固定在振幅扩大棒端头的工具即产生超声振动。如图 7-19 所示，变幅杆有锥形(5～10 倍)、指数形(10～20 倍)和阶梯形(＞20 倍)等。

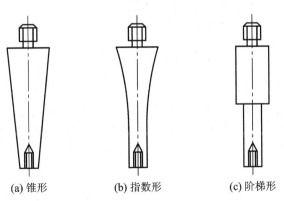

(a) 锥形　　　　　　(b) 指数形　　　　　　(c) 阶梯形

图 7-19　变幅杆的类型

工具的作用是使磨料和工作液以一定能量冲击工件，并加工出所需形状，其结构、形状取决于工件。

3) 磨料工作液及循环系统

对于简单的超声波加工装置，其磨料是靠人工输送和更换的，即在加工前将悬浮磨料的工作液浇注堆积在加工区，加工过程中定时抬起工具并补充磨料，也可利用小型离心泵使磨料悬浮液搅拌后注入加工间隙中去。对于较深的加工表面，应将工具定时抬起以利于磨料的更换和补充。大型超声波加工机床采用流量泵自动向加工区供给磨料悬浮液，且品质好，循环也好。

效果较好而又最常用的工作液是水，为了提高表面质量，有时也用煤油或机油当作工作液。磨料常用碳化硼、碳化硅或氧化铝等。其粒度大小是根据加工生产率和精度等要求选定的，颗粒大的生产率高，但加工精度及表面粗糙度则较差。

4) 机床本体

超声波加工机床一般比较简单，机床本体就是把超声波发生器、超声波振动系统、磨料工作液及其循环系统、工具及工件按照所需要位置和运动组成一体。机床本体还包括支撑声学部件的机架及工作台、使工具以一定压力作用在工件上的进给机构及床体等部分。

图 7-20 所示是国产 CSJ—2 型超声波加工机床简图。

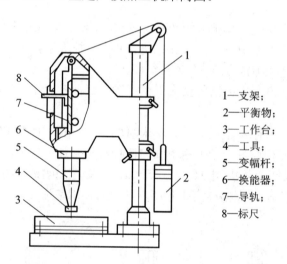

1—支架；
2—平衡物；
3—工作台；
4—工具；
5—变幅杆；
6—换能器；
7—导轨；
8—标尺

图 7-20　国产 CSJ—2 型超声波加工机床简图

2. 超声波加工的应用

超声波加工广泛用于加工半导体和非导体的脆硬材料，由于其加工精度和表面粗糙度优于电火花、电解加工，因此电火花加工后的一些淬火钢、硬质合金零件，还常用超声抛磨进行光整加工；此外，超声波加工还可以用于套料、清洗、焊接和探伤等。

(1) 型孔、型腔加工。

超声波加工目前主要用于对脆硬材料加工圆孔、型孔、型腔、套料、微细孔等，如图 7-21 所示。

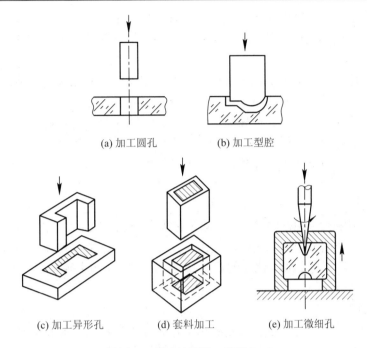

(a) 加工圆孔　　　　(b) 加工型腔

(c) 加工异形孔　　　(d) 套料加工　　　(e) 加工微细孔

图 7-21　超声波型孔、型腔加工

(2) 切割加工。

用普通机械加工脆硬的半导体材料是困难的，采用超声切割则较为有效，如图 7-22 所示。

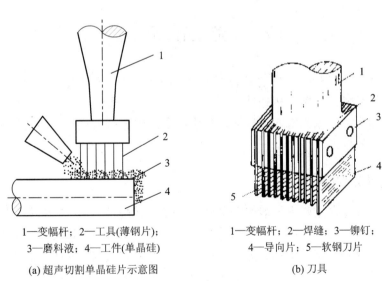

1—变幅杆；2—工具(薄钢片)；
3—磨料液；4—工件(单晶硅)

(a) 超声切割单晶硅片示意图

1—变幅杆；2—焊缝；3—铆钉；
4—导向片；5—软钢刀片

(b) 刀具

图 7-22　超声切割

(3) 超声清洗。

超声清洗的原理主要是基于超声振动在液体中产生的交变冲击波和空化作用来实现对零件的清洗。超声清洗主要用于几何形状复杂、清洗质量要求高的中、小精密零件，特别是工件上的深小孔、微孔、弯孔、盲孔、沟槽、窄缝等部位的精清洗。采用其他清洗方法，效果差，甚至无法清洗，采用超声清洗则效果好、生产率高。目前，在半导体和集成电路元件、仪表仪器零件、电真空器件、光学零件、精密机械零件、医疗器械、放射性污染等的清洗中应用。

一般认为，超声清洗是由于清洗液在超声波作用下产生空化效应的结果。空化效应产生的强烈冲击波，直接作用到被清洗部位上的污物等，并使之脱落下来；空化作用产生的空化气泡渗透到污物与被清洗部位表面之间，促使污物脱落；在污物被清洗液溶解的情况下，空化效应可加速溶解过程。超声清洗时，应合理选择工作频率和声压强度，以产生良好的空化效应，提高清洗效果。此外，清洗液的温度不可过高，以防空化效应的减弱，影响清洗效果。

(4) 超声焊接。

超声焊接是利用超声频振动作用，去除工件表面的氧化膜，使新的本体表面显露出来，并在两个被焊工件表面分子的高速振动撞击下，摩擦发热、亲和黏接在一起。其不仅可以焊接尼龙、塑料及表面易生成氧化膜的铝制品等，还可以在陶瓷等非金属表面挂锡、挂银、涂覆熔化的金属薄层。

(5) 复合加工。

近年来，超声波加工与其他加工方法相结合进行的复合加工发展迅速，如超声振动切削加工、超声电火花加工、超声电解加工、超声调制激光打孔，等等。这些复合加工方法由于把两种甚至多种加工方法结合在一起，起到取长补短的作用，使加工效率、加工精度及加工表面质量显著提高，因此愈来愈受到人们的重视。

7.4　激 光 加 工

激光技术是 20 世纪 60 年代初发展起来的一门新兴科学。激光加工可以用于打孔、切割、电子器件的微调、焊接、热处理，以及激光存贮、激光制导等各个领域。由于激光加工速度快、变形小，可以加工各种材料，在生产实践中愈来愈显示出它的优越性，也因此愈来愈受到人们的重视。

7.4.1　激光加工的原理

激光也是一种光，它具有一般光的共性(如光的反射、折射、绕射以及光的干涉等)，也有它的特性。激光是一种通过入射光子的激发使处于亚稳态的较高能级的原子、离子或分子跃迁到低能级时完成受激辐射所发出的光。由于这种受激辐射所发出的光与引起这种受激辐射的入射光在相位、波长、频率和传播方向等方面完全一致，因此，激光除具有一般光源共性以外，还具有亮度、强度高、单色性好、相干性好和方向性好等特性。

由于激光的单色性好和具有很小的发散角，因此在理论上可聚焦到尺寸与光波波长相近的小斑点上，其聚焦功率密度可达 $10^7 \sim 10^{11}$ W/cm^2。激光加工工作原理就是利用能量密度极高的聚焦的激光，被照射工件加工区域温度达数千摄氏度，甚至上万摄氏度的高温将材料瞬时熔化、蒸发，并在热冲击波作用下，将熔融材料爆破式喷射去除，达到相应加工目的。因此，可以利用激光进行各种材料的打孔、切割等加工。

激光加工过程大体分为如下几个阶段：激光束照射工件材料，工件材料吸收光能；光能转变为热能使工件材料无损加热；工件材料被熔化、蒸发、气化并溅出去除或破坏；作用结束与加工区冷凝。

(1) 光能的吸收及其能量转化。

激光束照射工件材料表面时，光的辐射能一部分被反射，一部分被吸收，并对材料加热，还有一部分因热传导而损失。这几部分能量消耗的相对值，取决于激光的特性和激光束持续照射时间及工件材料的性能。

(2) 工件材料的加热。

光能转换成热能的过程就是工件材料的加热。激光束在很薄的金属表层内被吸收，使金属中自由电子的热运动能增加，并在与晶格碰撞中的极短时间内将电子的能量转化为晶格的热振动能，引起工件材料温度的升高，同时按热传导规律向周围或内部传播，改变工件材料表面或内部各加热点的温度。

对于非金属材料，一般导热性很小，在激光照射下，其加热不是依靠自由电子。当激光波较长时，光能可直接被材料的晶格吸收而加剧热振荡；当激光波较短时，光能激励原子壳层上的电子。这种激励通过碰撞而传播到晶格上，使光能转换为热能。

(3) 工件材料的熔化、气化及去除。

在足够功率密度的激光束照射下，工件材料表面才能达到熔化、气化的温度，从而使工件材料气化蒸发或熔融溅出，达到去除的目的。当激光功率密度过高时，工件材料在表面上气化，不在深处熔化；当激光功率密度过低，则能量就会扩散分布和加热面积较大，致使焦点处熔化深度很小。因此，要满足不同激光束加工的要求，必须合理选择相应的激光功率密度和作用时间。

(4) 工件加工区的冷凝。

激光辐射作用停止后，工件加工区材料便开始冷凝，其表层将发生一系列变化，形成特殊性能的新表面层，新表面层的性能，取决于加工要求、工件材料、激光性能等复杂因素。一般，激光束加工工件表面所受的热影响区很小，在薄材上加工，气化是瞬时的，熔化则很少，对新表面层的金相组织没有显著影响。

7.4.2　激光加工的特点

激光加工的特点有：

(1) 激光瞬时功率密度高达 $10^7 \sim 10^{11}$ W/cm^2，几乎可以加工任何高硬、耐热材料。

(2) 激光光斑大小可以聚焦到微米级，输出功率可以调节，因此可用以精密微细加工。

(3) 加工所用工具——激光束接触工件，没有明显的机械力，没有工具损耗。加工速度快、热影响区小，容易实现加工过程自动化。还能通过透明体进行加工，如对真空管内部进行焊接加工等。

(4) 与电子束、离子束相比，工艺装置相对简单，不需抽真空装置。

(5) 激光加工是一种热加工，影响因素很多，因此，精微加工时，精度，尤其是重复精度和表面粗糙度不易保证。加工精度主要取决于焦点能量分布，打孔的形状与激光能量分布之间基本遵从于"倒影"效应，如图 7-23 所示。由于光的反射作用，表面光洁或透明材料必须预先进行色化或打毛处理才能加工。常用激光器的性能特点见表 7-5。

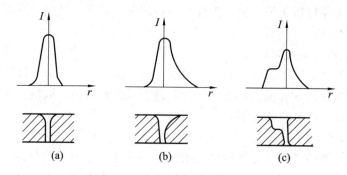

图 7-23　激光能量分布对打孔质量的影响

表 7-5　常用激光器的性能特点

种类	工作物质	激光波长/μm	发散角/rad	输出方式	输出能量或功率	主要用途
固体激光器	红宝石(Al_2O_3，Cr^{+3})	0.69	$10^{-2} \sim 10^{-8}$	脉冲	数焦耳至十焦耳	打孔，焊接
	钕玻璃(Nd^{+3})	1.06	$10^{-2} \sim 10^{-3}$	脉冲	数焦耳至几十焦耳	打孔，焊接
	掺钕钇铝石榴石 YAG ($Y_3Al_5O_{12}$,Nd^{+3})	1.06	$10^{-2} \sim 10^{-3}$	脉冲	数焦耳至几十焦耳	打孔，切割、焊接、微调
				连续	$100 \sim 1000$ W	
气体激光器	二氧化碳 CO_2	10.6	$10^{-2} \sim 10^{-3}$	脉冲	几焦耳	切割、焊接、热处理、微调
				连续	几十至几千瓦	
	氩(Ar^+)	0.5145 0.4880	$10^{-2} \sim 10^{-3}$	连续	几至几十瓦	光盘录刻存贮

(6) 靠聚焦点去除材料，激光打孔和切割的激光深度受限，目前的切割、打孔厚(深)度一般不超过 10 mm，因而主要用于薄件加工。

7.4.3　激光加工的应用

1. 激光加工的设备

激光加工的基本设备包括激光器、激光器电源、光学系统及机械系统等四大部分。

(1) 激光器：是激光加工的核心设备，它是把电能转换成光能，产生激光束的设备。

(2) 激光器电源：为激光器提供电能以及实现激光器和机械系统自动控制的目的。

(3) 光学系统：主要包括聚焦系统和观察瞄准系统。

(4) 机械系统：包括床身、数控工作台和数控系统等。

2. 激光加工的应用

1) 激光打孔

利用激光几乎可在任何材料上打微型小孔，目前已应用于火箭发动机和柴油机的燃料喷嘴加工、化学纤维喷丝板打孔、钟表及仪表中的宝石轴承打孔、金刚石拉丝模加工等方面。

激光打孔适合于自动化打孔，如钟表行业红宝石轴承上 $\phi 0.12 \sim 0.18$ mm、深 $0.6 \sim 1.2$ mm 的小孔采用自动传送每分钟可以加工几十个；又如生产化学纤维用的喷丝板，在 $\phi 100$ mm 的不锈钢喷丝板上打一万多个直径为 0.06 mm 的小孔，采用数控激光加工，不到半天即可完成。激光打孔的直径可以小到 0.01 mm 以下，深径比可达 60：1。

2) 激光切割

工件与激光束相对移动，可切割各种二维形状工件，由于激光器相对娇贵，在生产实践中，一般都是移动二维数控工作台。如果是直线切割，还可借助于柱面透镜将激光束聚焦成面束，以提高切割速度。激光可用于切割各种各样的材料，还能切割无法进行机械接触的工件(如从电子管外部切断或焊接内部的灯丝)。由于激光对被切割材料几乎不产生机械冲击和压力，故适宜于切割玻璃、陶瓷和半导体等硬脆的材料。再加上激光光斑小、切缝窄，便于自动控制，所以更适宜于对细小部件作各种精密切割。切割金属材料时采用同轴吹氧工艺可以大大提高切割速度，而且粗糙度也明显减小。切割布匹、纸张、木材等易燃材料时，采用同轴吹保护气体(二氧化碳、氮气等)，能防止烧焦和缩小切缝。英国生产的二氧化碳激光切割机附有氧气喷枪，切割 6 mm 厚的铁板速度达 3 m/min 以上。美国已用激光代替等离子体切割，速度可提高 25%，费用降低 75%。

3) 激光焊接

焊接时不需要切割、打孔那么高的能量密度，只要将工件的加工区"烧熔"使其黏合在一起。因此，激光焊接所需要的能量密度较低，通常可用减小激光输出功率来实现。也可通过调节焦点位置来减小工件被加工点的能量密度。

激光焊接有如下优点：

(1) 激光照射时间短，焊接过程极为迅速，它不仅有利于提高生产率、而且被焊材料不易氧化，热影响区极小，适合于对热敏感很强的晶体管组件焊接。

(2) 激光焊接没有焊渣，不需去除工件的氧化膜，甚至可以透过玻璃进行焊接，适用于微型精密仪表中的焊接。

(3) 激光不仅能焊接同种材料，而且还可以焊接不同的材料，甚至还可焊接金属与非金属材料。例如用陶瓷作基体的集成电路。

4) 激光热处理

激光热处理的过程是将激光束扫射到零件表面，光能量被零件表面吸收迅速升温，产生相变甚至熔融；激光束离开零件表面，零件表面的热量马上向内部传递以极高的速度冷却。

与火焰淬火、感应淬火等成熟工艺相比其优缺点如下：

(1) 加热快。半秒钟内就可以将工件表面加热到临界点以上，热影响区小，工件变形小，处理后无需修磨或只需精磨。

(2) 光束传递方便，便于控制，可以对形状复杂的零件或局部处进行处理。如盲孔底、深孔内壁、小槽等。

(3) 加热点小，散热快形成自淬火，不需冷却介质，不仅节省能源，并且工作环境清洁。

(4) 激光热处理的弱点是硬化层较浅，一般小于 1 mm；另外设备投资和维护费用较高。

激光热处理已经成功应用于发动机凸轮轴、曲轴和纺织锭尖等部位的热处理，提高耐磨性。

7.5　电子束和离子束加工

7.5.1　电子束加工

1. 电子束加工原理

如图 7-24 所示，在真空条件下，电子枪射出高速运动的电子束，电子束通过一极或多极汇聚形成高能束流，经电磁透镜聚焦后轰击工件表面，由于高能束流冲击工件表面时，电子的动能瞬间大部分转变为热能。由于光斑直径极小(其直径在微米级或更小)，在轰击处形成局部高温，可使被冲击部分的材料在几分之一微秒内，温度升高到几千摄氏度以上，使材料局部快速气化、蒸发而实现加工目的。所以电子束加工是通过热效应进行的。

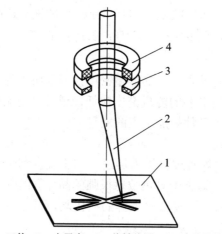

1—工件；2—电子束；3—偏转线圈；4—电磁透镜

图 7-24　电子束加工原理图

电磁透镜实质上只是一个通直流电流的多匝线圈，其作用与光学玻璃透镜相似，当线圈通过电流后形成磁场。利用磁场，可迫使电子束按照加工的需要作相应的偏转。

2. 电子束加工特点

(1) 细微聚焦：最细聚焦直径达到 0.1 μm，是一种精细工艺。

(2) 能量密度高：蒸发去除材料，非接触加工，无机械力；适合各种材料——脆性、韧性、导体、非导体加工。

(3) 生产率高：电子束的能量密度高，加工效率很高。对于 2.5 mm 厚度的钢板加工直径 0.4 mm 的孔，每秒可达 50 个。

(4) 控制容易：磁场/电场控制可对聚焦、强度、位置等实现自动化控制。

(5) 真空中加工使得工件和环境无污染，适于纯度要求高的半导体加工。

(6) 真空系统及本体系统设备比较复杂，设备成本高。

3. 电子束加工的应用

1) 电子束加工设备

电子束加工设备的基本结构如图 7-25 所示，它主要由电子枪、真空系统、控制系统和电源等部分组成。

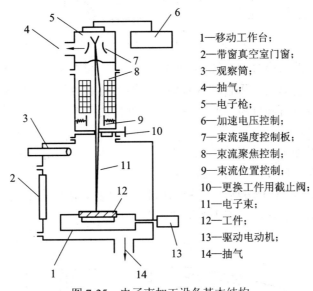

1—移动工作台；
2—带窗真空室门窗；
3—观察筒；
4—抽气；
5—电子枪；
6—加速电压控制；
7—束流强度控制板；
8—束流聚焦控制；
9—束流位置控制；
10—更换工件用截止阀；
11—电子束；
12—工件；
13—驱动电动机；
14—抽气

图 7-25　电子束加工设备基本结构

(1) 电子枪。电子枪是获得电子束的装置，它包括电子发射阴极、控制栅极和加速阳极等。阴极经过加工电流加热发射电子，带负电荷的电子高速飞向高电位的阳极，在飞向阳极的过程中，经过加速极加速，又通过电磁透镜把电子束聚焦成很小的束斑。

(2) 真空系统。为避免电子与气体分子之间的碰撞，确保电子的高速运动，电子束加工时应维持 $1.33 \times 10^{-4} \sim 1.33 \times 10^{-2}$ 的真空度。此外加工时金属蒸气会影响电子发射，产生不稳定现象，因此需要不断地把加工中产生的金属蒸气抽出去。

(3) 控制系统。控制系统的作用是控制束流通断时间、束流强度、束流聚焦、束流位置、束流电流强度、束流偏转、电磁透镜以及工作台位置，从而实现所需要的加工。

(4) 电源系统。电子束加工装置对电源电压的稳定性要求较高，常用稳压设备，这是因为电子束聚焦以及阴极的发射强度与电压波动有密切关系。各种控制电压以及加速电压，由升压整流或超高压直流发电机供给。

2) 电子束加工的应用

电子束加工方法有热型和非热型两种。热型加工方法是利用电子束将材料的局部加热至熔化或气化点进行加工的，比较适合打孔、切割槽缝、焊接及其他深结构的微细加工。非热型加工方法是利用电子束的化学效应进行刻蚀、大面积剥层等微细加工。

(1) 电子束打孔。近年来，电子束打孔已实际应用于加工不锈钢、耐热钢、合金钢、陶瓷、玻璃和宝石等的锥孔以及喷丝板的异形孔，如图 7-26 所示。最小孔径或缝宽可达 0.02～0.003 mm。例如喷气发动机套上的冷却孔，竟多达数十万至数百万个，孔径范围在数百微米至数十微米，且多处于难加工部位。用电子束加工速度快，效率高。

0.03～0.07 mm

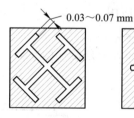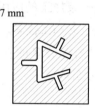

图 7-26　电子束加工的喷丝头异形孔

目前电子束打孔的最小直径可达 ϕ0.003 mm 左右，可在工件运动中进行。在人造革、塑料上用电子束打大量微孔，可使其具有如真皮革那样的透气性。电子束打孔还能加工小深孔。加工玻璃、陶瓷等脆性材料时，由于加工部位的附近有很大温差，容易引起变形甚至破裂，需进行预热。

电子束不仅可以加工各种直的型孔，而且可加工弯孔，利用电子束在磁场中偏转的原理，使电子束在工件内偏转，如图 7-27 所示。

(2) 电子束切割。电子束切割可对各种材料进行切割，切口宽度仅有 3～6 μm，利用电子束再配合工件的相对运动，可加工所需要的曲面。

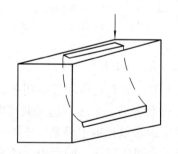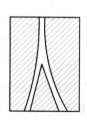

图 7-27　电子束加工内部曲面和弯孔

(3) 光刻。光刻是指当使用低能量密度的电子束照射高分子材料时，将使材料分子链被切断或重新组合，引起分子量的变化即产生潜像，再将其浸入到溶剂中将潜像显影出来。把这种方法与其他处理工艺结合使用，可实现在金属掩膜或材料上刻槽。

(4) 电子束焊。电子束焊接是电子束加工技术中发展最快、应用最广的一种，已经成为工业生产中不可缺少的焊接方法。电子束焊接是利用电子束作为热源的一种焊接工艺，焊接过程不需要填充物(焊条)，焊接过程又是在真空中完成的，因此，焊缝中的化学成分纯净，焊接接头的强度往往高于母材。

精加工后精密焊，焊接强度高于本体，缝深而窄；可对难熔金属、异种金属焊接。

(5) 热处理。电子束热处理也是把电子束作为热源，但适当控制电子束的功率密度，使金属表面加热而不熔化，达到热处理的目的。电子束热处理的加热速度和冷却速度都很高，在相变过程中，奥氏体化时间很短，只有几分之一秒乃至千分之一秒，奥氏体晶粒来不及长大，从而能获得一种超细晶粒组织，可使工件获得用常规热处理不能达到的硬度，硬化深度可达 0.3～0.8 mm。焊接时，可以在金属熔化区加入适当的元素，使焊接区形成合金层，从而得到比原来金属更好的物理力学性能。如铝、钛、镍的各种合金几乎全可进行添加元素处理，从而得到很好的耐磨性能。所以电子束热处理工艺很有发展前途。

7.5.2 离子束加工

1. 离子束加工原理

离子束加工的原理与电子束加工类似，也是在真空条件下，将氩、氪、氙等惰性气体，通过离子源产生离子束并经过加速、集束、聚焦后，以其动能轰击工件表面的加工部位，实现去除材料的加工。该方法所用的是氩(Ar)离子或其他带有 10 keV 数量级动能的惰性气体离子。图 7-28 所示为离子束加工原理示意图。惰性气体在高速电子撞击下被电离为离子，离子在电磁偏转线圈作用下，形成数百个直径为 0.3 mm 的离子束。调整加速电压可以得到不同速度的离子束，进行不同的加工。该种方法所用的离子质量是电子质量的千万倍，例如氢离子质量是电子质量的 1840 倍，氩离子质量是电子质量的 7.2 万倍。由于离子的质量大，故离子束轰击工件表面，比电子束具有更大的能量。

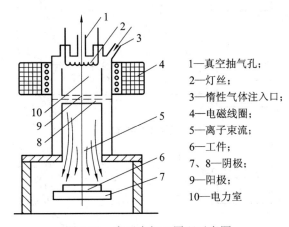

1—真空抽气孔;
2—灯丝;
3—惰性气体注入口;
4—电磁线圈;
5—离子束流;
6—工件;
7、8—阴极;
9—阳极;
10—电力室

图 7-28　离子束加工原理示意图

2. 离子束加工特点

离子加工技术是作为一种微细加工手段出现的，成为制造技术的一个补充，随着微电子工业和微机械的发展获得了成功的应用，其特点如下：

(1) 易于精确控制，加工精度高。离子束可通过离子光学系统进行聚焦扫描，使微离子束的聚焦光斑直径在 1 μm 以内进行加工，并能精确控制离子束流密度、深度、含量等，以获得精密的加工效果，可以对材料实行"原子级加工"或"微毫米加工"。

(2) 加工应力小、变形小。离子束加工是依靠离子撞击工件表面的原子而实现的，是一种微观作用，其宏观作用力极小，加工应力、变形也极小，故对脆件、极薄、半导体、高分子等各种材料、低刚度工件进行微细加工，加工的适应性好。

(3) 加工所产生的污染少。因为离子束加工是在较高真空中进行的，所以污染少，特别适合易氧化的金属、合金材料及半导体材料的精密加工。但是，要增加抽真空装置，不仅投资费用较大，而且维护也麻烦。

3. 离子束加工的应用

　　离子束加工装置可分为离子源系统、真空系统、控制系统和电源系统。其中离了源系统与电子束加工装置不同，其余系统均类似。离子源(又称离子枪)的作用是产生离子束流。其基本工作原理是将气态原子注入离子室，然后使气体原子经受高频放电、电弧放电、等离子体放电或电子轰击被电离成等离子体，并在电场作用下将正离子从离子源出口引出而成为离子束。根据离子产生的方式和用途离子源有多种形式，常用的有考夫曼型离子源、双等离子体离子源、高频放电离子源。

　　目前离子束加工的应用主要有：

　　(1) 刻蚀加工。

　　离子刻蚀是从工件上去除材料，是一个撞击溅射过程。当离子束轰击工件时，入射离子的动量传递到工件表面的原子，传递能量超过了原子间的键合力时，原子就从工件表面撞击溅射出来，达到刻蚀的目的，如图 7-29(a)所示。

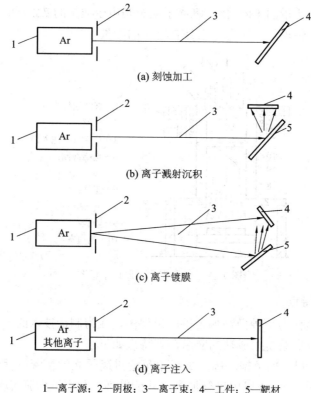

(a) 刻蚀加工

(b) 离子溅射沉积

(c) 离子镀膜

(d) 离子注入

1—离子源；2—阴极；3—离子束；4—工件；5—靶材

图 7-29　离子束加工的应用

　　为避免化学反应必须用惰性元素的离子，常用氩离子。

　　刻蚀加工时，对离子入射能量、束流大小、离子入射到工件上的角度以及工作室气压等都能分别调节控制，根据不同需要选择参数，用氩离子轰击加工表面时，其效率取决于离子能量和入射角度。

离子刻蚀效率低，目前已应用于蚀刻陀螺仪空气轴承和动压马达沟槽；高精度非球面透镜加工；高精度图形蚀刻，如集成电路、光电器件、光集成器件等微电子学器件的亚微米图形；集成光路制造；致薄材料纳米蚀刻。

(2) 离子溅射沉积。

用能量为 0.1~0.5 keV 的氩离子轰击某种材料制成的靶材，将靶材原子击出并令其沉积到工件表面并形成一层薄膜，如图 7-29(b)所示。

(3) 离子镀膜。

离子镀膜一方面把靶材射出的原子向工件表面沉积，另一方面还有高速中性粒子打击工件表面以增强镀层与基材的结合力，如图 7-29(c)所示。

用离子镀进行镀膜时，其绕射性好，使基板的所有暴露的表面均能被镀覆。离子镀的可镀材料广泛。离子镀技术应用于镀制润滑膜、耐热膜、耐蚀膜、装饰膜、电气膜等。

(4) 离子注入。

离子注入是向工件表面直接注入离子，不受热力学限制，可以注入任何离子，且注入量可以精确控制，注入离子是固溶到材料中，含量可达 10%~40%，深度可达 1 μm。原理如图 7-29(d)所示。

离子注入在半导体方面的应用，在国内外都很普遍。

※※※　复习思考题　※※※

7.1　电火花加工的原理是什么？

7.2　电火花加工的主要应用范围有哪些？

7.3　电火花线切割与电火花成形加工的异同是什么？

7.4　电解加工的原理是什么？最常用的电解液有哪几种？各有什么主要特点？

7.5　激光加工、离子束加工、电子束加工的区别是什么？

7.6　超声波加工的特点有哪些？

第8章　数控机床加工

数控机床加工技术集微电子、计算机、信息处理、自动检测、自动控制等高新技术于一体，具有高精度、高效率、柔性自动化的特点。普通机床加工是通过操作者用手直接操作工作台或刀具进给手柄对工件进行切削加工，加工生产效率低、劳动强度大、对操作者技术要求高。而数控机床加工则是通过外部输入的程序对工件进行自动加工的，其适应性好、效率高、加工精度高，可以改善劳动条件并降低成本。因此，数控机床加工在现代机械加工中的应用日趋广泛，对机械制造实现柔性集成化、智能化起着至关重要的作用。数控机床也是柔性制造系统、计算机集成制造系统的主体设备。数控机床加工的能力和数控机床的拥有量是衡量一个国家工业现代化的重要标志。

为了便于与数控程序对照，本章中相关符号均用正体字母表示。

8.1　数控机床的基本组成

以数字技术实现机床主运动与进给运动的自动化控制，这种机床称为数控机床。在数控机床上，零件加工的全过程是由数控指令控制。数控指令是被加工零件的几何信息和工艺信息按规定格式编写的数字化代码，称为数控加工程序。

数控机床是从普通机床演变来的，图 8-1 所示为数控车床的基本组成。从数控车床组成可以看出数控机床主要是由输入与输出装置、数控系统、伺服驱动系统、机床主机和其他辅助装置组成。数控装备的供应厂家，一般将输出、输入装置，数控装置，位置控制和速度控制等部分集成在一起(见图 8-1 中虚线框图)称为 CNC 系统。伺服系统是指伺服电机和检测元件。机械机构如滚珠丝杠机构、滑动工作台与机床床身等组成机床主机部分。冷却部分、转位刀架、液压油缸等为数控机床的辅助部分。

将数控加工程序以适当的方式输入到数控机床的数控装置中，数控装置对数控加工程序的代码进行各种数值运算与处理，得到的结果以数字信号的形式传送给机床的伺服电机(如步进电机、直流伺服电机、交流伺服电机等)，经传动装置(如滚珠丝杠螺母副等)，使机床按数控程序规定的顺序、速度和位移量进行工作，从而加工出符合图纸技术要求的零件。

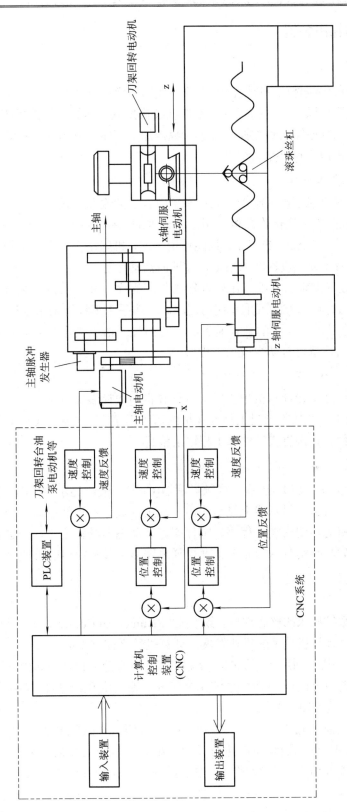

图 8-1　数控车床的基本组成

8.1.1　输入与输出装置

1. 输入装置

输入装置将程序载体(信息载体)上的数控代码传递并存入数控系统内。根据存储介质的不同，输入装置可以是光电阅读机、磁带机或软盘驱动器等。数控机床加工程序也可通过键盘用手工方式直接输入到数控系统中；数控加工程序还可由编程计算机用 RS232C 或采用网络通信方式传送到数控系统中。

1) 手工方式直接输入

由操作者将数控程序直接输入到数控系统中。手动输入方式有：

(1) 操作者在数控装置操作面板上用键盘输入加工程序的指令，称为 MDI(Manual Data Input)功能。它适用于比较短的程序，只能使用一次，机床动作后程序即消失。MDI 功能允许手动输入一个命令或一段程序的指令，并即时启动运行。

(2) 在控制装置编辑状态下，用软件输入加工程序，并存入控制装置的存储器中，称为 EDIT 功能。这种输入方法可重复使用程序。一般手工编程均采用这种方法。

(3) 在具有会话编程功能的数控装置上，按照显示器上提示，以人机对话的方式，输入有关的尺寸数值，就可自动生成加工程序。

2) 网络通信输入方式

零件加工程序在上级计算机中生成，以计算机与数控装置直接通信的方式传输程序，CNC 系统一边加工一边接收来自上级计算机的后续程序段。这种方式是采用 CAD/CAM 软件设计的复杂工件并直接生成零件加工程序的情况。

2. 输出装置

输出装置有数码管(LED)显示、视频显示器(CRT)、液晶显示器(LCD)和输出接口等。通过软件与接口，可以在显示器上显示程序、加工参数、各种补偿量、坐标位置和故障信息。可以采用人机对话编辑加工程序、零件图形和动态刀具轨迹等。先进的数控系统有丰富的显示功能，如具有实时图形显示、PLC 梯形图显示和多窗口的其他显示功能。

8.1.2　数控系统

数控系统是数控机床的核心部件。数字控制(Numerical Control，NC)是以数字逻辑电路连接的系统。随着计算机技术的迅速发展，计算机数字控制(Computer Numerical Control，CNC)得到广泛的应用。利用计算机的存储容量大、运行速度快、快速处理数据的能力以及丰富的软、硬件资源等优点，CNC 系统完全代替了硬连接方式的 NC 系统。现代数控机床采用的数控系统均为 CNC 系统。

数控系统由信息的输入、处理和输出三个部分组成。数控装置接收数字化信息，经过数控装置的控制软件和逻辑电路进行译码、插补、逻辑处理后，将各种指令信息输出给伺服系统，伺服系统驱动执行部件作进给运动。数控装置还能实现控制主运动部件的变速、换向和启停，控制刀具选择和交换，控制冷却、润滑的启停，控制工件和机床部件松开、夹紧、分度台转位等辅助机能。数控装置内部信息处理的结果能在显示器中显示出来。

按数控装置运动轨迹的方式不同，数控系统分为下列三大类型：

1) 点位控制系统

这类数控装置在运动过程中不进行切削加工，对运动轨迹没有要求，只控制工具相对工件从某一加工点移到另一个加工点之间的精确坐标位置，在移动过程中并不进行加工，所以对运动轨迹不需要严格控制，但要求有较高的终点定位精度。数控程序中一般不指定进给速度，按事先规定的速度(较快的定位速度)运动。该系统常用于数控钻床、数控钻镗床、冲床上。

图 8-2 所示为点位控制示意图。

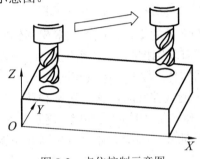

图 8-2 点位控制示意图

2) 直线控制系统

直线运动控制系统不仅要控制点与点的精确位置，还要控制两点之间的移动轨迹是一条直线，且在移动中能以给定的进给速度进行加工。指令中要给出下一位置的数值，同时给出移动到该位置的进给速度。直线运动控制系统通常在坐标轴运动的同时进行切削加工，坐标轴的驱动要承受切削力。采用此类控制方式的设备有数控车床、数控铣床等。

图 8-3 所示为直线控制示意图。

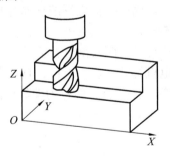

图 8-3 直线控制示意图

3) 轮廓控制系统

轮廓控制系统能够对两个或两个以上坐标轴进行严格控制，即不仅控制每个坐标的行程位置，同时还控制移动至该位置的每个坐标的运动速度。各坐标轴的进给速度是根据轮廓各轴相互位置关系而变化的。各坐标的运动按规定的比例关系相互配合，精确地协调起来连续进行加工，以形成所需要的直线、斜线或曲线、曲面。

在轮廓控制系统中采用插补运算来处理各坐标轴速度的变化。各坐标轴一边移动，刀具一边进行切削，各坐标轴均承受切削力。采用此类控制方式的设备有数控车床、铣床、加工中心、电加工机床和特种加工机床等。

图 8-4 所示为轮廓控制示意图。

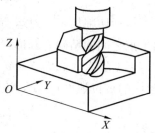

图 8-4　轮廓控制示意图

　　轮廓控制系统能加工复杂曲面的零件，能控制多坐标轴联动的数控机床，并具有空间直线或圆弧的插补功能。配置有轮廓控制 CNC 系统的数控车床，具有两轴联动，能加工外圆、锥度以及母线为曲线的回转体。数控铣床具有两轴半或三轴联动的 CNC 系统，能进行平面插补或空间插补。两轴半的数控铣床，其中两轴联动，当两轴停止时，另一轴作进给运动。加工中心具有三轴、四轴或五轴联动的功能，能加工空间任意曲面，具备直线插补、圆弧插补、条样插补、渐开线插补、螺旋插补等多种插补功能。插补功能越强与控制的轴数越多，CNC 系统越复杂，造价也越高。能进行轮廓控制的 CNC 系统，也能进行直线控制或点位控制。先进的数控系统都属于轮廓控制的 CNC 系统。

8.1.3　伺服系统

　　伺服系统是数控系统与机床主机连接的重要环节，是数控机床执行机构的驱动部件。伺服系统的作用是把数控系统发出的脉冲信号，经功率放大、整形处理后转换成机床执行部件的直线位移或角位移。伺服系统的性能直接影响到数控机床执行机构的工作精度、负载能力、响应快慢和稳定程度等。因此，伺服系统被作为独立部分，与数控系统、机床主机并列为数控机床的三大组成部分。

　　伺服系统包括驱动装置和执行机构两大部分。驱动装置由主轴驱动单元、进给驱动单元和主轴伺服电机、进给伺服电机组成。步进电机、直流伺服电机和交流伺服电机是常用的伺服元件。执行机构(如主轴箱、工作台、转位刀架等)由相应的驱动装置来驱动。

1. 伺服电机的类型

1) 直流伺服电机

它在原理和结构上类似于普通直流电机。其特征是采用单相直流电源供电，从伺服技术的发展历史来看，直流伺服系统是出现得最早的伺服系统，早期的数控机床均采用直流伺服电机作为进给驱动元件。

直流伺服系统的主要优点是控制系统比较简单，容易实现，控制成本比较低廉，并且可靠性高。直流伺服电机的主要缺点是由于内部具有机械换向装置，运行时换向电刷容易磨损，需要经常加以维护。另外，运行时电机的换向器会打火花，高速重载时，火花可能造成电极之间击穿短路，这就使直流电机的转速与输出功率的提高都受到限制。

2) 交流伺服电机

与直流伺服系统相比较，交流伺服系统的主要优点是本身结构简单、坚固耐用。由于没有机械换向装置，所以基本上不需要日常维护，其运行速度与输出功率都可以明显高于直流伺服电机。但交流伺服系统实现起来其难度和复杂性都比直流伺服系统要高得多，整个系统的成本较直流伺服系统要高许多。由于这一原因，使得交流伺服系统目前还不能完全替代直流伺服系统。随着微处理器技术和电力电子半导体技术的发展，交流伺服系统逐步得到发展与完善，逐渐显示出其明显的优越性，所以目前正代替直流伺服系统，成为数控机床技术中的主流。

3) 步进电机

步进电机是一种将电脉冲信号转换成机械位移量的执行元件。给步进电机激磁绕组输入一个电脉冲，转子就转过一个相应的角度，称为步距角。步进电机的角位移量与输入脉冲的个数成正比，时间上与输入脉冲同步。因此只要控制输入脉冲的数量、频率和通电绕组的顺序，就可以获得所需要的转角、转速与转向。步进电机的调速范围、响应特性、位置精度等能满足一般的数控应用要求。

步进电机的控制系统简单，价格低廉。"经济型"数控系统就是以步进电机为驱动元件。但是，步进电机的动态特性远不如交、直流伺服电机，尤其是其运行的可靠性差。随着数控技术的不断发展，步进电机现在已经使用得较少，只有在某些切削速度很低的数控机床，如线切割机床等仍在使用。

4) 直线电机

它相当于旋转电机的"鼠笼"沿其圆周展开，将旋转电机的定子绕组与移动部件连接在一起，电机的转子与固定部件连接在一起，在驱动装置的控制下实现直线往复运动，这是一种新型的电机。采用直线电机，直接产生可控的直线运动，省去了丝杠螺母传动机构与运动导轨，缩短传动路线，机床的结构大为简化，提高数控机床的工作特性。目前，国内外都在积极研究与探索直线电机。

2. 伺服系统的分类

1) 开环控制伺服系统

开环控制采用步进电机作为驱动元件，一般由步进电动机、配速齿轮和丝杠螺母副等组成，如图 8-5 所示。它不需要位置与速度检测元件，也没有反馈电路，所以控制系统简单、价格低廉，特别适合于在微型与小型进给装置上使用。但是由于开环控制没有检测反馈装置，不能进行误差校正，故系统的稳定性和可靠性都难以得到保证，所以在精度要求高的进给装置上很少使用。

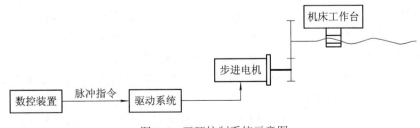

图 8-5　开环控制系统示意图

2) 闭环控制伺服系统

闭环控制通常采用伺服电机作为驱动元件，通常由直流(或交流)伺服电动机、配速齿轮、丝杠螺母副和位移检测等组成。闭环控制将位移与速度传感器安装在工作台或其他执行元件上，直接测量和反馈它们的速度与位置，并与数控装置的位移指令随时进行比较和校正。由于传动系统的刚度、误差和间隙都已经被包含在反馈控制环路以内，所以最终实现的精度仅仅取决于检测元件的测量误差。闭环控制系统示意图如图 8-6 所示。

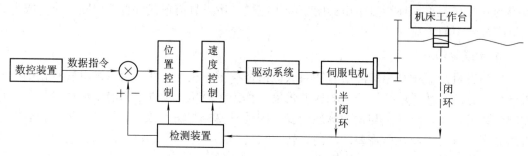

图 8-6　闭环控制系统示意图

闭环控制理论上具有最高的控制精度，是理想的控制方式。但实际上，在工作台或其他执行部件上直接安装速度和位移传感器不仅有安装和维护上的困难，而且价格往往也较昂贵。此外，由于环路中不仅包含了整个传动机构的刚性与惯量等因素，而且与导轨的摩擦系数、传动件润滑状况、油的黏度和间隙的大小等因素有关。而这些因素又往往是动态变化的，这就会使伺服系统稳定性变差，因此在实际应用中受到了一定的限制。

3) 半闭环控制伺服系统

半闭环控制的位置与速度传感器安装在电机的输出端，伺服系统直接控制伺服电机的转速与转角，通过减速器或滚珠丝杠等传动机构间接地控制工作台或其他执行部件的速度与位移。如果传动机构具有足够的刚性，较小的传动误差和间隙可以经数控系统予以补偿，并且具有高精度的机械传动装置，则数控机床的最终加工精度是可以得到保证的。目前，数控机床大多数仍然采用半闭环的控制方式。

3. 伺服系统检测元件

检测元件是伺服系统中重要的组成部分。在闭环、半闭环伺服系统中，检测元件把位移和速度的测量信息作为反馈信号，送回数控系统与输入指令信号进行比较，使得测量值与输入值之差为零，从而保证机床精确地运动到所要求的位置。因此，检测元件的性能将直接影响数控机床的定位精度和加工精度。检测元件有直线型和回转型两种。

1) 直线型检测元件

它主要是对机床直线位移量进行检测。例如，数控车床上检测刀架的直线位移；数控铣床上检测工作台的直线位移等。用直线型的检测元件直接测量直线位移量，其测量精度主要取决于测量元件的精度。磁尺是较常用的直线型检测元件。

直线型检测元件的主要缺点是测量元件要与工作台的行程等长，一般直接安装在工作台的侧面，由于检测元件的热膨胀系数与机床床身的热膨胀系数不同会造成测量误差。另外，为避免加工环境的污染，还要对检测元件进行密封，这给安装、使用、维修都带来困难。产品价格也比较高，因此它的使用受到一定的限制。

2) 回转型检测元件

它主要是通过间接测量工作台直线位移相关的回转运动，来间接取得工作台的直线位移量。通常将回转型检测元件安装在带动工作台运动的丝杠端部，当检测元件旋转一周时，工作台移动一个导程的位移，如图 8-7 所示。这种间接测量不受长度的限制。回转型检测元件体积小、安装方便。常用的回转型检测元件有：脉冲编码器、旋转变压器、感应同步器和光栅等。

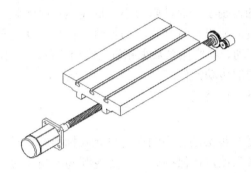

图 8-7　回转型检测元件示意图

8.1.4　数控机床主机

数控机床主机从外观上看与普通机床相似，其实两者有着很大的差异。与传统的机床构件相比，数控机床的机械构件要求传动刚度、传动精度更高，传动系统更具稳定性，快速响应能力更强。数控机床主机中的关键部件，如机床床身、导轨副、丝杠螺母副等，其特殊结构是普通机床所没有的。所以不能简单地认为数控机床就是数控装置加普通机床所组成。因此，数控加工技术在机床上的开发应用，不但要进行数控系统的设计，还要进行机床结构设计。以下就数控机床主要的机械结构特点进行分析。

1．机床床身结构

机床床身是数控机床的主要基础件，起着支承和导向的作用，要求采用具有高刚度、高抗震性及较小热变形的机床新结构。如数控车床的床身采用封闭的箱体结构，如图 8-8(b)所示。与普通机床床身结构图 8-8(a)相比，它的抗弯刚度与抗扭刚度高了许多。箱式机床床身结构中还保留着铸件的泥芯，这能提高系统的抗震能力并能吸收噪声。

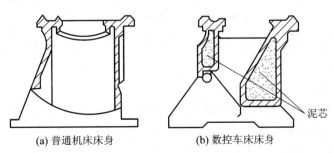

(a) 普通机床床身　　　　(b) 数控车床床身

图 8-8　不同结构的机床床身示意图

现代数控机床可以采用焊接床身。试验表明钢板焊接的机床床身，比铸造床身的刚度有较大的提高。焊接床身的设计自由度大，可以灵活地布置焊缝、设计隔板、筋板，从而充分发挥结构的承载和抗变形能力。另外，钢的弹性模量约为铸铁的两倍。因此，采用钢板焊接结构的机床固有频率提高，从而提高床身的结构刚度。

2. 导轨副

机床运动部件中，摩擦阻力主要来自导轨副。普通机床上的滑动导轨副的摩擦系数比较大，并且动、静摩擦系数的差别也大。数控系统要求机床导轨运动轻便、灵活，摩擦系数小，动、静摩擦系数的差别小，启动阻力小，低速运行时无爬行现象等。滚动导轨、贴塑导轨等能满足数控系统的要求。特别是滚动导轨，在导轨面间形成滚动摩擦，摩擦系数很小（$f = 0.0025 \sim 0.005$）。动、静摩擦系数很相近。它所需的功率小、摩擦发热少、磨损小、精度高，是数控机床理想的传动元件。

常用的导轨副有以下三种类型。

1) 滚动直线导轨

如图 8-9 所示，它是一种滚动体为钢珠的单元式标准结构导轨元件，相对运动表面经研磨成四列圆弧沟槽，滚珠锁定在保持架上，实现顺畅的循环滚动。导轨沟槽圆弧的曲率为滚动体的 52%～53%，因而滚珠在负荷方向为两点接触，即使制造有误差仍能保持滚珠灵活转动，而且由于两者直径相差不大，导致接触应力小，运动约束好。单元式滚动直线导轨在制造时已消除了间隙，因而刚度和精度都较高。滚动直线导轨在装配平面上采用整体安装的方法，因而即使安装平面有些偏差，也能因自身变形的矫正而保证滚珠顺畅地滚动。

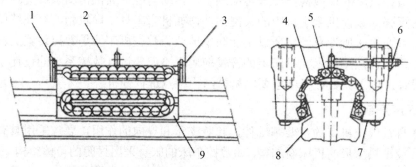

1—压紧圈；2—支撑块；3—密封板；4—承载钢珠；5—反向钢珠；
6—加油孔；7—侧板；8—导轨；9—保持器

图 8-9　滚动直线导轨结构示意图

我国目前尚无有关滚动直线导轨统一的标准，选用时主要的依据是制造厂的产品说明书。

2) 滚动导轨块

如图 8-10 所示，滚动导轨块是一种圆柱滚动体的标准结构导轨元件。滚动导轨块安装在运动部件上，工作时滚动体在导轨块和支承件导轨平面（固定部件）之间运动，在导轨块内部实现循环。滚动导轨块刚度高、承载能力强、便于拆卸，它的行程取决于支承件导轨平面的长度。但该类导轨制造成本高，抗震性能欠佳。

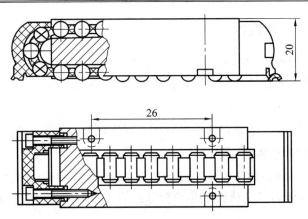

图 8-10　滚动导轨块结构示意图

3) 贴塑导轨

贴塑导轨是广泛用在数控机床进给系统中的一种滑动摩擦导轨。贴塑导轨将塑料基的自润滑复合材料覆盖并粘贴于滑动部件的导轨上，与铸铁或镶钢的床身导轨配用，可改变原机床导轨的摩擦状态。目前，使用较普遍的自润滑复合材料是填充聚四氟乙烯软带。与传统滑动摩擦导轨相比，它的摩擦系数小，动、静摩擦系数差别小，低速无爬行，吸震，耐磨，抗撕伤能力强、成本低，加工性和化学稳定性好，并有良好的自润滑性和抗震性。聚四氟乙烯贴塑导轨可在原滑动导轨的基础上粘贴，不受几何形状的限制。贴塑导轨的粘接尺寸如图 8-11 所示。

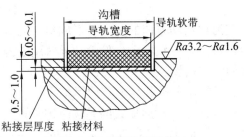

图 8-11　贴塑导轨的粘接尺寸

3. 滚珠丝杠螺母副

如图 8-12 所示，滚珠丝杠螺母副结构的主要特点是在丝杠和螺母的圆弧螺旋槽之间装有滚珠作为传动元件，因而摩擦系数小，传动效率可达 90%～95%，动、静摩擦系数相差小。在施加预紧后轴向刚度好，传动平稳，无间隙，不易产生爬行，随动精度和定位精度都较高，是目前数控机床进给系统最常用的机械结构之一。但是滚珠丝杠螺母副安装时要通过预紧消除间隙保证换向精度。

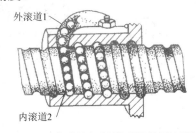

图 8-12　滚珠丝杠螺母副结构原理图

8.1.5　数控机床的辅助装置

辅助装置作为数控机床的配套部件，是保证充分发挥数控机床功能所必需的配套装置。数控机床的辅助装置主要包括防护装置、排屑装置及润滑系统。

1. 防护装置

数控机床的防护装置主要是对滚珠丝杠副、导轨以及电线、电缆和液气管等的防护。

1) 滚珠丝杠副的防护装置

处于隐蔽位置的丝杠，通常在螺母两端安装密封。而对于暴露在外面的丝杠，一般采用如图 8-13 所示的钢带防护套或橡胶防护套等封闭式的防护装置，以保护丝杠表面不受尘埃、铁屑等污染。

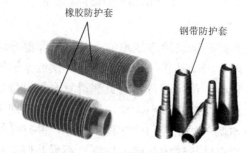

图 8-13　滚珠丝杠副的防护装置

2) 导轨的防护装置

滚动导轨副运动时，在滑块运动方向的后方将形成负压区域，这样将吸入尘埃。吸入的尘埃积聚在导轨的固定螺钉内及导轨面上，使滚动导轨副的寿命急剧下降。为保证导轨使用寿命，必须采取适当的防护措施。

常用的导轨防护装置有导轨刮屑板和导轨防护罩。

(1) 导轨刮屑板。图 8-14 所示为刮屑板式的导轨防护装置。导轨刮屑板可根据不同的导轨形状组成直角形、燕尾形等形状，安装在移动导轨的两端。

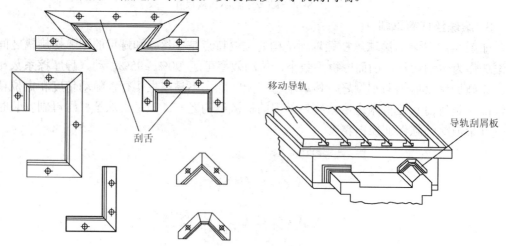

图 8-14　刮屑板式的导轨防护装置

(2) 导轨防护罩。如图 8-15 所示，导轨防护罩有伸缩式和裙帘式两种。

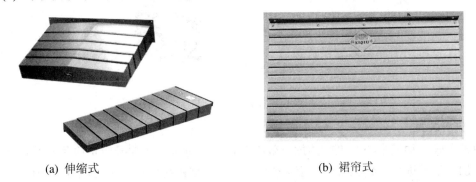

(a) 伸缩式　　　　　　　　　　　　　　　　　(b) 裙帘式

图 8-15　导轨防护罩

3) 电线、电缆和液气管的防护装置

数控机床上的电线、电缆、液压软管、气动软管等一般需要随机床部件协调地运行，为防止电线、电缆以及液气管路受到挤压或磨损，避免管路分布零乱，因此要采用防护装置。

图 8-16 所示为导管防护套，适用于移动行程较短、运动速度较低的各类型数控机床。

图 8-16　导管防护套

图 8-17 所示为金属软管拖链防护装置，其中图(a)所示适用于移动行程较短、往复运动速度较低的数控机床，图(b)所示适用于加工中心工作台和床鞍。

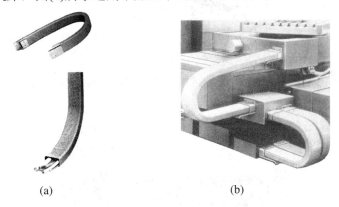

(a)　　　　　　　　　　　　　　　　　(b)

图 8-17　金属软管拖链防护装置

图 8-18 所示为金属拖链防护装置，适用于各类型数控机床，可作为质量大的电缆管、液压管的防护装置，且可以在高温环境下工作。

图 8-18　金属拖链防护装置

2. 排屑装置

数控车床、加工中心等机床的加工效率高，排屑量大，需要及时地收集和输送切屑，以保证加工正常进行。数控机床排屑装置的主要作用是将切屑从加工区域排出到机床以外，而且要将切削液从切屑中分离出来。图 8-19 所示为链板式排屑装置，它广泛地应用于数控车床和加工中心。

图 8-19　链板式排屑装置

图 8-20 所示为永磁式排屑装置，它可以收集和输送颗粒状、粉末状和短的铁屑。

图 8-20　永磁式排屑装置

图 8-21 所示为刮板式排屑装置，它可以收集和输送颗粒状、粉末状的金属和非金属切屑。

图 8-21　刮板式排屑装置

图 8-22 所示为螺旋式排屑装置，它主要用于收集颗粒状、粉末状的金属和非金属切屑。

图 8-22 螺旋式排屑装置

3. 润滑系统

数控机床的润滑系统在机床整机中占据重要的位置，它不仅起着润滑作用，还起着冷却作用，以减小机床热变形对加工精度的影响。

数控机床上常用的润滑方式有油脂润滑和油液润滑两种形式。主轴支承轴承、滚珠丝杠支承轴承及低速滚动直线导轨常采用油脂润滑；高速滚动直线导轨、贴塑导轨及变速齿轮等多采用油液润滑；滚珠丝杠螺母副有采用油脂润滑的，也有采用油液润滑的。

1) 油脂润滑

油脂润滑不需要润滑设备，工作可靠、不需要经常添加和更换、维护方便、但摩擦阻力大。采用油脂润滑时，必须在结构上采取有效的密封措施，以防止冷却液或润滑油流入，而使润滑脂失去功效。油脂润滑方式一般使用锂基等高级润滑脂。当需要添加或更换润滑脂时，其名称和牌号可查阅机床使用说明书。

2) 油液润滑

数控机床的油液润滑形式一般采用集中润滑系统。集中润滑系统是从一个润滑油供给源把一定压力的润滑油，通过各主、次油路上的分配器，按所需的油量分配到各润滑点。集中润滑系统的特点是：定时、定量、准确、效率高，使用方便可靠，润滑剂不被重复使用有利于提高机床寿命。

集中润滑系统按供油方式可分为连续供油系统和间歇供油系统。目前，数控机床的油液润滑系统一般采用间歇供油系统。

图 8-23 所示为自动间歇式润滑泵，常用于经济型数控车床。

图 8-23 自动间歇式润滑泵

图 8-24 所示为电动润滑泵，安装方便，接线简单，对液位不足及压力异常具备检测报警功能，可实现间歇、供油的机电一体化。国产加工中心的集中润滑系统中常采用电动润滑泵。

图 8-24　电动润滑泵

8.2　数控机床的加工特点

自动化生产是人们始终追求的目标。成批次大量生产时，采用专用设备、自动机床、组合机床、自动生产线等刚性自动化措施来实现自动化生产。要实现多品种少批量生产自动化却是一个难题，数控技术在这方面有着重大突破。传统机械加工中由人工干的活，在数控机床中由程序控制自动完成，且加工精度与生产效率都大大超过普通机床。所以，数控机床作为自动化设备在机械加工中得到了广泛的应用。与普通机床相比，数控机床有以下几方面的特点。

1. 数控机床在加工方面的特点

1) 精度高

高精度是数控机床的重要技术指标。随着数控技术的提高，数控机床的工作精度约每 8～10 年就提高一倍，且现在正向着亚微米级精度迈进。数控机床有这样高的精度是由于采用了新型的机械结构，主要表现为以下几点：

(1) 数控机床的机床结构具有很高的刚度和热稳定性，并采取了减小误差的措施。有了误差还可以由数控装置进行补偿，所以数控机床有较高的加工精度。

(2) 数控机床的传动系统采用无间隙的滚珠丝杠、滚动导轨、零间隙的齿轮机构等，大大提高了机床传动刚度、传动精度与重复精度。先进的数控机床采用直线电机技术，使机床的机械传动误差为零。

(3) 数控系统的误差补偿功能消除了系统误差。

(4) 数控机床是自动加工，以消除人为误差，从而提高同批零件加工尺寸的一致性的，加工质量稳定。且一次安装能进行多道工序的连续加工，减少了安装误差。

2) 能加工形状复杂的零件

采用二轴以上联动的数控机床，可以加工母线为曲线的旋转体、凸轮、各种复杂空间曲面的零件，能完成普通机床难完成的加工。例如船用螺旋桨是空间曲面体复杂零件，加工时采用端面铣刀、五轴联动卧式数控机床才能进行加工。

3) 生产率高

生产率高主要表现在如下几个方面：

(1) 节省辅助时间。数控机床配备有转位刀架、刀库等自动换刀机构。机械手能自动装卸刀具与工件，大大节省了辅助时间。生产过程无需检验，节省了检验时间。当加工零件改变时，除了重新装夹工件和更换刀具外，只需更换程序，节省了准备与调整时间。与普通机床相比，数控机床的生产率可提高 2～3 倍，加工中心生产率可提高十几倍至几十倍。

(2) 提高进给速度。数控机床能有效地节省机动时间，快速移动缩短空行程的时间，进给量的范围较大，能有效地选用合理的切削用量。

(3) 采用高速切削。数控加工时采用小直径刀具、小切深、小切宽、快速多次走刀来提高切削效率。高速加工的切削力大幅度减小，需要的主轴扭矩相应减小，工件的变形也小。高速切削不但有利于提高生产率，也有利于提高加工精度、降低表面粗糙度。

2. 数控机床的适应性与经济性特点

(1) 适应性强。数控机床能适应不同品种、规格和尺寸的工件加工。当改变加工零件时，只需用通用夹具装夹工件、更换刀具、更换加工程序，就可立即进行加工。计算机数控系统能利用系统控制软件灵活地增加或改变数控系统的功能，能适应生产发展的需要。

(2) 有利于向更高级的制造系统发展。数控机床是机械加工自动化的基本设备，柔性加工单元(FMC)、柔性制造系统(FMS)以及计算机集成制造系统(CIMS)都是以数控机床为主体，根据不同的加工要求、不同对象，由一台或多台数控机床，配合其他辅助设备(如运输小车、机器人、可换工作台、立体仓库等)而构成自动化的生产系统。数控系统具有通信接口，易于进行计算机间的通信，实现生产过程的计算机管理与控制。

(3) 数控机床的经济性。数控机床的造价比普通机床高，加工成本相对较高。所以，不是所有零件都适合在数控机床上加工，它有一定的加工适用范围，这要根据产品的生产类型、结构大小、复杂程度来决定其是否适合用数控机床加工。通用机床适用于单件、小批量生产，加工结构不太复杂的工件。专用机床适用于大批量工件的加工。

数控机床适用于复杂工件的成批次加工。一般情况下，生产批量在 100 件以下，用数控机床加工具有一定复杂程度的工件时，其加工费用最低，能获取较高的经济效益。若零件批量太少(如批量少于 50 件)，采用数控机床加工是不经济的。这是因为数控机床的准备工时、编程时间、机床调整、样品试切等工时比较长，大约是纯切削时间的 30～35 倍。

另一方面，准备工时的多少取决于使用数控机床的技术水平与管理水平，操作者掌握数控机床操作与调整的熟练程度。编程采用自动编程系统或者采用 CAD/CAM 软件，经过后置处理直接生成数控加工程序，缩短编程时间，则生产批量可以越来越少。对于复杂零件 5 个以上就可以加工，甚至单个复杂零件也能用数控机床加工。

3. 数控机床在管理与使用方面的特点

数控机床造价昂贵，是企业中关键产品、关键工序的关键设备，一旦故障停机，其影响和损失是很大的。数控机床作为机电一体化设备有其自身的特点。对管理、操作、维修、编程人员的技术水平要求比较高。数控机床的使用效果很大程度上取决于使用者的技术水平，数控加工工艺的拟定以及数控程序编制的正确与否。所以，数控机床的使用技术不是一般设备使用的问题，而是人才、管理、设备系统的技术应用工程。数控机床的使用人员要有丰富的工艺知识，同时在数控技术应用等方面有较强的操作能力，以保证数控机床有较高的完好率与开工率。

8.3 数控加工程序的编制

数控机床是按事先编制好的加工程序进行自动加工的。因此，首先要编制零件的加工程序，即把零件的加工工艺路线、工艺参数、刀具运动轨迹、位移、切削用量与辅助功能等，按一定格式以数据信息形式记录下来，形成加工程序清单。通过控制面板或计算机直接通信的方式，将数控加工程序送入数控装置中。所以，编制数控加工程序是应用好数控机床的前提，是发挥数控机床优越性的技术关键。

8.3.1 数控程序编制的基本知识

1. 数控机床的坐标系

1) 机床坐标系的确定

(1) 机床相对运动的规定。

在机床相对运动时，通常认为工件是静止的，刀具是运动的。编程人员可以依据零件图样，确定机床的加工过程。

(2) 机床坐标系的规定。

标准机床坐标系中 X、Y、Z 坐标轴的相互关系用右手笛卡儿直角坐标系决定，如图8-25 所示。在数控机床上，机床的动作是由数控装置来控制的。为了确定数控机床上的成形运动和辅助运动，必须先确定机床上运动的位移和运动的方向，这就需要通过坐标系来实现，这个坐标系被称之为机床坐标系。

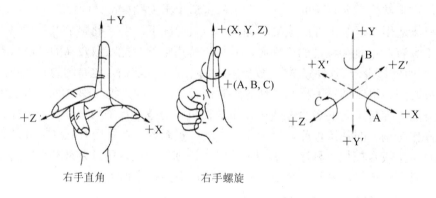

右手直角   右手螺旋

图 8-25　右手笛卡儿直角坐标系

(3) 运动方向的规定。

规定增大刀具与工件距离的方向即为各坐标轴的正方向，图 8-26 所示为数控车床上两个运动的正方向。

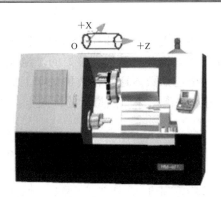

图 8-26 数控车床上两个运动方向的正方向

2) 坐标轴方向的确定

(1) Z 坐标。

Z 坐标的运动方向是由传递切削动力的主轴所决定的，即平行于主轴轴线的坐标轴即为 Z 坐标，Z 坐标的正向为刀具离开工件的方向。

(2) X 坐标。

X 坐标平行于工件的装夹平面，一般在水平面内。确定 X 轴的方向时，要考虑两种情况：如果工件做旋转运动，则刀具离开工件的方向为 X 坐标的正方向。如果刀具做旋转运动，则分为两种情况：Z 坐标水平时，观察者沿刀具主轴向工件看时，+X 运动方向指向右方；Z 坐标垂直时，观察者面对刀具主轴向立柱看时，+X 运动方向指向右方。

(3) Y 坐标。

在确定 X、Z 坐标的正方向后，可以用根据 X 和 Z 坐标的方向，按照右手直角坐标系来确定 Y 坐标的方向。图 8-27 所示为数控车床的坐标系，图 8-28 所示为数控铣床的坐标系。

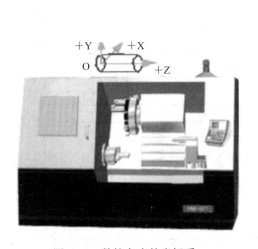

图 8-27 数控车床的坐标系

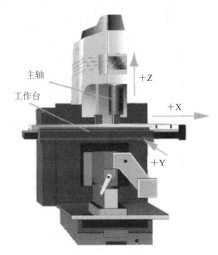

图 8-28 数控铣床的坐标系

3) 机床原点的设置

机床原点是指在机床上设置的一个固定点，即机床坐标系的原点。它在机床装配、调试时就已确定下来，是数控机床进行加工运动的基准参考点。

4) 机床参考点

机床参考点是用于对机床运动进行检测和控制的固定位置点。机床参考点的位置是由机床制造厂家在每个进给轴上用限位开关精确调整好的，坐标值已输入数控系统中。因此参考点对机床原点的坐标是一个已知数。通常在数控铣床上机床原点和机床参考点是重合的；而在数控车床上机床参考点是离机床原点最远的极限点。图 8-29 所示为数控车床的参考点与机床原点。

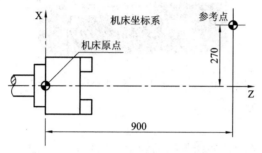

图 8-29　数控车床的参考点与机床原点

2. 编程坐标系

编程坐标系是编程人员根据零件图样及加工工艺等建立的坐标系。编程坐标系一般供编程使用，确定编程坐标系时不必考虑工件毛坯在机床上的实际装夹位置。如图 8-30 所示，其中 O_2 即为编程坐标系原点。

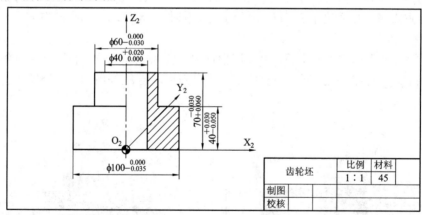

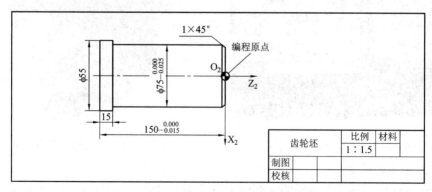

图 8-30　车削零件的编程坐标系

编程原点是根据加工零件图样及加工工艺要求选定的编程坐标系的原点。编程原点应尽量选择在零件的设计基准或工艺基准上，编程坐标系中各轴的方向应该与所使用的数控机床相应的坐标轴方向一致，图 8-30 所示为车削零件的编程坐标系。

3. 加工坐标系

加工坐标系是指以确定的加工原点为基准所建立的坐标系。加工原点也称为程序原点，是指零件被装夹好后，相应的编程原点在机床坐标系中的位置。

8.3.2　数控加工程序的代码及其功能

数控程序代码是按国际通用的 ISO 标准制定的。在数控程序代码标准中，有许多代码是不指定的，可以由数控生产厂家根据需要定义新功能。因此，不同的数控机床代码的功能有所不同。所以编程时必须先阅读机床说明书，按说明书的规定进行手工编程。自动编程生成的 G 代码也要经过必要的修改后才能输入数控系统。否则，机床是不会运行或数控系统出现错误信息。

(1) G 代码：即准备功能代码，它由地址 G 和后面的两位数组成，从 G00～G99 共 100 种。表 8-1 所示为部分常用 G 代码及其功能。

表 8-1　常用 G 代码及其功能

代　码	功　　　能
G00	快速点定位
G01	直线插补
G02	顺圆圆弧插补
G03	逆圆圆弧插补
G33	等螺距螺纹切削
G90	绝对坐标
G91	增量坐标
G92	设立工件坐标系

(2) M 代码：即辅助功能代码，它有 M00～M99 共 100 种代码。表 8-2 所示为部分常用的 M 代码及其功能。

表 8-2　常用 M 代码及其功能

代　码	功　能	代　码	功　能	代　码	功　能
M00	程序暂停	M05	主轴停转	M10	工件夹紧
M02	程序结束	M07	开冷却液	M11	工件松开
M03	主轴正转	M09	关冷却液	M97	程序跳转
M04	主轴反转	M20	自动循环	M98	子程序调用

(3) T 代码：即刀具功能代码。表 8-3 所示为车床转位刀架 T 代码及其功能。

表 8-3　车床转位刀架 T 代码及其功能

代码	功　　能
T00	不换刀，取消刀补值(或不实行刀补)
T11	换 1 号刀，执行第 1 组刀补值
T22	换 2 号刀，执行第 2 组刀补值
T33	换 3 号刀，执行第 3 组刀补值
T44	换 4 号刀，执行第 4 组刀补值

表中第一位数字代表刀具号，1～4 表示有四把刀，0 表示不换刀；第二位数字表示刀具补偿号，可设 1～4 组补偿数值，0 表示取消刀补。

(4) 数控程序的结构。

① 数控程序的组成。每个数控程序都是由若干个程序段组成的。每个程序的开头有一个程序号。系统提供存放零件加工程序的存储器。程序编号时，采用程序编号地址码，如用字符%，字母 O、P 等其后不超过四位的整数表示。例如：% 555、P 101、O 123 等。完整的数控程序由程序号、程序内容、程序结束等组成。例如：

```
% 0001                              程序号
N010   G92   X40   Y30              程序内容
N020   G90   G00   X28    S800   M03
N030   G01   X-8   Y8    F200
N040   X0    Y0
N050   X28   Y30
N060   G00   X40
N065   M05                          程序内容
N070   M02                          程序结束
```

② 程序段的格式。它是指程序段中的字母、符号、数据的排列形式。这种格式又称字地址程序段格式。例如 N0010 G01 X10 Z20 F4　LF 表示一个控制机床的具体指令。每个程序以序号"N"开头，用 LF 结束。

程序段中地址字符排列顺序是：

N-	G-	X-	Y-	Z-	U-	V-	W-	I	J-	K-	F-	S-	T-	M-	LF

程序序号　准备功能　　绝对坐标　　相对坐标　　圆弧中心坐标　进给功能　主轴功能　刀具功能　辅助功能

8.3.3　代码使用举例

(1) G92，即工件坐标系设定指令。一般在程序中放置第一个程序段，用于建立工件坐标系。通常将坐标系原点设在主轴的轴线上以便编程，如图 8-31 所示。

例 1：N0010 G92 X250 Z350   例 2：N0020 G92 X250 Z20

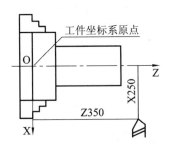
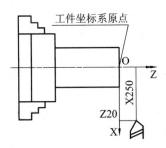

图 8-31　建立工件坐标系

(2) G00，即快速点定位指令。本指令可将工件快速移动到所需的位置上。一般作为空行程运动。可以单坐标移动，也可以以 1∶1 的步数两坐标轴联动，如图 8-32 所示。

例 1：N0030 G00 X100 Z300   例 2：N0040 G00 U-20

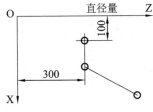
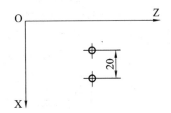

图 8-32　工件快速移动指令

(3) G01，即直线插补指令。本指令使刀具按给定速度直线移动到所需的位置。一般作切削加工运动指令。可以单坐标运动，也可以两坐标轴联动作做补运动，如图 8-33 所示。

例 1：N0050 G01 Z100 F200   例 2：N0060 G01 U-10 W-40 F150

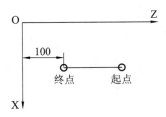
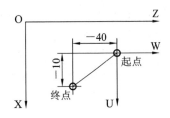

图 8-33　直线插补运动指令

(4) G02，G03，即圆弧插补指令。本指令可将刀具按所需圆弧运动。G02 为顺圆弧，G03 为逆圆弧。圆弧插补方向示意图如图 8-34 所示。特别指出，这里的方向设定与时针方向相反。本指令可自动过象限。

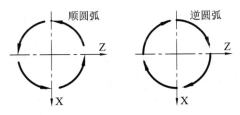

图 8-34　圆弧插补方向示意图

(5) G32，G33，即螺纹指令。本指令用于加工标准公、英制螺纹。G32 为英制螺纹，G33 为公制螺纹。本指令必须采用增量坐标编程，以 F 表示螺纹的导程。公制螺纹导程的单位用毫米；英制螺纹为牙/英寸。

例 1：

    N0100   G33   W–50   F1.5

例 2：

    N0110   G32   W–50   F11

(6) M00，即程序暂停指令。程序运行到本程序段后暂停，以便操作者做其他工作，按下启动键后，程序继续向下执行。

(7) M02，即程序结束指令。程序结束，加工停止，刀架返回到原始位置。

(8) T 指令的刀具补偿功能。

由于加工一个零件往往需要几把不同的刀具，而每把刀具在转至切削方位时，其刀尖所处的位置并不相同。而系统要求在加工一个零件时，其刀尖应处于同一点，否则零件加工程序很难编制。为了使零件加工程序不受刀具安装位置的影响，系统设置了刀具补偿功能。例如，加工工件时，可以按刀架中心位置编程，即以刀架中心 A 作为程序的起点，如图 8-35 所示。第一把刀具安装后，刀尖相对 A 点偏移值为 X1、Z1。

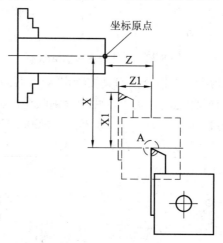

图 8-35　刀具位置补偿

将此值输入到相应的存储器中，当程序执行了刀具补偿功能后，原来的 A 点就被刀尖的实际位置所代替。同理，其他刀具安装后经刀具补偿，其刀尖位置都移至 A 点。利用该功能当刀具磨损后或工件尺寸有误差时，只要修改每把刀具相应存储器中的数值，就可以消除因刀具磨损带来的误差。

由此可见，刀具偏移可以根据实际情况对刀具的偏移量实行修正。修正的方法是在程序中事先给定各刀具及其刀补号，每个刀补号中的 X 向刀补值和 Z 向刀补值，由操作者按实际需要输入数控装置。每当程序调用这一刀补号时，该刀补值就生效，使刀尖从偏离位置恢复到编程轨迹上来，从而实现刀具偏移量的修正。

需要指出，刀补程序段内必须有 G00 或 G01 功能才有效，而且偏移量补偿必须在一个程序段的执行过程中完成。

8.3.4　数控编程的种类

数控编程分为手工编程与自动编程两类。

1. 手工编程

手工编程是由编程人员根据零件图纸和工艺要求，编制出在数控机床上能够运行的一系列指令的过程。其基本任务就是指定加工顺序，刀具运动轨迹和各种辅助动作。手工编程的工作过程如下：

(1) 确定工艺过程。根据零件图纸进行工艺分析，确定零件加工的工艺路线、工步顺序、切削用量等工艺参数，确定采用的刀具与刀具数量。

(2) 计算加工轨迹和尺寸。根据零件图纸上的尺寸及工艺路线，在规定的坐标系内计算零件轮廓和刀具运动轨迹坐标值，以这些坐标值作为编程尺寸。

(3) 编写程序清单并校验。根据制定的加工路线、切削用量、刀具号码、刀具补偿值以及刀具运动的轨迹，按照机床数控装置使用的指令代码及程序格式，编写零件加工程序清单，并进行校验。

(4) 输入程序清单的内容。通过输入装置将数控程序单的内容输入到数控装置中。

(5) 数控程序的校验和试切。启动数控装置，使数控机床进行空运转，检查程序运动轨迹的正确性。用木料或塑料制品代替工件进行试切，检查切削用量的正确性。

(6) 首件试切。经过程序校验、模拟试切后，用实料进行首件试切。首件试切方法不仅可以检查数控程序是否有错，还可以检验加工精度是否符合要求。如果发现有错误时，应分析错误的原因，修改程序，调整刀具补偿尺寸，直到加工出符合图纸技术要求的零件为止。

上述编程步骤中的各项工作主要由人工完成，在机械制造中，多数形状并不复杂的零件需要加工。这些零件的数值计算较为简单，程序段数不多，程序检验也容易实现，可采用手工编程方式完成编程工作。由于手工编程不需要特别配置专门的编程设备，不同文化程度的人均可掌握和运用，因此手工编程仍然是一种运用十分普遍的编程方法。

2. 自动编程

借助计算机编制数控加工程序的过程，称为自动编程。对于几何形状复杂的零件，手工编程的工作量比较大而且容易出错。对于空间曲面零件，编程计算非常繁琐，人工无法胜任。而自动编程时，节点坐标的数据计算，刀具轨迹的生成，程序的编制以及输出等工作均由计算机自动完成。

自动编程根据编程信息的输入与计算机对信息的处理方式不同，分为以自动编程语言为基础的自动编程方法和以计算机绘图为基础的自动编程方法。

(1) APT(Automatically Programmed Tools)语言编程系统。它是通过对刀具轨迹的描述来实现计算机辅助编程的系统。APT 语言编程系统要人工编写源程序，再输入计算机，借助计算机的编译软件，对源程序进行处理，完成诸如刀具中心轨迹、基点、节点计算，并制定辅助功能等，这阶段称为主信息处理。接着计算机将主信息处理后的数据变成数控装置所要求的加工程序，这个阶段称为后置处理，不同的数控系统有相应的后置处理程序。APT 语言配有 1000 多种后置处理程序，因此在早期数控自动编程中应用比较广泛。

(2) 图形交互式自动编程。由于计算机技术发展十分迅速，计算机的图形处理功能越来越强大。现在，以计算机辅助设计的技术，即 CAD 技术是很成熟的技术。因此，计算机自动编程技术可以直接将 CAD 生成的零件几何图形信息自动转化为数控加工程序，在计算机上直接面向零件的几何图形，以光标点击、菜单选择、交互对话等方式编辑、删改，其编辑的结果又以图形的方式在计算机上显示出来。图形自动编程有以下几个显著的优点：

① 不需要进行复杂的坐标数值计算。在编程过程中，图形数据的提取，坐标点数值计算均由计算机精确、高效、快速地完成。

② 编程过程以人、机对话方式交互完成。利用计算机的检错功能与人的纠错能力，简便、直观地编制复杂的数控加工程序。

③ 图形交互式自动编程是通用的软件，在通用的计算机上运行，不需要专用的编程机。

目前，国内外数控编程软件均采用图形自动编程技术。高级的图形自动编程软件应用 CAD/CAM 无缝集成，从图形几何元素的生成，设计信息的工艺处理，刀具中心轨迹的计算，刀具类型的选择，定义刀位文件的数据以及数据的后处理，直到进行模拟加工，校验数控程序的正确性。

8.4　加 工 中 心

加工中心(Machine Center，MC)是一种备有刀库并能通过程序或手动控制自动刀具交换装置(Automatic Tools Changer)自动更换刀具对工件进行多工序加工的数控机床。

(1) 加工中心是在数控铣床的基础上增加有存放着不同数量的各种刀具或检具的刀库和自动换刀装置，在加工过程中能够由程序或手动控制自动选择和更换刀具，工件在一次装夹中，可以连续进行钻孔、扩孔、铰孔、镗孔、攻螺纹以及铣削等多工步的加工，工序高度集中。

(2) 加工中心通常具有多个进给轴(三轴以上)，甚至多个主轴，联动的轴数也较多，最少可实现三轴联动控制，实现刀具运动直线插补和圆弧插补，多的可实现五轴联动、六轴联动、七轴联动以及螺旋线插补。因此可使工件在一次装夹后，自动完成多个平面和多个角度位置的多工序加工，实现复杂零件的高精度定位和精确加工。

(3) 加工中心上如果带有自动交换工作台，一个工件在工作位置的工作台上进行加工的同时，另一工件在装卸位置的工作台上进行装卸，大大缩短了辅助时间，提高了加工效率。

8.4.1　加工中心的分类与应用范围

加工中心通常按它的外形进行分类，主要有以下四大类：

1) 卧式加工中心

卧式加工中心指主轴轴心线为水平状态设置的加工中心。卧式加工中心一般都具有3～5 个运动坐标，常见的是三个直线运动坐标(沿 X、Y、Z 轴方向)加一个回转运动坐标(回转工作台)，它能够使工件在一次装夹后完成除安装面和顶面以外的其余四个面的加工，最适合加工复杂的箱体类零件，如图 8-36 所示。

2) 立式加工中心

立式加工中心指主轴轴心线为垂直状态设置的加工中心。其结构形式多为固定立柱式，工作台为长方形，无分度回转功能，适合加工盘、套、板类零件，一般具有三个直线运动坐标，并可在工作台上安装一个水平轴的数控回转台，用以加工螺旋线类零件。对于五轴联动的立式加工中心，可以加工汽轮机叶片、模具等复杂零件。此类加工中心主要以钻、铣、削加工为主，适合于中、小零件的钻、扩、铰、攻螺纹等切削加工，也能进行连续轮廓的铣、削加工，如图 8-37 所示。

图 8-36　卧式加工中心示意图

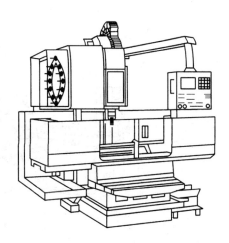

图 8-37　立式加工中心示意图

3) 龙门式加工中心

龙门式加工中心的主轴多为垂直设置，除自动换刀装置以外，还带有可更换的主轴头附件，数控装置的软件功能也较齐全，能够一机多用，尤其适用于大型或形状复杂的工件，如飞机上的梁、框、壁板等，如图 8-38 所示。

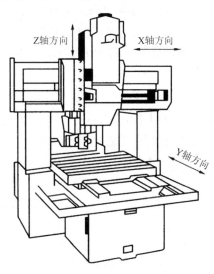

图 8-38　龙门式加工中心示意图

4) 万能加工中心

万能加工中心也称五面体加工中心或复合加工中心。此类加工中心是多轴联动控制，能进行卧、立切削加工，适用于复杂多面体零件的加工，如图 8-39 所示。

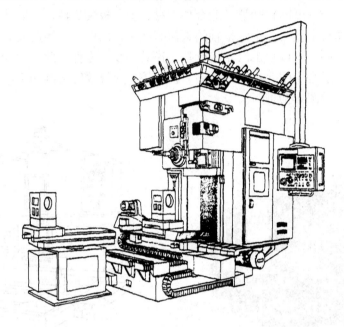

图 8-39　复合式加工中心示意图

从以上外形结构，可以看出加工中心比普通数控机床复杂得多，而且功能也大得多。加工中心是属于高技术、价格昂贵的复杂设备。但是任何设备都不可能是万能的，加工中心也一样，只有在一定条件下才能发挥最佳效益。不同类型的加工中心有不同的规格与适用范围，设备造价也有很大的差别，所以选用加工中心要考虑很多影响因素。例如卧式加工中心与立式加工中心相比，规格相近(指工作台的宽度)的卧式加工中心比立式加工中心的价格要高 50%～100%，但卧式加工中心纯切削加工时间比立式加工中心多 50%～100%。完成同样的工艺内容，立式加工中心比卧式加工中心更经济，但卧式加工中心的工艺性比较广泛。选购哪一类加工中心要考虑到零件的加工规范、生产效率、经济成本和投资效益。

8.4.2　加工中心的特点

加工中心与普通数控机床相比有以下主要特点：

(1) 加工中心上装备有自动换刀装置，使工件一次装夹，通过自动更换刀具，自动完成镗削、铣削、钻削、铰孔、攻螺纹等工序，甚至是从毛坯加工到成品，大大节省辅助工时和在制品周转时间。

(2) 加工中心刀库系统集中管理和使用刀具，有可能用最少量的刀具，完成多工序的加工，并提高刀具的利用率。

(3) 加工中心加工零件的连续切削时间比普通机床高得多，所以设备的利用率高。

(4) 在加工中心上装备有托盘机构，使切削加工与工件装卸同时进行，提高了生产效率。所以，加工中心就是一个柔性制造单元。

8.4.3 加工中心的特殊构件

1. 主轴结构

加工中心是以镗、铣、钻为主的数控机床，它的主运动是刀具的旋转运动，刀具由装夹机构安装在主轴上。为保证刀具的刀套能准确地在主轴上定位，主轴上必须设计有准停机构与刀具的装夹机构。

2. 刀库系统

数控机床所用的刀具，虽不是机床本体的组成部分，但它是机床实现切削功能不可分割的部分。要提高数控机床的利用率和生产效率，刀具是一个十分关键的因素，因此应选用适应高速切削的刀具材料和使用可转位刀片。为使刀具在机床上迅速地定位夹紧，数控机床普遍使用标准的刀具系统，如图 8-40 所示，刀具与主轴连接部分和切削刃具部分都已标准化、系列化。

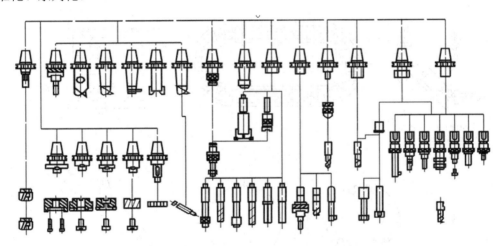

图 8-40　刀具与主轴连接部分和切削刃具部分

1) **刀库**

刀库是存储加工所需要刀具的仓库。刀库具备输送刀具的功能，并且能准确定位，通过做移位运动达到换刀位置，保证了换刀的可靠。若换刀时机械手抓刀不准，容易产生掉刀现象。加工中心的功能主要体现在刀库容量与刀库类型上。

(1) 刀库容量。加工中心作为柔性制造单元，能连续自动加工复杂零件，加工能力强、工艺范围广。所以刀库的容量大，存储的刀具多，使机床的结构复杂。刀库容量小，存储的刀具少，不能满足工艺上的要求。刀库中刀具数量的多少又直接影响加工程序的编制，编制大容量刀库的加工程序的工作量大，程序复杂。所以刀库容量的配置有一个最佳的数量，一般情况下，加工中心刀库中只存一种零件在一次装夹中所完成的加工工序所需要的刀具。刀具数量不能超过刀库容量，刀库的容量受到机床结构的制约。通常立式加工中心的刀库容量为 20 把刀具，卧式加工中心刀库的容量为 40 把刀具，万能加工中心能容纳 120把刀具。

(2) 刀库类型。如图 8-41 所示，刀库主要有两大类型，即圆盘式刀库与链式刀库。圆盘式刀库上刀具轴线相对于刀库轴线可以按不同方向配置，如图 8-42 所示，有轴向、径向或斜向。采用这些结构可以简化取刀动作，结构简单紧凑，故应用较多。但因刀具单环排列空间利用率低，因此多用于刀库容量小的场合。链式刀库是在环形链条上装有许多刀座，刀座孔中装各种刀具，链条由链轮驱动。这种刀库容量较大，扩展性好、在加工中心上的配置位置灵活，但结构复杂。链环可根据机床的总体布局要求配置成适当形式，以利于换刀机构的工作。刀库取刀多为轴向取，如图 8-43 所示。

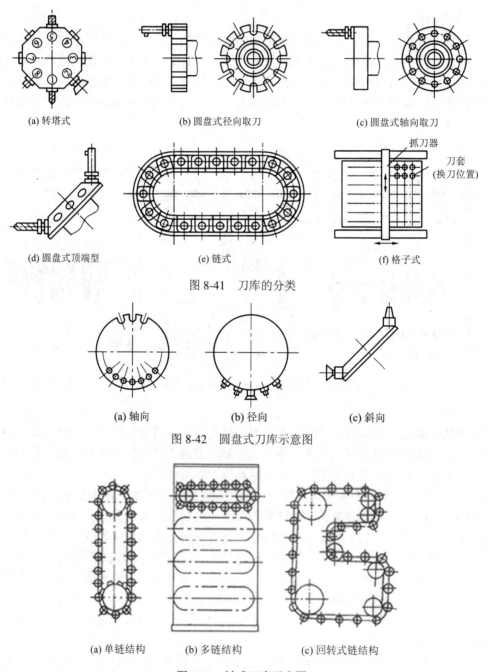

(a) 转塔式　　　　　(b) 圆盘式径向取刀　　　　　(c) 圆盘式轴向取刀

(d) 圆盘式顶端型　　　　　(e) 链式　　　　　(f) 格子式

图 8-41　刀库的分类

(a) 轴向　　　　　(b) 径向　　　　　(c) 斜向

图 8-42　圆盘式刀库示意图

(a) 单链结构　　　　　(b) 多链结构　　　　　(c) 回转式链结构

图 8-43　链式刀库示意图

2) 刀具的选用

刀库系统的重要功能之一就是刀具的选用。目前常用的刀具选用有以下几种方法：

(1) 顺序方式选刀。刀库中的刀具按照加工零件的加工顺序排列，加工时按顺序依次选用刀具。这种选刀方法使刀库的控制与驱动装置简单，无须编码，也不需要刀具识别装置。但是加工零件改变时，刀具要按加工零件的加工顺序重新排列，增加了机床的准备时间。

(2) 编码方式选刀。在加工中心刀库中，对每一把刀具都进行编码，加工时通过刀具的识别装置来识别和选择所需要的刀具。这种随机选择刀具的方式使刀库中刀具的排列是任意的，与加工零件的加工顺序无关。当加工零件改变时，刀具在刀库中原有的排列顺序不变，减少刀具的调整时间。加工时可以重复使用同一把刀具，减少刀库中刀具的数量。这种选刀方式更适合于多品种、少批量的生产类型。编码方式选刀必须对刀具进行编码。加工中心要配置有刀具编码的识别装置，以控制机械装置选取所需要的刀具。编码方法有两种，一是直接对刀具编码，如图 8-44 所示。另一种是将刀具安装在刀座上，然后对刀座进行编码。

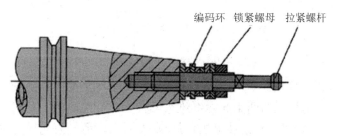

编码环　锁紧螺母　拉紧螺杆

图 8-44　刀具刀柄尾部编码环编码

(3) 计算机记忆方式选刀。在安装有位置检测装置的刀库中，把刀具号和刀库上的存刀位置相对应地存储在计算机的存储器中，计算机始终跟踪着刀具在刀库中的实际位置。加工中刀具可以随机地取存，而且不必对刀具进行编码，也省去编码识别装置。现在大多数加工中心采用计算机记忆方式来选取加工所需的刀具，不但简化了控制系统，而且增加了可靠性。

3) 刀具的识别

刀库系统的另一重要功能就是刀具的识别。目前常用的刀具识别有以下几种方法：

(1) 接触式刀具识别装置。接触式刀具识别装置的原理如图 8-45 所示。

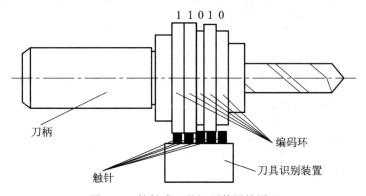

1 1 0 1 0

刀柄

编码环

刀具识别装置

触针

图 8-45　接触式刀具识别装置的原理

接触式刀具识别装置的结构简单，但由于触针有磨损，故其寿命较短、可靠性较差，且难于快速选刀。

(2) 非接触式刀具识别装置。非接触式刀具识别装置没有机械直接接触，因而无磨损、无噪声、寿命长、反应速度快，适应于高速、换刀频繁的工作场合。常用的识别装置方法有磁性识别法和光电识别法。

① 非接触式磁性识别法。磁性识别法是利用磁性材料和非磁性材料的磁感应强弱的不同，通过感应线圈读取代码。其编码环的直径相等，分别由导磁材料(如软钢)和非导磁材料(如黄铜、塑料等)制成，并规定前者编码为"1"，后者编码为"0"，如图 8-46 所示。

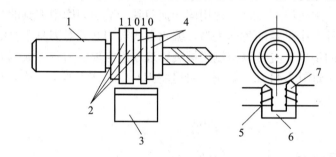

1—刀柄套；
2—导磁材料编码环；
3—刀具识别装置；
4—非导磁材料编码环；
5——次线圈；
6—检测线圈；
7—二次线圈

图 8-46　非接触式磁性识别法

② 非接触式光电识别法。光电识别法是利用光导纤维良好的光传导特性，采用多束光导纤维构成阅读法。用靠近的两束光导纤维来阅读二进制编码的一位时，其中一束光导纤维将光源投到能反光或不能反光(被涂黑)的金属表面上，另一束光导纤维将反射光送至光电转换元件转换成电信号，以判断正对这两束光导纤维的金属表面有无反射光，有反射光时(表面光亮)为"1"，无反射光时(表面涂黑)为"0"，如图 8-47 所示。

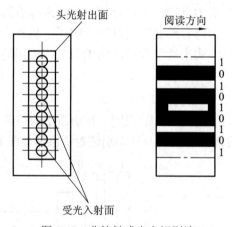

图 8-47　非接触式光电识别法

3. 加工中心自动换刀装置

1) 自动换刀装置

为完成对工件的多工序加工而设置的存储及更换刀具的装置称为自动换刀装置，简称 ATC(Automatic Tool Changer)。

自动换刀装置应当满足的基本要求为：刀具换刀时间短且换刀可靠、刀具重复定位精度高、足够的刀具储存量以及刀库占地面积小。

(1) 更换主轴换刀装置。更换主轴换刀是带有旋转刀具的数控机床的一种比较简单的换刀方式。主轴头有卧式和立式两种，通常用转塔的转位来更换主轴头，以实现自动换刀。在转塔的各个主轴上，预先安装有各工序所需要的旋转刀具，当发出换刀指令时，各主轴头依次地转到加工位置，并接通主运动，使相应的主轴带动刀具旋转。而其他处于不加工位置上的主轴都与主运动脱开。

(2) 更换主轴箱换刀装置。有的加工中心采用多主轴箱，利用更换主轴箱达到换刀的目的，如图 8-48 所示。主轴箱库 8 吊挂着备用主轴箱 2～7。主轴箱两端的导轨上，装有同步运行的小车Ⅰ和Ⅱ，它们在主轴箱库与机床动力头之间运送主轴箱。

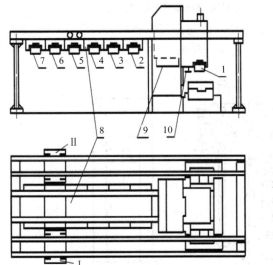

1—工作主轴箱；
2、3、4、5、6、7—备用主轴箱；
8—主轴箱库；
9—刀库；
10—机械手

图 8-48　更换主轴箱换刀

(3) 双主轴头换刀装置。为了缩短换刀时间，可采用带刀库的双主轴或多主轴换刀系统，如图 8-49 所示。

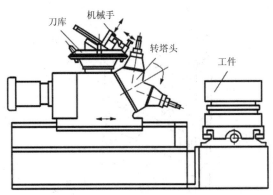

图 8-49　双主轴头换刀

2) 带刀库的自动换刀系统

此类换刀装置由刀库、选刀机构、刀具交换机构及刀具在主轴上的自动装卸机构等四部分组成，应用最广泛。图 8-50 所示为刀库与机床为整体式的加工中心。

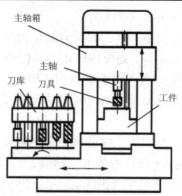

图 8-50 刀库与机床为整体式的加工中心

图 8-51 所示为刀库与机床的加工中心。此时，刀库容量大，刀具可以较重，常常要附加运输装置来完成为分体式刀库与主轴之间刀具的运输。

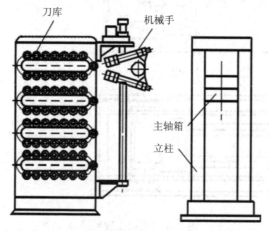

图 8-51 刀库与机床为分体式的加工中心

(1) 180°回转式换刀装置。最简单的换刀装置是 180°回转式换刀装置，如图 8-52 所示。

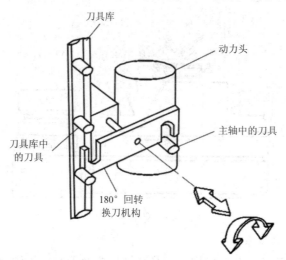

图 8-52 180°回转式换刀装置

(2) 回转插入式换刀装置。回转插入式换刀装置是回转式换刀装置的改进形式。回转插入机构是换刀装置与传递杆的组合。图 8-53 所示为回转插入式换刀装置，其应用在卧式加工中心上。这种换刀装置的结构设计与 180°回转式换刀装置基本相同。

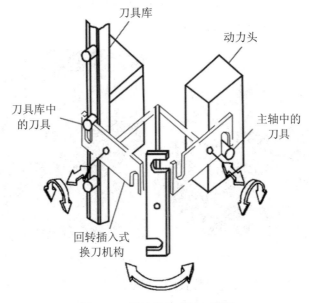

图 8-53　回转插入式换刀装置

(3) 二轴转动式换刀装置。图 8-54 所示是二轴转动式换刀装置。这种换刀装置可用于侧置或后置式刀具库，其结构特点最适用于立式加工中心。

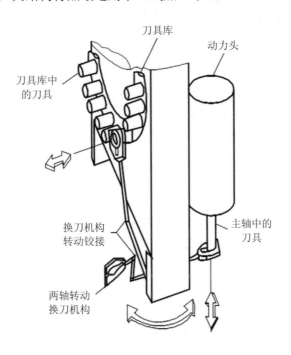

图 8-54　二轴转动式换刀装置

(4) 无机械手换刀装置。无机械手交换刀具方式是利用刀库与机床主轴的相对运动来实现刀具交换，要么刀具库直接移到主轴位置，要么主轴直接移至刀具库。这种换刀方式结构简单，成本低，换刀的可靠性较高。这种换刀系统多为中、小型加工中心采用。

(5) 带机械手换刀装置。这种换刀方式的机械手能准确、迅速、可靠地进行自动换刀。图 8-55 所示为立式加工中心机械手换刀装置。

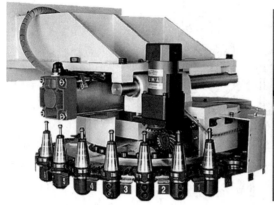
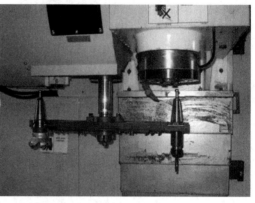

图 8-55　立式加工中心机械手换刀装置

随着机床的布局不同，自动换刀装置的机械结构有很大的差异，机械手也是各式各样的。但最常见的是单臂双爪回转式机械手，如图 8-56 所示。

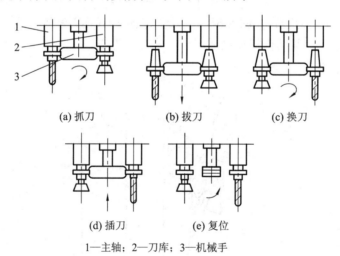

(a) 抓刀　　　　　(b) 拔刀　　　　　(c) 换刀

(d) 插刀　　　　　(e) 复位

1—主轴；2—刀库；3—机械手

图 8-56　单臂双爪回转式机械手动作顺序图

单臂双爪回转式机械手的工作步骤是：

① 单臂旋转，双爪夹紧刀具；

② 单臂前伸，同时从主轴孔和刀库中取出刀具；

③ 单臂旋转 180°，双爪交换位置；

④ 单臂缩回，同时将新刀具装入主轴孔与旧刀具退回刀库中；

⑤ 双爪复位。

※※※ **复习思考题** ※※※

8.1 什么是数控技术？什么是数控机床？

8.2 数控系统由哪些部分组成？各个部分的功用是什么？

8.3 闭环控制系统工作原理是怎样的？有什么特点？

8.4 为什么半闭环控制系统用得比较广泛？

8.5 交流伺服电机与直流伺服电机各有哪些优缺点？

8.6 步进电机有何特点？主要应用在哪些场合？

8.7 数控机床上常用的导轨有哪几种类型？它们各有什么特点？

8.8 与普通机床相比，数控机床的机械结构有什么特殊的要求？

8.9 数控机床最适合加工哪些类型的零件？

8.10 与普通机床相比，数控机床生产率比较高的主要原因是什么？

8.11 数控机床坐标轴是如何确定的？它们的方向是如何判定的？

8.12 数控加工程序的编制方法有哪几种？各有什么特点？

8.13 手工编程的主要内容有哪些？

8.14 何谓绝对坐标系？何谓相对坐标系？编程时如何选用？

8.15 试分析刀具补偿的功能与作用。

8.16 何谓加工中心？它与数控机床有何显著区别？

8.17 加工中心有哪些主要特点？

8.18 数控系统是如何识别与选取加工中心刀库中的刀具的？

参 考 文 献

[1]　孙大涌. 先进制造技术[M]. 北京：机械工业出版社，2000.

[2]　李伟光. 现代制造技术[M]. 北京：机械工业出版社，2001.

[3]　机械工程手册编辑委员会. 机械工程手册：机械制造工艺及设备卷(二) [M]. 2 版. 北京：机械工业出版社，1997.

[4]　邓文英. 金属工艺学[M]. 5 版. 北京：高等教育出版社，2008.

[5]　吴桓文. 工程材料及机械制造基础(III)机械加工工艺基础[M]. 北京：高等教育出版社，1990.

[6]　卢秉恒. 机械制造技术基础[M]. 北京：机械工业出版社，1999.

[7]　张世昌，李旦. 机械制造技术基础[M]. 北京：高等教育出版社，2001.

[8]　傅水根. 机械制造工艺基础(金属工艺学冷加工部分)[M]. 北京：清华大学出版社，1998.

[9]　李爱菊，王守成. 现代工程材料成形与制造工艺基础(下册)[M]. 北京：机械工业出版社，2001.

[10]　吉卫喜. 机械制造技术[M]. 北京：机械工业出版社，2001.

[11]　胡传. 特种加工手册[M]. 北京：北京工业大学出版社，2001.

[12]　周桂莲，付平. 机械制造基础[M]. 西安：西安电子科技大学出版社，2009.

[13]　刘晋春，赵家齐. 特种加工[M]. 2 版. 北京：机械工业出版社，1994.

[14]　骆志斌. 金属工艺学[M]. 北京：高等教育出版社，2000.

[15]　荆学俭，许本枢. 机械制造基础[M]. 济南：山东大学出版社，1995.

[16]　李爱菊. 现代工程材料成形与机械制造基础[M]. 北京：高等教育出版社，2011.

[17]　余承业. 特种加工新技术[M]. 北京：国防工业出版社，1995.

[18]　钱易，郝吉明，吴天宝. 工业性环境污染的防治[M]. 北京：中国科学技术出版社，1990.

[19]　肖锦. 城市污水处理及回用技术[M]. 北京：化学工业出版社，2002.

[20]　陈汝龙. 环境工程概论[M]. 上海：上海科学技术出版社，1986.

[21]　李锡川. 工业污染源控制[M]. 北京：化学工业出版社，1987.

[22]　游海，林波. 工业生产污染与控制[M]. 南昌：江西高校出版社，1990.

[23]　徐志毅. 环境保护技术和设备[M]. 上海：上海交通大学出版社，1999.

[24]　郑铭. 环保设备原理设计应用[M]. 北京：化学工业出版社，2001.

[25]　谢家瀛. 机械制造技术概论[M]. 北京：机械工业出版社，2001.

[26]　侯书林，朱海. 机械制造基础(下册)：机械加工工艺基础[M]. 北京：北京大学出版社，2006.

[27]　杨宗德. 机械制造技术基础[M]. 北京：国防工业出版社，2006.

[28]　周宏甫. 机械制造技术基础[M]. 北京：高等教育出版社，2004.

[29]　隋秀凛. 现代制造技术[M]. 北京：高等教育出版社，2003.

[30]　王隆太. 现代制造技术[M]. 北京：机械工业出版社，1998.

[31]　傅水根. 机械制造工艺基础[M]. 北京：清华大学出版社，2010.

[32]　李爱菊，孙康宁. 工程材料成形与机械制造基础[M]. 北京：机械工业出版社，2012.

[33] 周桂莲，付平，杨化林. 制造技术基础[M]. 北京：机械工业出版社，2014.

[34] 黄健求. 机械制造技术基础[M]. 北京：机械工业出版社，2013.

[35] 吴拓. 机械制造工程[M]. 北京：机械工业出版社，2011.